KB010986

풀꽃샘

들꽃따라 걷는 인문 기행

풀꽃샘

자연은 위대한 스승이며
벗이다

황운연 지음

아직도 차가운 겨울을 벗어나지 못했던 그해 2월.
천리 길을 한달음에 달려간 남쪽 끝, 돌산도 성주골.
주위는 여전히 온통 누런 덤불로 엉클어진 황량한 산기슭이었습니다.
한동안 헤매다 오리나무 숲 사이에서 어렵사리 찾아낸 풀꽃,
복수초와 노루귀!
그 맞닥뜨림이 어찌 그리 설레었을까요?
가만히 생각해보면, 추운 겨울을 밀어내고 가녀린 줄기 하나에 의존해 그 정점에 피워올린
꽃 한 송이 때문이었나 봅니다. 무수한 인고의 시간 뒤에 피워낸 꽃 한 송이,
그에게 마음을 주지 않을 자가 있을까요?
그 경이로운 생명과의 조우는 이 책이 나오게 된 출발점이었습니다.

480km, 28,571장, 3,150시간, 375종!
지난 2년 간,
480km 전국 풀꽃길을 걷고 걸으며,
28,571장의 풀꽃과 자연 풍광을 찍고,
375종의 풀꽃을 기록했습니다.
필자가 그 결과를 내세우기 위해 수치를 보여드린 것은 아닙니다.
그 속에, 같은 장소를 몇 번이고 찾아가 당시의 그곳에 어떤 풀꽃이 어떻게 자라는지 관찰한
여정임을 말씀드리고 싶기 때문입니다.
여기저기 풀꽃을 찾아다니며 자연스레 찾아든 의문은 이랬습니다.
'풀꽃은 어떻게 저마다의 생존을 모색하고 있을까?'
이에 대한 해답을 찾기 위해, 자연에 접근하는 좀 더 근원적인 시각이 필요했습니다. 말하자면, '한 포기 풀꽃이 자라서 꽃을 피우고 열매를 맺기까지 토양, 기후, 주변 환경, 그리고 인고의 시간은 어떠해야 했는가?'를 추적 관찰하는 자세를 가져야겠다는 것이었죠. 그 과정에서 같은 장소를 탐방하여 이루어지는 통시적 관찰은 필수적이었습니다.

그러므로 이 책에서는 꽃 자체의 모양이나 아름다움보다, 풀꽃의 자연 생태적 관찰에 중점을 두었습니다. 인간의 손을 빌린 원예 식물이나 인공적인 환경은 가급적 피했습니다. 야생의 풀꽃, 그것을 주 대상으로 삼았습니다.

'자연은 생명이고 변화이며 움직임이다.'라는 것이 필자의 일관된 철학입니다. 그러므로 독자 여러분도 생명, 그 어느 하나도 정지된 화면이 아닌, 동적인 변화의 시각에서 이해해주시길 바랍니다.

이 책에선, '잡초', '야생화', '야생초' 등을 통칭하여 '풀꽃'으로 일원화하여 사용했습니다. 자연에 접근하는 인간의 이해에 따라 부르기보다, 자연 자체의 중립적 용어를 '풀'[초본(草本)의 의미]이라고 보았습니다. '풀꽃'은 풀과 꽃을 모두 아우르는 의미라 보시면 됩니다.

자연의 무한한 생명성과 섭리가 우리의 경외 대상임을 부정하는 이는 아무도 없습니다. 그러나 자연은 너무도 포괄적이고 광대합니다. 그 위대함에 다가서는 첫 걸음을 풀꽃에서 시작하면 어떨까요?

가장 소중한 존재이면서, 세인의 주목을 받지 못하는 소외된 대상, 풀꽃!

'그들이 얼마나 사랑스럽고 멋진 삶을 살아내고 있는지' 공감하시는 계기가 되었으면 좋겠습니다.

끝으로 이 책이 나오기까지 여러분의 충고와 격려가 있었습니다.

풀꽃탐구 과정에서 필자의 답답한 마음을 헤아려주셨던 이유미 세종수목원 원장님께 이 자리를 빌어 깊은 감사의 말씀을 전합니다. 바쁘신 일정에도 불구하고 쾌히 맞아주시고 원고에 대한 조언을 아끼지 않으셨습니다. 아울러, 끝까지 원고를 붙들고 함께 동고동락하신 흔들의자 안호헌 사장님, 원고 검토에 정성을 다해 주신 강창수 환경생태학 박사님, 그리고 오우누리와 황박구리를 비롯한 지인들 모두가 힘이 되었습니다.

무엇보다, 지금까지 그리고 앞으로도 시간과 관심을 온전히 공유하며 동행하는 아내에게 감사하고 싶습니다. 그녀가 없었다면, 여정의 반도 소화하지 못했을 겁니다. 두 딸, 인해와 인영이의 원고 교정과 응원도 든든한 버팀목이었습니다.

아무쪼록 이 책을 통해 자연의 생명성이 여러분의 가슴에 이어지길 소망합니다.

광교산 자락에서

도중 **황운연**

차례

제1부 화산섬의 생명

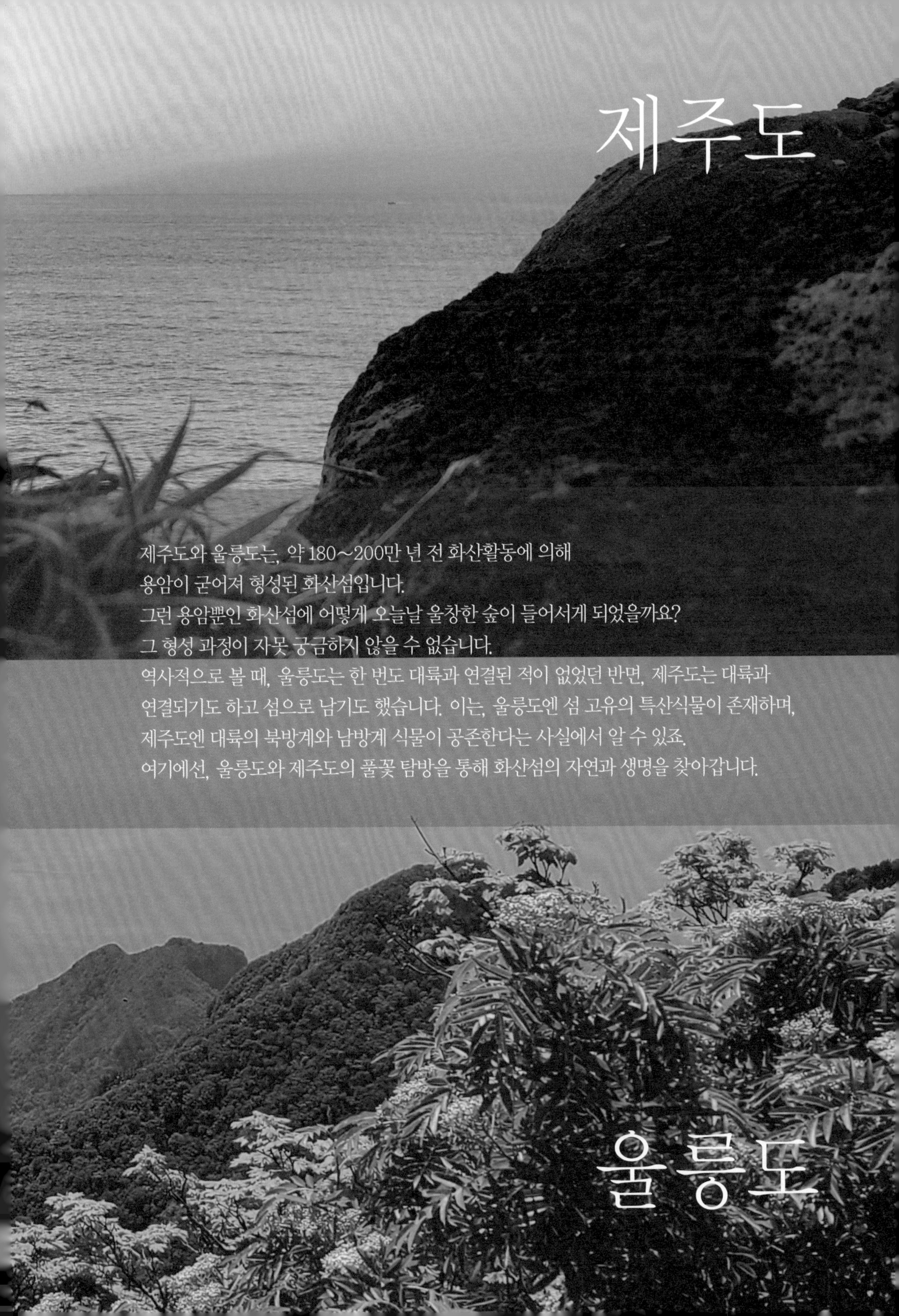

제주도

제주도와 울릉도는, 약 180~200만 년 전 화산활동에 의해
용암이 굳어져 형성된 화산섬입니다.
그런 용암뿐인 화산섬에 어떻게 오늘날 울창한 숲이 들어서게 되었을까요?
그 형성 과정이 자못 궁금하지 않을 수 없습니다.
역사적으로 볼 때, 울릉도는 한 번도 대륙과 연결된 적이 없었던 반면, 제주도는 대륙과
연결되기도 하고 섬으로 남기도 했습니다. 이는, 울릉도엔 섬 고유의 특산식물이 존재하며,
제주도엔 대륙의 북방계와 남방계 식물이 공존한다는 사실에서 알 수 있죠.
여기에선, 울릉도와 제주도의 풀꽃 탐방을 통해 화산섬의 자연과 생명을 찾아갑니다.

울릉도

제 1장 제주도의 숨결

제주도 탐방로

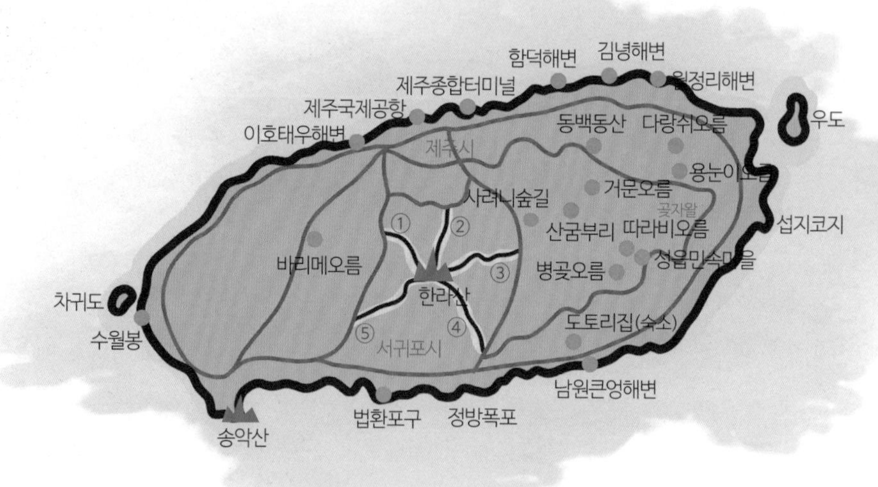

①어리목탐방로 ②관음사탐방로 ③성판악탐방로 ④돈내코탐방로 ⑤영실탐방로

제주의 자연

저 구름 흘러가는 곳
아득한 먼 그 곳
그리움도 흘러가라
……

_김용호, 1961

제주의 하늘_ 제주를 방문하면 굳이 얼굴을 들지 않아도 구름이 떠가는 푸른 하늘이 보입니다.

〈1〉 제주의 자연 풍광

너른 쪽빛 바다
푸른 하늘과 은빛 구름
흰 모래와 검은 현무암의 해변
벌판에 봉긋한 오름
길마다 이어진 돌담
멀리 구름 위에 솟은 한라산…….

제주에선 누구라도 언제 어디서나 마주칠 수 있는 풍광이지요.
그런데도 자신도 모르게 자꾸만 시선이 갑니다.
그러다 문득 자신이 몰랐던 사실을 깨닫게 됩니다.
어찌하여 제주에선 가던 걸음이 멈춰지는지를…….
당신도 멈춰선 자리에서 보이는 제주의 자연을 한번 담아볼래요?

낮게 드리운 구름은 희다.
그 뒤로 희디흰 구름이 겹치고,
다시 그 뒤로 겹친 구름은 햇빛에 은빛 찬란하다.
무한의 푸른 하늘은 손톱으로 튕기면 탱~하고 튀길 것 같고…….

구름 숲은 뭉게뭉게 피어오르고
마음도 따라 두둥실 떠갑니다.

바다는 어떠한가요?
제주도 어디에서나 차를 타고 30분이면 다다를 수 있는 곳.
쪽빛 바다!
쉼 없이 밀려드는 파도,
검바위에 하얗게 부서지는 포말.

그 극명한 대비로 눈이 부실 지경입니다.
푸른 파도와 하얀 포말의 연속성은 묘한 중독성과 몰입감을 안겨줍니다.
같은 듯 다른 세기와 모양으로 리듬을 타기 때문이죠.
제주의 바다는 남으로 태평양에 열려 있어, 바람에 실린 만경창파가 일 년 연중 넘실거리죠.
어디가 바다고 어디가 하늘인지 끝 간 데 없는 수평선에 자신도 무아지경에 빠져듭니다.

우도 해변_ 쉼 없이 밀려드는 파도를 받아내느라 흰 거품을 연신 뿜어내는 검바위.

내륙으로 눈을 돌려볼까요?
가까이 벌판엔
억새가 하얀 물결을 이루고,
그 위로 나지막한 오름은 당신에게 손짓합니다.
'저와 함께 산책할까요?'
시선을 멀리 두면,
아스라이 잡히는 한라산 봉우리,
은빛 구름 띠가 신비감을 더합니다.
우리가 어디를 가든 수호신처럼 동행합니다.

제주의 드라이브는 어떤가요?
도시와 달리 신호등이 거의 없고 자연스레
순환 교차로를 돌아나가면 낮은 돌담과
삼나무가 맞아줍니다.
10~20m 쭉쭉 뻗은 삼나무는 차도를 따라
열 지어, 달리는 이들에게 예의를 갖추어 맞이
합니다. 때때로 심한 바람에 방문객들을 보호
하느라 몸부림까지 서슴지 않습니다.
그 아래 성기게 이어진 돌담은 어떠한가요?
그들은 수천 년 섬사람들과 명맥을 함께
해왔습니다.
농부의 작물을 지키느라 밤을 새웠고,
자신에 기대어 일어나는 생명에게
바람막이였습니다.
그러니 이 '흑룡만리'는
제주의 기후에 순응하고 제주민의
숨결과 함께 숨 쉬는 제주의 상징이 되었죠.
제주의 자연 풍광,
몸보다 마음이 먼저 머뭅니다.

[관찰기간 : 2021.10.01~10.31]

삼나무숲길_ 사려니숲길 옆, 삼나무가 차도를 따라 끝도 없이 이어져 있습니다.

〈2〉 자연, 일상이 되다

제주의 10월은 1년 중에서 가장 기상이 안정된 때입니다. 강우량과 바람이 적으며, 맑고 온화한 날이 가장 많은 달이죠. 제가 10월을 한달살이로 결심을 굳힌 까닭이기도 합니다. 그럼에도 제주 날씨란 여전히 변화무쌍합니다. 아침에 맑았다가 어느새 먹구름이 몰려와 비를 뿌리기도 하고, 어느 날은 잔잔하다가도 어느 날은 미친 듯이 바람이 불어대기도 합니다.

하루는 괜찮겠거니 하고 따라비오름을 방문했다가 비를 흠뻑 맞고 돌아온 기억도 있고, 법환포구에 황근꽃을 보러 갔다가 비바람에 쫓겨 차 안에서 마냥 시간을 보내기도 했습니다. 검푸른 바다가 넘실대면서 검바위를 세차게 때려대는 사나운 날이었죠. 어느 날은 모처럼 쇠소깍에 가서 카약을 즐기려다 세찬 바람에 숙소에 머물러야 했습니다.

바람이 드센 날, 거실에서 창을 통해 보는 바깥 풍경은 10월이 아닌 7~8월의 장마기를 연상케 합니다. 태풍 같은 기세로 휘몰아치는 바람은 집 안의 대화마저 집어 삼킬 듯합니다. 창호가 워낙 견고해 큰 유리창이 잘 버티고 있지만, 창밖 너머 너른 귤밭 저편의 삼나무는 굵은 기둥마저 휘청거려 위태해 보입니다. 신기하게 그런 날에도 농장의 귤은 바람을 잘도 이겨냅니다. 어쨌든 10월이 이러하니 겨울은 어찌할지 짐작하고도 남습니다.

며칠 전 음식물 분리수거용 카드를 사기 위해 편의점에 들렀을 때 여주인의 말이 생각났습니다.

"저도 제주에 여행 왔다가 아름다운 자연에 반해 머무르게 되었죠. 그런데, 11월에 들면서 제주의 바람이 어찌나 드센지 깜짝 놀랐죠."

황근_ 법환포구에 핀 황근.

어제의 광풍이 언제인가 싶게 맑은 아침입니다. 열린 창 너머 새소리가 요란합니다. 요 며칠 사이에 벌어진 일입니다. 덕분에 도시에서는 못 보던 구경거리가 생겨났습니다.

제 숙소 정원에 녹나무가 있습니다.
주인이 10여 년 전에 심었다는데, 지금은 가지와 잎이 풍성하고 높이도 6~7m에 이릅니다. 나무 그늘이 지붕 정원에 드리워져 여름엔 시원한 휴식처가 되어 줄 정도로 컸습니다. 그것은 주인의 바람이기도 했습니다.
가을이 깊어가니 녹나무의 열매도 흑자색으로 익었습니다. 마치 버찌의 모양과 흡사합니다. 맛을 보니 좀 비릿하면서도 들큼합니다. 아마도 이것이 새를 부르는 발단이었나 봅니다.
소란의 주인공은 다름 아닌 직박구리입니다. 녀석들은 참새류답게 부산하고 수다스럽습니다. 처음엔 한두 마리 찾아오더니 곧 댓 마리가 모여듭니다. 매일 상주하다시피 이 가지 저 가지 옮겨 다니며 부산을 떱니다. 먹이 경쟁을 하는지 울음소리가 끊이질 않습니다. 그 가운데 두세 마리는 푸르르~ 날갯짓하며 과수원 너머로 떠납니다. 어디를 가나 유심히 살펴보았더니, 약 100여m 떨어진 삼나무를 오가는 모습입니다. 아마도 거기에 새끼들이 있나 봅니다. 한 달 후면 겨울이 닥칠 터이니 부지런히 살찌워야 할 시기이지요.

녹나무_ 숙소 정원에 반듯하게 자란 녹나무.

지저귀는 새들의 주위엔 온통 귤밭입니다.
11월의 수확기를 기다리며 갈 햇볕에 노랗게 익어가는 모습이 여간 탐스럽지 않습니다. 짙은 초록 잎과 선명하게 대비되어 마치 황금꽃이 만발한 듯합니다. 제가 머무는 거실에서 볼 수 있는 풍경입니다. 숙소가 남원리에 있는 덕분이죠.
'남원(南元)'은 '남쪽의 으뜸 마을' 정도의 의미인 것 같습니다. 서귀포에서 동쪽으로 약 20km 정도 떨어져 있고, 큰엉해안경승지를 끼고 있으며 제주도 최대의 귤 산지입니다. 마을 어디를 가나 야트막한 돌담 너머엔 온통 귤밭입니다. 어제는 앞집 젊은 친구를 따라 그의 부친이 운영하는 귤 농장을 방문했습니다. 여기까지 왔으니 그냥 돌아갈 수 없지요. 제주의 향을 가득 담아 친지에게 한 상자씩 보냈습니다.

숙소의 아침은 해돋이로 시작합니다.

6시 30분경이 넘으면 과수원 너머 해안에 붉은 기운이 사방에 뻗칩니다. 막 아침 해가 떠오를 시간입니다. 그러면 저는 으레 2층 지붕에 오릅니다. 해안이나 산 위만큼은 아니어도 꽤 멋진 일출을 감상할 수 있거든요. 집에서도 일출과 일몰을 볼 수 있는 곳, 그곳이 제주입니다. 제주도는 제주시나 서귀포시 번화가만 벗어나면 너른 벌판, 오름, 그리고 해안 어디든 해돋이와 해넘이를 감상할 수 있거든요.

저와 아내는 제주도 한달살이를 시작하며 이렇게 다짐했습니다.

"제주의 자연을 일상으로 맞이하자!"

제주의 자연이라면, 해, 달, 별, 바위, 비, 구름, 숲, 바람, 오름, 한라산 등이 만들어내는 모습이겠죠. 이들 각자가 순간순간, 혹은 계절의 변화에 따라서 보여주는 풍광이나 이들의 조합이 연출해내는 아름다움 말입니다. 우리는 한달살이 동안에 그들과 어울려 걷고 또 걸었습니다. 숙소만 정했을 뿐이지 그들을 찾아 마냥 떠도는 방랑자였습니다.

큰엉해변의 일출_ 수평선을 붉게 물들이며 떠오르는 아침 해는 큰엉해안의 으뜸 볼거리입니다.

큰엉해안은 숙소에서 가까운 바닷가라 틈이 나면 찾았습니다. 가끔은 잠자리에서 일어나 바로 달려가기도 했죠. 해식으로 빚어진 절벽의 갖가지 형상도 볼거리이지만, 우묵사스레피나무, 동백나무, 돈나무, 먼나무 등 난대성 상록활엽수가 우거져 산책로로도 손색이 없습니다.

그중에서도 수평선을 붉게 물들이며 떠오르는 아침 해는 큰엉해안의 으뜸 볼거리입니다. 구름 사이로 붉은 해가 수평선 위로 오르면 장쾌한 바다에 황금 비단길이 열리죠. 이어 그 붉은 불덩이 속 무엇인가가 비단길을 타고 저의 가슴으로 밀려오곤 했습니다. 그럴 때면 아침의 스산함도 잊고 들뜬 감동에 젖어 숙소로 돌아오곤 했죠.

남원의 하늘은 그 어느 곳보다 맑습니다. 해돋이와 해넘이가 손에 잡힐 듯이 그렇게 가깝게 보이는 것도 깨끗한 공기 덕분입니다. 하얀 뭉게구름은 파란 하늘과 선명한 대비를 보이며 은빛 찬란하죠.

상상해보세요. 뭉게구름 뒤에 뭉실 하얀 구름이 떠 있고, 또 그 뒤에 은빛 찬란한 구름이 빛납니다. 뒤로 갈수록 햇빛을 점차 많이 받아 멋진 원근감을 가진 구름 숲입니다. 코발트색의 하늘을 배경으로 둥실둥실 떠 가는 구름. 어느 틈에 저도 마음도 부풀어 오릅니다.

이런 장면을 도시에서는 좀처럼 접할 수 없습니다. 도시의 공기가 탁하기도 해서지만, 사방으로 아파트 숲에 갇혀 먼 곳의 구름은 그저 머리 위에서 희끄무레하게 떠 있을 뿐이죠.

깨끗하고 선명한 파란 하늘은 밤이 되면 더욱 빛납니다. 남원은 민가가 거의 없고 넓은 과수원이 대부분이어서 밤이면 칠흑 같은 어둠입니다. 그 어둠 속에서 하늘을 바라보면 보석같이 빛나는 별들이 금방이라도 쏟아질 듯합니다.

저는 딸과 함께 밤하늘의 별을 담고자 남원을 가로지르는 서중천을 찾곤 했습니다. 저녁을 먹고 깜깜한 밤이 되면 별 사냥(?)을 나가는 것이 일과가 되곤 했죠. 하천 주변은 온통 과수원이라 지척도 분간하기 힘들 정도로 어둡습니다. 시냇가에 누워 카메라를 야간 모드에 고정하고 누가 더 많은 별을 따는지 하늘을 보고 또 보며 셔터를 누르던 기억이 새롭습니다. 지금도 제 가슴엔 무수한 별이 빛나고 있습니다.

요즈음 제주도가 아름다워서 머물고 싶어 하는 이가 많아졌다고 합니다. 아마도 청량한 자연 때문이 아닐까요? 이왕 제주 여행에 나섰다면, 제가 말씀드린 자연 풍광을 마음껏 담아보시면 어떨까요? 파란 하늘과 뭉게구름, 아침저녁으로 바~알갛게 물드는 하늘, 그리고 반짝이는 별들 말입니다.

연례행사로 관광차 접하는 풍광이 아니라, 일상으로 다가오는 자연이 여러분의 가슴에도 가득했으면 좋겠습니다.

오늘도 제주의 하늘이 그리워지는 밤입니다.

[관찰기간 : 2021.10.01~10.31]

〈3〉 해넘이

하루는 만사를 제치고 서쪽을 향해 달렸습니다.

제주도 서쪽 끝, 수월봉에서 해넘이를 감상하려고요.

수월봉은 동쪽 끝 성산일출봉과 함께 몇 안 되는 수성화산체입니다.

바닷속에서 마그마가 분출하여 형성된 화산이란 말이죠.

해안절벽에 켜켜이 쌓인 화산쇄설층(火山碎屑層: 화산 폭발에 의해 화산석과 용암이 만들어낸 층)은 지질학적으로 세계적 수준이어서 2010년 세계지질공원으로 인증받았습니다.

지오트레일_ 수월봉에서 바라본 지오트레일.

수월봉도 수월봉이지만, 북쪽 해안을 따라 약 1.5km의 지오트레일(geo-trail)이 있어 트레킹을 즐기는 이들에게 각광받는 해안로(海岸路)입니다.

수월봉에서 내려보면 나란히 뻗은 검은 현무암 해안과 해안절벽이 한눈에 들어옵니다.

녹고의 눈물_ 화산재 지층(투수층)과 고산층(불투수층) 사이에서 흘러나오는 용천수, 속칭 '녹고의 눈물'.

수월봉 지오트레일은 화산탄과 화산낭, 용암 지층의 역사 등을 눈앞에서 관찰할 수 있어 지질학도에겐 성지와 같은 곳입니다. 화산재 지층(투수층)과 고산층(불투수층)을 생생히 관찰할 수 있는 매력적인 곳입니다.

분꽃_ 10월 하순, 수월봉 지오트레일에 분꽃이 만발했습니다.

갯쑥부쟁이_ 감국과 억새 사이에 만발한 갯쑥부쟁이.

지금은 가을이 한창이라 절벽 아래쪽엔 분꽃과 갯쑥부쟁이가 만발했습니다. 그 못지않게 많이 눈에 띄는 감국은 자그마한 봉오리를 맺었습니다. 꽃을 피우려면 아직 2~3주가 더 지나야 할 것 같습니다. 실제로 저는 2주 후에, 감국이 만발한 곳에서 해넘이를 보고 싶어, 이곳을 다시 방문했습니다. 그렇지만 예상과 달리 감국은 일부분만 피었을 뿐이었습니다. 육지와 다르게 아열대 기후의 제주도에선 산국과 감국이 11월 중순이 넘어야 만발한다는 사실을 뒤늦게 알았습니다. 지금은 연보라 갯쑥부쟁이와 붉은 분홍 분꽃이 해안절벽을 수놓고 있지만, 11월~12월이면 온통 노란 들국화로 옷을 갈아입겠죠. 생각만 해도 설렙니다.

감국_ 10월 말, 지오트레일에 일부 피어난 감국(11월 가서야 활짝 핍니다).

갯금불초도 절벽의 양지바른 곳에 군락을 이루었습니다. 일부는 노란꽃을 활짝 피웠습니다. 수수한 꽃잎 속에 풍성한 꽃술이 돋보입니다. 갈퀴나물도 보입니다. 덩굴 식물답게 갯금불초와 감국 사이에서 잎과 덩굴 생장이 왕성합니다.

갯금불초_ 지오트레일 절벽의 수풀 사이에 핀 갯금불초.

갈퀴나물_ 갈퀴나물이 갯금불초와 감국 사이에서 덩굴이 무성합니다.

양지 녘 절벽이라 그런지 풍부한 햇볕과 바람을 받아 풍성한 풀숲을 이루었습니다.
풀꽃이 어우러진 해안절벽 덕분에 수월봉 해안이 한층 운치를 더합니다.

용출수가 흐르는 노변엔 습지성 물냉이가 지천으로 군락을 이루었습니다.
게 중엔 드물게 하얀 십자화를 뭉텅이로 피운 친구도 있습니다. 바람이 잦은 해변이지만,
지오트레일에 깃드는 풍부한 오후 햇살 덕분에 해안의 풀꽃들은 부족함 없이 잘 자랐습니다.

물냉이_ 용출수가 흐르는 노변에 습지성 물냉이가 지천으로 군락을 이루었습니다.

절벽 아래쪽에선 바다에서 밀려오는 바람에 억새가 일렁입니다. 검바위에 부딪는 파도에 맞춰 춤을 춥니다. 파도 소리가 리듬을 타면 억새가 강약을 달리하며 장단을 맞춥니다.
수월봉을 둘러보고 트레일 산책을 하다 보니 어느덧 해가 수평선으로 기울고 있습니다. 해안에서 멀지 않은 차귀도는 석양을 배경으로 검은 실루엣의 형체를 드러냈습니다. 하늘을 바라보고 바다에 누워 묵상에 든 모습입니다.

수월봉 지오트레일 해변의 해넘이_ 수평선과 맞닿은 차귀도 위에서 기가 뻗치듯 붉은 기운이 구름 따라 사방으로 퍼졌습니다.

마침내 수평선 너머로 붉은 해가 가라앉기 시작합니다. 수평선에 맞닿은 차귀도 위에서 기가 뻗치듯 붉은 기운이 구름 따라 사방으로 퍼졌습니다. 마치 차귀도의 성스럽고 영묘한 기운이 천지에 가득한 듯합니다. 이윽고 붉은 기운은 점차 중천에 이르며 절정에 다다릅니다. 해가 수평선에 걸려 있는 동안엔 그가 천지 간을 지배하지만, 수평선 아래로 모습을 감추면 그 잔영으로 붉은 기운은 더 멀리 더 넓게 퍼집니다. 해 뜨기 직전 차오르는 붉은 기운으로 가슴 가득 설렘이 해돋이라면, 해넘이는 수평선 너머로 가라앉은 직후 불그레한 여운이 가슴으로 차오르는 황홀감입니다.
수평선 아래로 붉은 불덩이가 가라앉고, 그 잔영이 구름을 물들이며 휩싸고 돕니다. 빛과 형상이 혼연일체가 되는 순간의 황홀입니다. 수월봉 해변의 붉은 노을은 그렇게 가슴에 여울집니다.

[1차 탐방일 : 2021.10.11 / 2차 탐방일 : 2021.10.26]

한라산, 생명을 품다

〈1〉 한라산, 생명을 품다

칠흑같이 어두운 밤입니다.
바람은 나무들과 부대끼느라 '쐑쐑~' 요란합니다.
거칠게 밀려오는 파도 소리 같기도 하고,
창밖에 질주하는 차들의 소음 같기도 합니다.
그 어느 것이든 차갑게 느껴지기는 매한가지죠.
순간, 후회가 밀려왔습니다.
'좀 더 따스하게 껴입고 올 걸…….'
그러나 이제 모두 부질없는 생각입니다.
볼을 몇 번 문지르고 아랫배에 힘을 주고 차 문을 엽니다.
온몸 구석구석에 한기가 밀려옵니다.
위아래로 얇은 바지에 홑점퍼를 걸친 탓입니다.
'며칠 전 따스했던 날들을 생각하고 무작정 나선 자신을 탓할 일이다.
이왕 발을 내디뎠으니 굳은 마음으로 오르자!'

영실휴게소는 해발 1,280m로 한라산에서도 가장 높은 등산 기점입니다. 새벽 체감기온이 0℃를 오르내립니다. 어제오늘 들어 기온이 급강하한 이유도 있습니다. 몇백 미터도 가지 않았는데 멀리 서부터 희뿌옇게 여명이 터옵니다. 등산길은 온통 하얗습니다. 이번 가을에 처음 보는 서리입니다. 영실 기암까진 제법 경사가 급하니 한 발 한 발 조심스럽습니다.

'혹시 한라산의 풀꽃이 아직 피어 있으려나?' 하는 기대는 일찌감치 접는 게 좋을 듯싶습니다. 어차피 한라산을 다시 찾은 뜻은 그가 품은 생명성을 들여다보고자 함이지, 풀꽃에만 국한한 것은 아니었으니까요.

어느덧 해발 1,400m를 넘어 1,500m로 향하고 있습니다.

조릿대밭 가에서 겨우 끼어 살던 산수국도 거무죽죽하게 생기를 잃어갑니다. 산개벚나무는 이미 앙상한 가지만을 남긴 지 오래고 신갈나무 잎도 바짝 말랐습니다. 일부 잎만 간신히 달고 겨울맞이에 들어갈 채비를 마친 듯합니다.

산 건너편에서 동이 터 오는지 저 아래 산 둘레에 걸쳐 있는 오름들 위로 한라산은 자신의 검은 그림자를 짙게 드리웠습니다. 그의 크고 위대함이 그림자의 크기에서도 느껴집니다. 그 너머 수평선 위로 붉은 구름 띠가 동서로 하늘을 가릅니다. 마치 오백나한의 기가 서쪽 하늘로까지 뻗은 듯합니다.

불레오름의 아침_ 불레오름의 능선을 따라 음영이 유려하게 흐릅니다.

해발 1,500m를 다가오자 저 아래 불레오름의 굴곡진 능선이 선명합니다. 오름의 이쪽은 여전히 한라의 검은 음영이 자락을 놓아주지 않고 있지만, 저쪽 능선엔 밝은 서기가 능선을 따라 유려하게 흐르고 있습니다. 이 순간이면 김영갑 선생은 삽시간의 황홀을 잡았을까요? 이렇게 맑고 청명한 날을 찾기 쉽지 않았을 테니 며칠이 걸렸을 테고, 아침의 찰나를 준비하기 위해 몇 시간을 기슭에서 덜덜 떨고 있었을 겁니다. 저처럼……. 그리고 지금 저 오름들의 구릉과 능선이 만들어내는 선과 면의 명암에 또 한 번 떨었을 테지요.

아! 그의 '삽시간 황홀'이란 얼마만 한 깊이였을까요? 간절히 간구했을 때 찾아오는 자연의 경이로움. 그것은 어쩌면 자연을 향한 지고(至高)의 순수가 대상과 합일(合一)의 경지에 오르는 순간이 아닐까요? 자연의 성질을 이해하고 거기에 자신의 인내와 영혼을 투영하여 얻어낸 장면. 사실적이고 물리적인 대상이지만 나의 심영(心影)이 깃든 다분히 주관적인 이미지 말입니다. 저는 그를 생각하며 한참을 그렇게 서 있었습니다.

새벽에 오른 사람들이 다 오르고 마침내 천지간이 정지된 듯 적막감이 감돕니다. 바람마저 잦고 아침의 붉은 기운은 온 천지에 뻗어오는 푸른 서기에 조금씩 조금씩 자리를 내어주고 있습니다. 마치 또 다른 세계가 열리듯이…….

등산길에 만난 산철쭉도 매서운 서릿발에 잔뜩 웅크리고 있습니다. 이미 잎으로 보내는 수분 공급을 끊었는지 잎은 검붉습니다. 그나마 마지막 안간힘입니다. 그래도 이나마 버틸 수 있는 것은 주변 조릿대 사이에 낮게 드리운 덕분이죠. 일부는 벌써 잎을 떨구고 동안거에 들어갔습니다. 고지대에서 생존하는 관목은 잎이 작습니다. 낮은 기온과 적은 일사량, 그리고 척박한 토양 탓입니다. 광합성 효율이 떨어지니 그에 맞게 적응한 것입니다.

생명의 안간힘_ 10월 하순, 서리가 내린 가운데 산철쭉꽃이 어렵게 생명을 이어가고 있습니다.

어라? 그런데 산철쭉 하나가 잎들 사이에 자주색 꽃을 달고 있습니다. 물론 한기에 꽃잎을 닫고 있지만 어쩐지 무모하다는 생각이 듭니다. 그것이 생명입니다. 낮에 기온이 오르기를 기대하며 밤의 추위를 견뎌왔습니다. 비록 지금은 잎으로 가는 수분 일부가 끊겼으나, 번식하려는 치열함은 허연 서리가 내리는 이 아침에도 계속됩니다.

참빗살나무_ 붉은 꽃이 만발한 듯 열매를 촘촘히 달고 가을을 보냅니다.

조금 더 오르니 봄을 맞은 듯 붉은 꽃이 만발한 나무가 서너 그루 보입니다. 참빗살나무입니다. 가까이 다가가 자세히 보면 꽃이 아니라 열매입니다.

'아! 이 녀석은 참으로 씩씩하게 살았구나!'

이 높은 고지(해발 1600m)에서 혹독한 비바람을 맞으며 견디고 견디어, 가지란 가지엔 온통 붉은 열매를 빼곡히 달았습니다. 하얀 서릿발에도 아랑곳없이 독야홍홍(獨也紅紅)입니다.

'장하고 장하구나. 네 옆을 지나는 뭇 중생들에게 너는 얼마나 기쁨이고 위안이냐!'

병풍바위_ 점성 높은 용암이 흐르다 식으며 무수한 주상절리가 만들어지고, 거기에 오랜 세월 침식이 더해지면서 병풍바위가 탄생했습니다.

선작지왓에 다다르기 전까지, 저는 한라산의 남서 사면을 오르기 때문에 따스한 햇볕은 동냥조차 언감생심이죠. 대신 아득한 벼랑길 따라 병풍바위가 호쾌하게 펼쳐졌습니다. 점성이 높은 용암이 흐르다 식으며 무수한 주상절리(柱狀節理)가 오랜 세월 침식이 더해지면서 만들어낸 걸작품입니다. 영실이 영실(靈室)임을 한눈에 보여주는 곳입니다.

천 길 같은 높이로 웅장하게 솟은 병풍 절벽은 남동쪽으로 기세 좋게 뻗었습니다. 점차 자신을 낮추던 절벽은 능선으로 이어지고 능선마다 오백나한은 긴 잠에서 막 깨어나듯 아침 햇살을 받으며 기지개를 켭니다. 능선 이쪽으로는 물결치듯 산맥을 거느리며 멀어져갑니다.

능선을 기준으로 이쪽 사면은 북서사면이라 지금도 약간은 희끄무레합니다. 그러나 사이사이에 굴곡진 곳마다 켜켜이 물결치듯 근육질의 몸매가 이어졌습니다. 까마득한 낭떠러지 병풍바위와는 또 다른 멋을 안겨주죠. 아침의 음영과 서리가 엉겨 희뿌옇게 보이는 산맥은 침묵 속에 그렇게 웅크리고 있습니다.

예까지 숨차게 오른 등반객들은 숨을 고르며 한라의 영실에 가슴을 엽니다. 눈앞에 파노라마로 펼쳐진 장엄한 절벽과 산맥! 오백나한의 전설을 탄생시키고도 남음이 있는 영묘함이 느껴집니다.

명암의 대비_ 짙은 음영 너머 완만한 산기슭에 고요한 광야(光野)가 펼쳐지고, 그 가운데 검은 강이 흐릅니다. 아침 햇빛이 만든 선과 면의 조화입니다.

잠시 올라오던 방향을 돌아봅니다. 저 아래 오름들은 밝은 햇빛과 자신들이 만든 그림자로 멋지게 선과 면의 조화를 그립니다. 너른 숲에는 길 따라 굴곡진 검은 강이 흐릅니다. 마치 이 아침의 햇살은 '명암의 조화'란 주제로 멋진 작품을 펼쳐내는 듯합니다.

선작지왓_ 드넓은 벌판의 아침, 고요함이 깊습니다.

마침내 선작지왓에 다다랐습니다. 굴곡이 심한 산비탈과 나무숲 사이에 머무르다 갑자기 탁트인 초원지대에 나오니 가슴이 뻥 뚫립니다. 눈이 머무는 곳까지 광활한 초원과 낮은 구릉이 이어졌습니다. 구릉 너머 파란 하늘에 잠깐 정신이 팔려있는 사이, 어디선가 가냘픈 여성의 이중창이 들려옵니다. 가까이 있던 두 젊은 수녀의 목소리입니다. 고요한 벌판 한가운데, 아침 햇빛을 받으며 울려 퍼지는 찬가라니! 저는 말없이 낮은 구릉 너머에서 오르는 태양을 향해 한껏 팔을 벌리고 눈을 감았습니다. 따스한 햇볕의 온기가 온몸을 감싸고 돕니다. 찬송가에 실린 향기로운 풀 내음도 함께 전해져 오는 듯합니다. 평온하고 고요한 초원에서 울리는 소리 덕분인지 모르겠습니다. 한참을 숨을 고르며 그렇게 서 있으니 몸이 따스해지고 마음이 훈훈해집니다. 찬가 덕분인지 햇볕 덕분인지 모르겠습니다.
다시 마음을 가다듬고 걷습니다. 정면에 우뚝 선 서벽을 향해 걷습니다. 진작부터 구릉 너머에서 검푸르게 다가온 거대한 바위산! 한라산 산정(山頂)입니다. 제주도 어디를 가나 벌판, 혹은 오름 너머로 구름 위에 떠 있는 바위산정! 저는 순간, 제주도 사람들의 뇌리에 한라산이 왜 그렇게 신령스러운 존재로 머무르는지 조금은 짐작할 것 같습니다.
문득, 4년 전 벗들과 후커 밸리 대협곡을 걷고 있을 때, 홀연히 마주쳤던 Mt. Cook! 그 기억이 되살아났습니다. 물론 뉴질랜드의 그 산은 깊은 협곡 사이에 나타났고 정상부에 만년설이 쌓여있다는 점은 다르지요. 하지만 두 대상 모두가 분명히 하나 된 경이로움으로 겹쳐졌습니다.
여러분도 상상해보세요. 바로 앞에 거대한 산꼭대기가 터~억 눈앞에 차오르는 그 순간을! 그 장엄함에 온몸을 떨었습니다. 한라의 바위산이 신묘한 형상으로 바로 눈앞에 닿을 듯이 거대하게

한라산 정상부 서벽_ 주름진 기둥은 서로 어깨를 맞대고 키재기를 하는 듯 이리 뾰족 저리 뾰족, 다시 묵은 기운을 누르고 새로운 기운이 치솟아 겹겹이 바위 숲을 이루니, 허! 이를 어찌 절경(絕景)이란 말로 다 표현할까요.

다가왔거든요. 저는 그 대상이 제 인생의 목표물인 양 걸음이 빨라졌습니다. 이미 손은 얼고 온몸이 차가웠지만, 가슴은 뜨거워짐을 느꼈습니다. 마치 '마음의 불덩이'를 찾은 듯. 저는 비탈과 비탈이 마주치는 작은 계곡의 남동 사면 양지바른 곳에 자리를 잡고 서벽을 응시했습니다.

서벽은 전보다 더 가깝고 세세하게 선명해졌습니다.
용암이 솟구쳐 흐르고 그 위에 만 년의 비바람이 더해진 바위산! 수백만 날, 풍식과 침식으로 그 어느 조각가도 흉내 내지 못할 거대한 명작이 우뚝 섰습니다. 기기묘묘한 바위들은 원시 그대로입니다. 뾰족뾰족 솟은 바위에는 하얀 서리가 얹혀 있고 그 사이사이로 검은 계곡이 어지럽게 이어져 마치 외계의 어느 어두운 골짜기를 연상케 합니다. 날카롭게 솟은 암봉(巖峰)은 금방이라도 밑바닥을 박차고 날아오를 듯 생생합니다. 암영(暗影)이 드리운 검푸른 암곡(巖谷)은 범접하지 못할 죽음의 계곡인지, 영원히 닿지 못할 어둠의 골짜기인지 분간이 가질 않습니다.
금강산 일만 이천 봉이 이러할까요, 중국의 황산(黃山) 기암이 이러할까요. 주름진 기둥은 서로 어깨를 맞대고 키재기를 하는 듯 이리 뾰족 저리 뾰족, 다시 묵은 기운을 누르고 새로운 기운이 치솟아 겹겹이 바위 숲을 이루니, 허! 이를 어찌 절경(絕景)이란 말로 다 표현할까요. 수백만 번 해가 뜨고 지며 비바람에 갈고 닦아온 공력은 이미 인간 세상 저 밖입니다.
아! 또 한 번 '삽시간의 황홀'이 가슴을 훑고 지나갑니다. 순간 가슴에 전율이 가득 퍼져 하마터면 눈물을 흘릴 뻔하였습니다. 그것은 그냥 바위의 형상이 아니라, 상상 밖의 검푸른 만상(萬狀)이 갑자기 가슴에 콱 들어찼기 때문이었나 봅니다. 아마도 이 시간, 나의 분신이 동벽을 동시에 보고 있다면, 이 거대한 암봉은 이승과 저승의 경승(景勝)을 한 몸에 간직하고 있는 것이 아닌가요?

선작지왓 고원_ 광활한 고원에 구상나무가 골짜기를 따라 이어집니다. 파란 하늘과 대조를 이루며 사시사철 짙은 초록의 강을 보여주는 구상나무는 한라산의 상징이기도 합니다.

이제 다시 정신을 차리고 동쪽 구릉으로 향합니다. 짙은 초록의 구상나무가 골짜기를 따라 이어져, 고원의 빛바랜 갈색 능선과 확연하게 대조됩니다. 군데군데 자란 눈향나무는 바람에 못 이겨 뒤틀리며 땅으로 낮게 누웠습니다. 털진달래와 산철쭉은 대부분 허연 가지만을 드러낸 채 떨고 있습니다. 억센 조릿대마저 누렇게 바랜 모습입니다. 기온이 내려가고 수분이 부족하면서 고원의 관목은 겨울 채비가 한창입니다. 해발 1,700m 고원의 모습이죠.

눈향나무_ 한라산 해발 1,700m 고산지대. 굽은 줄기가 인상적임을 넘어 충격적입니다. 얼마나 가혹한 환경이었으면 이리 휘었을까요? 생명력이 경이로울 따름입니다.

새벽을 지나, 초원의 낮은 구릉과 골짜기마다 햇볕이 가득합니다. 이제 따스한 햇볕이 선작지왓의 너른 초원에 고루고루 닿았습니다. 저의 얼어붙은 손과 발에도 서서히 온기가 찾아옵니다.
다시 천지가 멈추고 적막감만 감돕니다. 만물이 태양을 맞으며 정지된 듯 고요합니다. 걸음을 멈추고 눈을 감고 팔을 벌리어 태양을 맞습니다. 이어지는 시간의 멈춤 속에서 오래오래 평온을 누렸습니다.
계속해서 남벽 분기점을 향해 걷습니다. 햇빛을 가득히 받은 남벽이 동서로 웅장하게 뻗었습니다. 서벽이 지하의 검은 바위 숲이라면, 남벽은 하늘 성[天上之城]을 닮았습니다. 영적(靈的)으로 가슴에 엄습했던 어둠의 세계를 헤치고 이제 호쾌하고 드높은 천상의 세계에 다다른 느낌입니다.

한라산 정상부 남벽_ 정상을 중심으로 기세 좋게 양 날개를 펼쳤습니다. 금방이라도 비상할 듯합니다.

남벽은 정상을 중심으로 기세 좋게 양 날개를 길게 펼친 형상입니다. 정지된 하늘 성이 금방이라도 비상할 듯합니다. 날개를 펼치면 하늘을 덮는다던 전설의 붕새가 이러할까요? 남벽을 좌로 두고 동으로 휘돌아 걸으면서 점차 분명해지는 모습! 그것은 한쪽에 자리하던 흰 바위가 중앙으로 이동하더니 마침내 붕새의 모습을 제대로 갖추었습니다. 이제 막 흰 머리를 내밀고 비상하려는 모습입니다. 저는 좌우로 웅장하게 펼쳐진 남벽을 응시하며 힘껏 양팔을 뻗었습니다. 힘차게 날갯짓하면 남벽을 넘어 백록담에 닿을 듯합니다. 금방이라도 신령한 이가 하얀 사슴을 타고 저를 맞이해줄 것만 같습니다.

산철쭉_ 늦가을, 햇볕을 잘 받는 고지대 구릉에 산철쭉 단풍이 곱게 들었습니다. 산철쭉 사이에 제주조릿대(사진 가운데)가 얼굴을 내밀었습니다.

밤사이 초원에서 떨었던 털진달래와 조릿대가 하나둘 고개를 들어 햇살을 부여잡습니다.
방아오름 샘의 바위 밑에서 목을 축이던 아기 산철쭉이 발그레한 얼굴로 햇볕을 맞이합니다.
조릿대 사이에서 낮게 누워 있던 눈향나무도 푸른 가지를 뻗어 찬란한 아침을 맞이합니다.
태양은 생명을 보듬고 한라산은 그들을 온전히 품었습니다.
천지에 구릉과 골짜기를 낳고 오름을 만들어, 그 사이사이에 무수한 생명을 불어넣었습니다.
바위 한 덩어리 풀 한 포기도 그의 보살핌에 한 몸이 되어 제주를 살찌우는 원천이 되었죠.
한라산이 천지간의 생명을 품었습니다.

[탐방일(영실코스) : 2021.10.23]

〈2〉 낮게 임하소서

성판악코스 산정(山頂)의 남사면. 해발 1,900m 고지대입니다.

낮게 임하소서_ 해발 1,900m 백록담 부근, 누런 사초 사이사이에 푸른 눈향나무가 잔디 깔리듯 엎드려 자랍니다.
정상부의 척박한 환경과 바람이 드센 가혹한 기후 조건에서 그들이 살아남는 생존방식입니다.

백록담이 가까워지자 자신을 쉬이 허락하지 않겠다는 듯 경사는 한층 급해집니다.
경사면엔 누렇게 바랜 사초 덤불이 덮였고, 그 사이사이에 기듯이 낮게 누운 눈향나무들이
점점이 보입니다. 그들은 하나같이 바위에, 혹은 바위 사이에 바짝 붙어 자랍니다.
좀 더 자세히 관찰하면 눈향나무와 사초 덤불 사이에 털진달래의 모습도 간간이 보입니다.
그들 또한 몸을 한껏 낮추어 바위에 몸을 기대고 주위의 눈향나무와 한 몸이 되었습니다.

살아남기_ 해발 1,900m 고산지대. 눈향나무가 바위와 한몸이 되었습니다.

그들의 보금자리가 땅 위가 아니라 바위라는 사실이 믿기지 않지만, 한라산 산정이 온통 현무암 덩어리라는 사실을 되뇌어보면 이해 갑니다. 현무암은, 기공(氣孔)이 수없이 많아 수분을 흡수하고 이를 일정 기간 유지할 수 있죠. 덕분에 바람이 심하고 기온 낮은 이 고지대에서도 관목의 뿌리가 바위에 흡착하듯 붙어서 생명을 이어 갑니다. 이 척박한 환경과 가혹한 기후 조건에서 살아가는 그들에게 생명의 경외감을 표하지 않을 수 없습니다.

가만히 살펴보면 이 고지대에 붙어사는 식물에서 공통적인 특징을 찾을 수 있습니다. 모두 바닥에 엎드리어 자란다는 점이죠. 드센 바람과 밤이면 급강하하는 낮은 기온에서 그들이 생존하는 유일한 길입니다. 곧장 일어서서 자라는 법이 없습니다. 그것은 곧 죽음을 의미합니다. 식물뿐 아니라 암석마저도 낮게 엎드린 듯합니다.

'높아지고자 하면 죽고,
낮게 임하면 살아남으리라
[立而不生 臥而生存].'

[탐방일(성판악코스, 2회) : 2021.10.08 / 10.28]

〈3〉 한라산의 풀꽃

가을은 꽃들이 열매를 맺으며 겨울을 준비하는 계절입니다. 그래서 그런지 봄과 여름처럼 다양한 풀꽃을 볼 수 없습니다. 봄에서 여름은 날로 따뜻해지며 생장이 왕성해지는 계절이지만, 가을에 이르면 기온이 낮아지고 일조량이 줄어들면서 광합성 효율이 떨어지죠. 그러니 많은 야생화가 여름에서 가을 사이 자취를 감춥니다. 그나마 가을의 야생화는 국화과가 그 주종을 차지하고 있죠.
가을의 들국화를 떠올리면 쉽게 이해 갑니다. 제주도의 야생화도 예외가 아닌 듯합니다. 더구나 한라산은 더욱 그러하지요. 9월 초순인데도 야생화가 많지 않은 것은, 한라산이 용암지대일 뿐 아니라 고지대 특유의 기후 탓일 겁니다. 조릿대도 한몫하고요. 그렇다 해도 좀향유, 물매화, 그리고 시로미 같은, 한라산에서만 볼 수 있는 식물이 있어 잘 관찰할 필요가 있습니다. 한라산 중턱에 널리 분포하는 풀꽃을 꼽자면, 산수국, 바늘엉겅퀴, 그리고 눈개쑥부쟁이를 들 수 있습니다. 그들은 등산로 내내 가을 정취를 돋우어주는 주인공이죠. 그다음으로 털머위, 미역취, 산박하, 애기나비나물, 한라부추 등을 심심치 않게 볼 수 있습니다. 주위를 잘 살펴보지 않으면 놓치기 쉬운 야생화도 있습니다. 흰진범, 달구지풀, 탑풀, 한라돌쩌귀, 좀향유, 물매화, 금방망이 등입니다. 영실코스 병풍바위를 오르며 만났던 몇몇 풀꽃에 대한 기억은 좀 더 각별합니다.

좀향유_ 한라산 해발 1,600m에서 자라는 좀향유 군락. 원 안은 좀향유를 확대한 모습.

해발 1,600m. 영실기암 언저리에 올라 숨을 돌리고 있는 사이, 아내의 부름이 다급합니다.
"여보, 여기 좀 봐. 못 보던 식물이 바닥에 깔려있네."
얼른 발길을 옮겨 다가가 보니 바닥에 자잘하게 깔린 풀밭에 점점이 붉은 알갱이가 박혔습니다.
이번엔 상체를 바닥에 바짝 붙이고 자세히 보니 꽃인 듯합니다.
강렬한 호기심에 카메라를 들이밀어 확대해 봅니다.
순간 눈을 의심했습니다.
계란형의 동그란 잎이 마주하고 그 위에 피어난 홍자색의 꽃송이!
좀향유였습니다!
키가 2~5cm이고 꽃은 2mm 정도에 불과한 아주 작은 풀꽃.
말로만 듣던 그 친구였습니다. 우리나라에서도 한라산 고지대에서만이 만날 수 있다는 꽃입니다.
이 친구가 병풍바위 등산로 옆 바닥에 붙어 있으니 여간 반가울 수 없었습니다. 모진 바람과 영양이 부족한 바위산 모퉁이 아래에서 수백 그루가 서로 다닥다닥 어깨를 맞대고 살아가니 참으로 장하죠.
병풍바위를 좌로 휘돌아 가는 길목에 자리한 좀향유!
남사면이라 햇볕이 풍부하고 해발 1,600m에 자리하니 아침저녁으로 서늘하여 습도가 높죠.
더구나 그들의 주위는 바위와 풀숲에 싸여 있으니 최적의 생육환경이 아닐 수 없습니다.
나중에 어리목 두세 군데에서도 그를 찾을 수 있었습니다.

털머위와 바늘엉겅퀴_ 까마득한 낭떠러지 위, 병풍바위에 노란 털머위와 보라 바늘엉겅퀴가 어울려 피었습니다.

다시 눈을 돌려 건너편 병풍바위 절벽 구릉으로 향합니다.
영실 기암이 동북 방면의 능선을 타고 굽이쳐 멀어져 갑니다. 발아래로 250m의 아뜩한 절벽 낭떠러지입니다. 그 위에 털머위와 바늘엉겅퀴가 군데군데 무리 지어 자랍니다.
먼 산 구경을 하고 싶은지 털머위는 꽃대를 한껏 올려 꽃을 피웠습니다. 바로 앞 털진달래 군락이 자리한 덕분에 바람막이 삼아 잘 자랐습니다. 털머위는 한라산보다 해변에서 더 많이 만나는 친구죠. 요즈음 큰엉해안에도 노란 털머위꽃이 만발하였습니다. 노란 꽃잎이 제법 크고 밝아서, 송이송이 풍성한 꽃대가 여간 탐스럽지 않습니다. 희끄무레한 아침, 해변을 거닐 때면 망망대해를 배경으로 피어난 노란 꽃무리 사이를 걸어보세요. 상상만으로도 들뜬 기쁨이 앞섭니다.

바늘엉겅퀴_ 한라산 기슭에서 볼 수 있는 바늘엉겅퀴. 꽃받침에도 가시가 돌려나며 잎에는 날카로운 가시가 가득합니다.

가시엉겅퀴_ 제주도 저지대에서 볼 수 있는 가시엉겅퀴. 꽃받침에 가시가 없고 결각이 심한 잎 끝에 가시가 있습니다.

병풍바위 절벽 위 풀숲 더미 사이엔 바늘엉겅퀴꽃도 한낮의 햇볕을 만끽하고 있습니다. 한라산 등산로를 따라 온통 자주 꽃으로 수놓아 가을의 정취를 한층 돋우어주는 친구입니다. 가히 9월의 가객(佳客)이라 할 만하죠. 아침저녁으로 서늘한 한라산 중턱에서 잘 적응한 덕분입니다.
한라산에서 바늘엉겅퀴를 볼 수 있다면 가시엉겅퀴는 제주도 저지대의 풀밭[☞ 따라비오름 가시엉겅퀴]에 많습니다. 바늘엉겅퀴는 가시엉겅퀴와 달리 총포에도 가시가 있습니다. 바늘엉겅퀴가 높은 산에서 자라기 때문에 외로울 듯하지만, 박각시나방이 자주 찾아와 친구가 되어 줍니다. 박각시나방은 꿀을 빨고 대신 수분을 시켜줍니다.

어리목코스 만세동산(해발1,600m 내외)으로 자리를 옮겨볼까요.

초원에는 미역취와 눈개쑥부쟁이 등이 많이 보입니다. 드물게 금방망이, 좀향유, 그리고 물매화도 만날 수 있습니다. 가끔 물매화를 만날 수 있는 건, 만세동산의 풍부한 햇볕, 서늘한 아침저녁의 기온, 풍부한 습지 등이 갖춰져 있는 덕분입니다.

눈개쑥부쟁이_ 줄기가 밑에서부터 갈라져서 옆으로 자라다가 윗부분이 곧추서 꽃을 피웁니다. 한라산에서 흔하게 볼 수 있습니다.

금방망이_ 어리목코스 만세동산에서 만난 금방망이.

물매화_ 가운데 암술 바깥으로 다섯 헛수술(연두색 부분)이 있고, 그 위로 투명한 구슬 같은 헛꿀샘이 영롱합니다.

볕이 잘 드는 만세동산의 초원에는 석송도 어렵지 않게 만나볼 수 있습니다. 가지는 땅 위를 기어가면서 자라다가 2개씩 갈라져 나갑니다. 가지마다 잎이 빽빽하게 모여납니다. '석송(石松)'이라 하지만 소나무와는 전혀 관련이 없고, 포자로 번식하는 양치식물입니다.

석송_ 가지는 땅 위를 기어가면서 자라다가 2개씩 갈라져 나갑니다. 가지마다 잎이 빽빽하게 모여 납니다. '석송(石松)'이라 하지만, 소나무와는 전혀 관련이 없고, 포자로 번식하는 양치식물입니다.

10월 중순에 들어서면 용담이 만세동산 곳곳에서 요술을 부린 듯이 나타납니다. 제가 9월에 이곳을 방문했을 때 한 송이도 구경하지 못했던 꽃이었거든요. 통꽃의 끝을 살짝 벌리고 조릿대 사이사이에서 얼굴을 내밀었습니다. 마치 새끼 새가 먹이달라고 주둥이를 벌린 듯 앙증맞습니다.
한라산의 영실코스와 어리목코스는 윗세오름대피소(해발 1,700m)에서 합류하여 백록담 남벽 분기점으로 이어집니다. 만세동산에서 남벽 분기점으로 이어지는 등산로 주변 고산지대에서 어렵지 않게 만날 수 있는 친구가 있죠.
구상나무와 시로미입니다.
이 두 식물은 전형적인 북방계 식물입니다. 1만 년 전쯤 대륙과 연결되어 있을 당시 혹한의 시베리아를 피해 제주도로 남하하였을 것으로 추정되는 식물이죠. 그러다 날씨가 따뜻해지고 해수면이 상승하면서 한라산 고지대로 이동하며 오늘날에 이르렀습니다. 실제로 시로미와 구상나무는 한라산 산정부(山頂部)에 국한되어 살아가는 고산식물입니다.

용담_ 9월에 보이지 않던 용담도 10월 중순에 들어서면 요술을 부린 듯이 만세동산 초원의 곳곳에서 나타납니다.

시로미_ 바위를 덮은 시로미. 그 위로 산철쭉이 뻗다가 생장을 멈추고 가을을 탑니다.

시로미는 바위 위나 바위틈에 뿌리를 내리고 줄기가 옆으로 뻗어 바위와 한 몸이 되어 살아갑니다. 뿌리를 내린 바닥은 습한 것을 싫어하면서도 공기는 습도가 높은 환경을 좋아하니, '암고란(岩高蘭)'이란 별칭이 썩 잘 어울립니다.

구상나무와 시로미가 마지막 피신처로 택한 한라산 산정(山頂). 그곳이 더는 온난화로 상처받지 않고 온전한 보금자리로 남았으면 좋겠습니다.

[관찰기간 : 2021.09.07.~10.28]

한라산에서 만난 주요 풀꽃(가을)

〈1〉 어리목코스(2회)

가. 1차 탐방 [2021.09.07]

금방망이, 눈개쑥부쟁이, 물매화, 미역취, 바늘엉겅퀴, 석송, 시로미, 좀향유, 호장근 (9종)

(해발 1500~1700m의 일부 구간에 한함.)

나. 2차 탐방 [2021.10.03]

눈개쑥부쟁이, 미역취, 바늘엉겅퀴, 용담, 한라부추 (5종)

〈2〉 영실코스(2회)

가. 1차 탐방 [2021.09.07]

구릿대, 눈개쑥부쟁이, 달구지풀, 미역취, 바늘엉겅퀴, 분취, 산박하, 산수국, 석송, 애기나비나물, 이질풀, 제주조릿대, 좀향유(해발 1,600m), 진범, 탑풀, 털기름나물, 털머위, 한라돌쩌귀, 한라부추 (19종)

나. 2차 탐방 [2021.10.23]

눈개쑥부쟁이, 바늘엉겅퀴, 산수국, 석송, 시로미 (5종)

〈3〉 성판악코스(2회)

가. 1차 탐방 [2021.10.08]

눈개쑥부쟁이, 바늘엉겅퀴, 산수국, 송악, 한라고들빼기 (5종)

나. 2차 탐방 [2021.10.28]

바늘엉겅퀴 등 야생화는 결실을 끝내고 시들어버림.

〈1〉 오름에서 태어나 오름에서 살고 오름으로 돌아가다

'오름'이란 '작은 산' 또는 '봉우리'를 뜻하는 제주어입니다. 제주의 모든 산이 화산체이니, '작은 화산' 정도의 의미라 할 수 있죠. 그런 오름이 제주에는 368개나 된다고 합니다. 주로 한라산 주변과 제주의 동쪽에 많이 분포되어 있습니다.

웬만한 마을마다 오름 하나 정도씩은 곁에 있으니, 오름은 제주민과 불가분의 관계였습니다. 그들은 오름에 기대어 삶을 영위하였을 뿐 아니라, 영원한 안식을 구하기도 했습니다. 자연히 '오름에서 태어나 오름에서 살고 오름으로 돌아간다'는 말이 생겨났던 것이죠.

오름은 생활에 필요한 재료를 제공해주었습니다. 억새와 띠가 바로 그러하죠.

그들을 엮어 지붕으로 얹기도 하고 바구니와 망태기 같은 여러 생활 도구를 만들어 썼죠. 거문오름을 답사 중일 때, 제주에서 태어나 성장한 해설사 한 분이 어린 시절을 회상하며 들려준 이야기가 기억납니다.

"저는 오라버니와 억새를 하러 오름을 오르곤 했어요. 그는 억새를 낫으로 베어 한 다발씩 묶고는 저보고 먼저 산 아래로 내려가게 했어요. 그리고 그 억새 더미를 제가 있는 곳으로 굴렸습니다. 그 당시 오름엔 민둥산이 많아서 풀더미를 데굴데굴 굴리면 산 아래까지 닿곤 했거든요. 그것을 놀이처럼 즐겼던 시절이 아득합니다."

오름은 사람뿐 아니라, 마소에게도 삶의 터전이었습니다.

평지가 밭으로 쓰였다면, 완만하게 경사진 오름은 마소의 사육장으로 활용되었지요.

경사진 오름 초원은 시원하고 쾌적하여 마소도 무척 좋아하였습니다.

그중에서도 말은 제주도를 대표하는 가축입니다. 오늘날 오름 대부분이 초원으로 남아 있는 것은 고려 시대부터 널리 목마장으로 활용된 데서 기인합니다. 그전에도 말을 사육하기도 했지만, 고려 말 몽골로부터 현재의 제주마에 가까운 품종을 들여와 본격적으로 성행하였다 합니다.

산굼부리 산담_ 제주인들은 오름에 묘를 써서 안식을 구했습니다. 구릉의 아래쪽을 위보다 넓게 하여 사다리꼴의 형태를 취했습니다.

그렇게 삶의 한 방편으로 의지했던 오름은 영혼의 안식처이기도 했습니다. 지금도 오름 여기저기에 주검이 안치된 무덤을 어렵지 않게 볼 수 있습니다. 오름에 기대어 영원한 안식을 구했던 제주민의 의식을 엿볼 수 있죠. 용눈이오름에 가보면 완만한 산기슭에 산담이 자리한 모습을 볼 수 있습니다. 묘의 아래를 위보다 넓게 하여 완만한 경사에 맞는 사다리꼴의 형태를 취했죠. 봄 여름이면 푸른 초지에, 늦가을이면 황갈색의 경사지에, 그리고 눈이 수북이 내린 겨울날엔 하얀 언덕에 선명하게 드러나는 검은 산담은 또 하나의 제주 풍경입니다.

뒷동산처럼 친근하여 곁에 두고 살았던 오름. 제주민에게 오름은 너른 어머니의 품입니다.

〈2〉 따라비오름
굼부리 능선 따라 추억은 흐르고

세 굼부리가 어깨를 맞댄 능선은
오르내리며 끊어질 듯 이어지고
헤어졌다 만나고 만났다 헤어집니다.

큰사슴이오름을 넘어와
산등성이를 헤집는 바람,
뭇 생명이 눕고 또 일어섭니다.

따라비오름의 능선_ 파란 하늘 뭉게구름 아래, 넉넉하고 완만한 능선은 한눈에도 시원합니다.

뉘엿뉘엿 서녘 해가 기울면,
굼부리는 어스름하게 스러지고
능선 따라 바람처럼 추억이 흐릅니다.

따라비오름!
입구에 들어서면 넓고 완만한 구릉이 전개되고 그 뒤에 고도가 약 100여m 밖에 안되는 오름이 서 있습니다. 높지 않으면서 품이 넉넉합니다. 그래서 그런지 너른 들판 너머 솟아오른 오름을 방문할 때면 늘 마음이 편안해집니다.

오름 능선_ 굼부리 가장자리를 따라 완만하게 오르내리는 능선이 가히 관능적입니다.

특히 10월이면 너른 벌판과 산허리, 그리고 세 개의 굼부리와 만나는 부드러운 능선마다 온통 하얀 억새 물결이 넘실대죠. 보는 이의 가슴도 덩달아 일렁입니다. 가히 '오름이 여왕' 답습니다.

9월 초, 가을의 초입에 오름을 처음 찾았습니다. 벌판 입구, 키가 훤칠한 왕고들빼기가 고개를 내밀고 반갑게 맞아줍니다. 그도 즐거운지 연노랑 꽃잎을 활짝 열고 바람 따라 살랑살랑 춤을 춥니다. 그 옆으로 짚신나물이 노란 꽃송이를 촘촘히 달고 수줍은 듯 고개를 숙였습니다. 여름이면 전국의 들판이나 길가를 노랗게 물들이는 꽃, 짚신나물. 이 먼 제주에서 옛 친구를 만난 듯 반갑습니다.

짚신나물_ 노란 꽃송이를 촘촘이 달고 벌과 나비를 부르는 짚신나물.

아직 늦여름을 벗어나지 못해서 그런지 억새는 꽃대 조차 보이지 않고 초록의 억센 잎이 무성합니다. 억새 밭에 서면 바람의 몸짓과 소리가 눈과 귀에 가득합니다. 가슴이 시원하고 몸은 날아갈 듯 가벼워집니다. 억새와 바람의 조화가 주는 마법이죠.

너른 초원과 푸른 하늘로, 탁 트인 시야가 주는 시원함 덕분인지도 모르겠습니다.

오이풀_ 꽃대 끝에 촘촘히 박힌 검붉은 꽃 무리, 오이풀.

억새 사이를 몇 발짝 헤집고 들어가자 작은 꽃방망이가 연신 몸을 흔듭니다. 가느다란 꽃대 끝에 검붉은 꽃이 촘촘히 달렸습니다. 오이풀입니다. 그 뒤로 연보라 벌등골나물 꽃송이가 하늘을 향해 송골송골 맺혔습니다. 9월 초순이라 아직 꽃봉오리 상태입니다.

벌등골나물_ 줄기 끝에 연보라꽃을 피운 벌등골나물. 흰꽃이 피는 등골나물과 구분됩니다.

오름을 향해 걷다 보면, 심심찮게 오솔길 따라 피어난 분홍꽃이 보입니다. 가냘픈 꽃대 끝 5cm 내외에 알알이 맺힌 꽃송이. 그 누가 보아도 마음을 들뜨게 하는 꽃. 무릇입니다. 양지바른 곳을 좋아해 볕이 잘 드는 벌판의 길가에 무리 지어 피었습니다. 그 옆에 노란 서양금혼초도 무릇과 어울렸습니다. 그는 무릇보다 높은 키에 노란 접시 모양의 국화과 꽃입니다. 분홍 무릇과 잘 어울려 피었습니다.

갑마장길과 오름 등산길이 만나는 반그늘 양지에 들어서면 걸음을 멈추지 않을 수 없습니다. 짙은 청남색의 닭의장풀, 진한 홍자색 이질풀, 옅은 보라 꽃 산층층이, 그리고 귀여운 쥐꼬리망초가 옹기종기 피어나 작은 풀꽃 동산을 이루었거든요. 아내를 불러 그들을 마주하며 차 한 잔을 나누었습니다. 다향인 듯 화향인 듯 그 윽함이 가슴 깊이 전해져옵니다.

어울림_ 무릇과 서양금혼초의 어울림.

풀꽃동산_ 따라비오름 아랫기슭에 핀 풀꽃동산. 어떤 꽃들이 어울려 살까요? 짙은 청남색의 닭의장풀, 꽃분홍 이질풀, 옅은 보라 꽃 산층층이, 아담한 쥐꼬리망초…….

오름의 등산로에는 사스레피나무의 반그늘 아래 산박하가 군락을 이루고 좀 더 오르면 야고가 한둘 보이기 시작합니다. 억새 숲 사이를 살짝 들춰가면서 살펴보면 찾을 수 있죠. 억새 뿌리에 기생하는 식물이라 초록 잎은 없지만, 누런 꽃대, 끝이 살짝 갈라져 포개진 분홍 꽃잎, 그리고 노란 구슬 같은 꽃술을 가졌습니다. 생김새가 담뱃대 같아서 '담뱃대더부살이'란 별명을 갖고 있습니다. 제 눈엔 '사랑의 종'이라 해야 더 어울릴 듯합니다. 어디선가 숲속의 작은 요정이 나타나 찰랑거리는 소리를 들려줄 듯 깜찍한 모습이니까요.

야고_ 억새 뿌리에 붙어사는 기생식물입니다.
끝이 살짝 갈라져 포개진 분홍 꽃잎이 유혹적입니다.

굼부리 능선에 가까워지면, 양지바른 기슭에 괭이밥, 괭이싸리, 큰벼룩아재비가 보입니다. 노란 괭이밥꽃은 확연히 보이나, 큰벼룩아재비는 이름과 달리 카메라를 들이대어 확대해야 볼 수 있는 아주 작은 꽃입니다. 꽃이 불과 2~3mm에 불과하지요. 괭이싸리는 길가에 피어난 탓인지 사람들의 발에 밟히어 꽃이 일그러졌습니다.

괭이밥_ 괭이밥꽃이 피막이 잎들 사이에 어울려 피었습니다.

괭이싸리_ 꽃과 잎이 작아 보일 듯 말 듯한 괭이싸리.

당잔대_ 짙은 보라꽃 속 하얀 암술대가 돋보입니다

굼부리 능선 따라 산철쭉 군락이 이어집니다. 산철쭉을 타고 오른 덩굴 위로 흰 으아리꽃이 만발했습니다. 향기가 진하여 지나가는 나그네의 발길을 붙잡곤 하죠. 능선의 양지에는 도라지꽃을 연상케 하는 당잔대가 보라 꽃잎 끝을 살짝 열어 따스한 오후를 만끽하고 있습니다. 그 옆엔 이제 서서히 자신의 계절이 오고 있음을 알리려는 듯 가시엉겅퀴가 정갈하게 꽃봉오리를 하늘로 올렸습니다.
굼부리 능선의 햇볕 가득한 남향 언덕에 잠시 자리를 잡았습니다.
주변에 올망졸망한 풀꽃들,
따스함과 고요함이 교차하는 풀밭 언덕,
바람은 불어오나 부드럽고, 태양 빛은 고요히 내려앉아 곁에서 속삭입니다. 온몸을 맡기고 오후를 즐기는 풀꽃의 유유함이 제 마음에도 가만히 다가옵니다. 이상하게도, 이 순간 이곳에서 영원히 잠들면 참 행복하겠다고 생각했습니다. 아마도 너무도 아늑하고 포근한 오름 덕분인가 봅니다(저는 이 순간이 좋아 그후 두 번을 더 방문했습니다). 한참을 그렇게 앉아서 푸른 하늘 아래 하늘거리는 뭇 생명들의 몸짓을 멍하니 바라보았습니다.
굼부리 능선 옆 수풀 속에서 분취 꽃 몇 송이를 보았습니다. 햇빛을 받아 반짝이는 잎을 사방에 드리운 가운데 자주색 꽃송이가 탐스럽게 피었습니다. 키는 크지 않지만 곧고 튼실한 줄기에 잎이 진녹색을 띠며 건강하게 자랐습니다. 군데군데 노란 딱지꽃도 보입니다. 그 가까이에는 개시호가 보입니다. 가녀린 가지 끝마다 7~9 송이씩 꽃 무리를 이루어 아련하고 몽환적입니다.

딱지꽃_ 양지꽃과 같은 계통이라 햇볕이 잘 드는 양지에서 잘 자랍니다.

개시호_ 가녀린 가지 끝마다 7~9송이씩 꽃무리를 이루어 아련하고 몽환적인 느낌입니다.

하얀 참취꽃, 노란 마타리꽃, 그리고 흰 꽃송이를 넓게 펼친 기름나물이 어울려 능선 곳곳을 수놓았습니다. 바람이 불면 오름의 가을에 율동감을 안겨줍니다. 초록 억새 사이사이에서 흰 꽃과 노란 꽃이 부대끼고 일어서며 가을바람을 탑니다.

참취_ 오름 능선 억새 풀숲에서 피어난 하얀 참취꽃.

마타리_ 줄기를 길게 올리고 윗부분에서 갈라져 가지 끝에 노란 꽃을 가득 피웠습니다.

기름나물_ 꽃대 끝에서 7갈래로 갈라져 흰 꽃송이를 활짝 펼치는 기름나물. 열매가 익으면 표피에 기름기가 있어 기름나물이란 이름을 얻었습니다.

저는 동쪽 굼부리의 북쪽으로 향하는 내리막 능선으로 방향을 틀었습니다. 이쪽 능선보다 낮은 건너편 봉우리의 소나무 아래에서 쉬고 있던 아내가 손짓합니다. 내리막길에도 당잔대, 자주빛 이질풀, 그리고 딱지꽃이 보입니다.

우리는 큰사슴이오름에서 막 건너온 부녀와 어울려 점심을 먹었습니다. 성년을 넘긴 아가씨가 아버지와 도보여행을 즐기는 모습이 참 정겨워 보입니다. 휴식을 끝내고 다시 북편 능선을 오릅니다. 다른 능선에 비해 경사가 급해지고 기슭엔 온통 억새밭입니다. 잠시 숨을 고르는 사이 아내의 부름이 들립니다. 새로운 꽃을 발견한 모양입니다. 하얀 꽃잎에 속이 빨간 앙증맞은 꽃송이가 이색적입니다. 원뿔 모양의 고개를 덩굴의 끝마다 볼쏙볼쏙 내민 모습이 앙증맞습니다.

계요등_ 꽃의 안쪽은 붉은 자주, 5갈래로 갈라지는 바깥쪽은 흰색이어서 작지만 강렬한 인상을 줍니다. 다른 식물의 줄기를 감고 올라가 자라는 덩굴성 식물입니다.

말로만 듣던 계요등입니다.

꽃의 안쪽은 붉은 자주, 5갈래로 갈라지는 바깥쪽은 흰색이어서, 작지만 강렬한 인상을 줍니다.

다른 식물의 줄기를 감고 올라가 자라는 덩굴식물입니다.

북쪽 능선의 봉우리에 오르니 모지오름이 멀지 않은 곳에 보입니다.

좌측으로는 나지막한 새끼오름을 바라보고 우측으로는 장자오름이 있죠. '새끼', '모지(모자/母子)', 그리고 '장자(長子)'라는 명칭은 '따라비', 즉 '땅하래비(地祖)'와 모두 이웃해 있어서 한 가족처럼 보입니다. 규모가 제법 큰 따라비오름이 가장(家長)인 셈이죠.

석양 속 오름왕국_ 가시리 오름들이 석양 속에 물들어갑니다.

동북 방면으로 이어진 오름의 봉우리들이 아스라이 물결치듯 멀어져 갑니다.
이곳 가시리 뿐 아니라 구좌읍에 이르기까지 수많은 오름이 모여있으니
가히 '오름의 왕국' 다운 풍광입니다.
이 오름들을 다 오르지는 못하지만,
어느 오름인들 저마다 아름다운 우리 꽃을 피워내지 않겠습니까?
생명을 품은 오름 위로 석양이 물듭니다.

[탐방일(3회) : 2021.09.08 / 10.13 / 10.18]

오름/숲길/해변에서 만난 주요 풀꽃(가을)

바리메오름 [2021.09.06]

▷ 등산로

꽃층층이, 무릇, 산수국, 애기나비나물, 이삭여뀌, 이질풀, 제주조릿대, 주름조개풀, 쥐꼬리망초, 진범, 참나물, 참으아리, 천남성, 촛대승마, 한라돌쩌귀 (15종)

▷ 능선[정상둘레길]

가시엉겅퀴, 꽃층층이, 댕댕이덩굴, 등골나물, 망초, 바늘엉겅퀴, 산박하, 송악, 수크령, 애기나비나물, 억새, 이질풀, 제주조릿대, 진범, 짚신나물, 참으아리, 참취, 철쭉, 추분취 (19종)

병곶오름 [2021.09.08]

개쑥부쟁이, 꽃층층이, 돌콩, 등골나물, 무릇, 물봉선, 산수국, 야고, 여뀌, 왜모시풀, 이삭여뀌, 이질풀, 잔대, 짚신나물, 참나물, 참으아리, 참취, 촛대승마, 큰뱀무, 큰천남성, 탑풀 (21종)

사려니숲길 [2021.09.09]

꽃층층이, 물봉선, 산박하, 산수국, 왜모시풀, 이삭여뀌, 좀쥐손이, 천남성, 촛대승마, 추분취, 큰천남성 (11종)

다랑쉬오름 [2021.10.02]

1. 삼나무숲길-경사진 진입로(산 아래) 주변

개쑥부쟁이, 닭의장풀, 딱지풀, 산박하, 애기나비나물, 이질풀, 참취, 청미래덩굴 (8종)

2. 철쭉나무길-분화구 둘레길 다다르기 직전 급경사길

가시엉겅퀴, 개쑥부쟁이, 골등골나물, 닭의장풀, 당잔대, 댕댕이덩굴, 산박하, 송장풀, 야고, 애기나비나물, 억새, 이질풀, 참취, 흰바디나물 (14종)

3. 소사나무숲길(둘레길)-둥산로 오르는 길 방향에서 좌측 둘레길

개쑥부쟁이, 고사리삼, 산박하, 야고 (4종)

4. 억새밭길(둘레길)

가시엉겅퀴, 개쑥부쟁이, 산박하, 애기나비나물, 이질풀, 절굿대, 찔레꽃, 참취, 흰바디나물 (9종)

5. 소나무숲길 - 둥산로 오르는 길 방향에서 우측 둘레길

산박하, 이질풀 등

큰엉해변 [2021.10.04 / 10.07]

무릇, 송악, 털머위, 해국 (4종)

섭지코지 [2021.10.06]

개쑥부쟁이, 애기나비나물, 이질풀, 절굿대, 해국 (5종)

법환포구 [2021.10.09 / 10.16]

황근(노랑꽃), 수비기나무(보라꽃) (2종)

월정리 해변 [2021.10.10]

갯메꽃, 갯쑥부쟁이, 산박하 (3종)

따라비오름(3회)

가. 1차 탐방 [2021.09.08]

개소시랑개비, 개시호, 계요등, 괭이밥, 괭이싸리, 닭의장풀, 당잔대, 등골나물, 마타리, 모시풀, 무릇, 분취, 산박하, 서양금혼초, 야고, 오이풀, 왕고들빼기, 이질풀, 잔대, 쥐꼬리망초, 짚신나물, 차풀, 참으아리, 참취, 철쭉, 탑풀 (26종)

나. 2차 탐방 [2021.10.13]

가시엉겅퀴, 당잔대, 등골나물, 마타리, 물봉선, 미역취, 산박하, 산부추, 산철쭉, 이질풀, 참취 (11종)

다. 3차 탐방 [2021.10.18]

개쑥부쟁이, 기름나물, 당잔대, 미역취, 산박하, 산부추, 산철쭉, 애기나비나물, 억새, 이질풀 (10종)

이호태우 해변 [2021.10.19]

갯까치수염, 갯메꽃, 갯완두, 눈개쑥부쟁이, 땅채송화, 번행초, 애기달맞이꽃 (7종)

송악산 [2021.10.11 / 10.26]

개쑥부쟁이, 돌콩, 딱지꽃, 산박하, 야고, 애기달맞이꽃, 억새, 이고들빼기, 이질풀, 쥐꼬리망초, 청미래덩굴 (11종)

수월봉 지오트레일 [2021.10.11 / 10.26]

갈퀴덩굴, 감국, 갯금불초, 갯메꽃, 갯쑥부쟁이, 까마중, 꼭두서니, 물냉이, 분꽃, 사광이아재비, 서양금혼초, 애기나비나물, 갈대, 여뀌, 칸나 (15종)

고근산 [2021.10.22]

가시엉겅퀴, 당잔대, 산박하, 산부추, 산철쭉. 송악. 애기나비나물, 억새, 자주쓴풀. 청미래덩굴, 털머위 (11종)

※ 상기 답사 장소 배열은 날짜순에 의함.

곶자왈

곶자왈? 몇 번을 되뇌어도 생소한 말이죠?

사실 제주 사람들도 그 뜻을 모르는 사람이 많다네요. 그도 그럴 것이 '곶'과 '자왈'은 제주 사람들이 오랜 세월 사용하여 익숙한 한편, '곶자왈'이란 합성어는 좀 낯설어 보입니다. 학술적으로 쓰이던 용어가 일반에게 널리 쓰이게 된 지 10년도 되지 않은 까닭입니다.

동백동산 곶자왈_ '곶자왈'은 '울퉁불퉁한 화산 암석 위에 오랜 세월 동안 생명의 생성과정을 거치며 다양한 식생이 형성된 곳'입니다. 일종의 '돌무더기숲'이라고 할 수 있죠.

제주어로 '곶'은 '숲', '자왈'은 '덤불'을 의미합니다. 『제주어사전』(제주특별자치도, 1995)에 의하면, '곶자왈'이란 '나무와 덩굴 따위가 마구 엉클어져 수풀같이 어수선하게 된 곳'이라고 정의하고 있습니다. 제주가 용암이 흘러 형성된 화산섬임을 감안하면, '화산 암석 위에 오랜 세월 동안 생명의 생성 과정을 거치며 다양한 식생이 형성된 곳' 정도의 의미라고 할 수 있죠. 곶자왈 지대를 이해하기 위해선, 기본적인 화산활동 과정과 지질학적 토대 위에서 생태적으로 접근할 필요가 있습니다. 이렇게 종합적인 토대를 제공해주는 생생한 체험 현장이 있습니다. 거문오름 곶자왈입니다. 그곳에 가면 오늘에 이르기까지 화산 암석에 깃들어 사는 무수한 생명의 비밀을 풀 수 있지 않을까요?

〈1〉 거문오름 곶자왈

'거문오름'은 숲으로 덮여 있어 '검은 오름'이라 불리게 되었다는 설이 유력합니다. 실제로 거문오름에 들어서면 울창한 숲을 이루어 한낮에도 그 그늘이 짙고 서늘한 느낌을 받습니다.
수십만 년 전 화산활동으로 오름에서 마그마가 분출하고 용암이 흐르면서 울퉁불퉁한 암괴 지형이 형성되었을 겁니다. 그런데 지금은 어떻게 나무들이 빽빽하게 들어찬 원시림을 형성하게 되었을까요? 그리고 곶자왈은 제주민과 어떤 상호작용 속에서 오늘날에 이르렀을까요?
거문오름의 식생을 이해하기 위해선, 먼저 제주도의 형성과정을 이해할 필요가 있습니다. 제주도는 180만 년 전 화산활동에 의해 용암이 굳어져 형성된 화산섬입니다. 그후 빙하기와 간빙기를 거치며 대륙과 연결되기도 하고 섬으로 남기도 했습니다.
제주도가 대륙과 연결된 흔적은 북방계와 남방계 식물에서 찾아볼 수 있습니다. 한라산 고산지대에는 눈향나무와 시로미 같은 북방계 식물이 자랍니다. 한편, 동백나무와 종가시나무와 같은 남방계 식물은 곶자왈에서 흔히 볼 수 있죠. 이는 빙하기에 만주와 시베리아 같은 북방, 일본이나 중국과 같은 남방이 제주에 연결되어 식물이 남하하거나 북상하였을 것으로 추정됩니다.
곶자왈은 한라산을 중심으로 주로 제주의 중산간에 위치합니다. 이는 한라산의 화산활동이 진행된 후, 오랜 세월에 걸쳐 여기저기에서 화산활동이 후속으로 이어졌다고 볼 수 있죠. 곶자왈의 형성은 근처 오름의 화산활동에서 비롯되었다는 사실이 이를 증명합니다.
그러니까 한라산에 커다란 화산활동에 의해 제주도라는 화산섬이 형성되었고, 몇 차례 대륙과 연결되면서 식생 분포의 영향을 받았을 겁니다. 그 후 오랜 세월이 흐르고 오름에서 여러 차례 화산활동이 일어나 한라산 중산간을 중심으로 곶자왈 지형이 형성되었습니다. 이렇게 볼 때, 곶자왈은 한라산과 주변 식생의 영향을 많이 받았다고 볼 수 있습니다.
곶자왈은 남방계 식물과 북방계 식물이 공존하는 대표적인 지형입니다. 예컨대 천량금 같은 남방계 식물과 좀고사리 같은 북방계 식물이 공존하죠. 이렇게 남·북방계 식물이 공존하며 울창한 숲을 이루고 번성하는 비결은 무엇일까요? 용암이 굳고, 어느 날 나무와 풀꽃의 씨앗이 날아와 무성한 숲이 된 것은 아니잖아요?
당연히 식물의 생성 과정이 있었겠죠. 먼저 유기체가 살아갈 수 있는 안정된 기후 환경이 조성되었겠죠. 적당한 수분과 풍부한 무기물을 바탕으로, 균류인 지의류(地衣類)가 자라났을 테고……. 이어 바위를 덮기 시작하고, 이는 광합성을 하는 식물의 모태가 되지 않았을까요? 그 후 오랜 세월에 걸쳐 이끼류가 바위 표면에 퍼지면서 양치식물과 나무가 자랄 수 있는 토양 비슷한 토대가 되었을 겁니다. 이러한 기반은 습윤한 기후와 적절한 온도가 유지되었기에 가능했겠죠. 그리고 마침내 대륙으로부터 날아든 씨앗이 발아하여 오늘날 숲을 이루는 결정적인 계기가 되었을 겁니다.
그러면 곶자왈 지형에 도대체 어떤 비밀이 숨어있길래 적절한 온도와 습도가 유지될 수 있을까요?
곶자왈 지형을 잘 살펴보면 작고 큰 바위가 불규칙하게 널려있습니다. 그 위에 수풀과 덩굴, 그리고 나무뿌리가 어지럽게 얽혀있어 태고적 원시림의 모습을 방불케 하죠. 움푹 파인 곳이 있는가 하면 돌무더기가 있는 바위에는 온통 이끼투성이입니다. 이 이끼들과 어울려 풀꽃, 덩굴식물, 그리고 나무가 무성하게 자랍니다.

이렇게 '자갈이 울퉁불퉁 널려있고 그 위에 (가시) 덤불이 얽혀있는 지형'을 제주 사람들은 '자왈'이라고 했습니다. '자왈'에서는 땔감이나 목재, 그리고 숯 등을 얻었지만, 정작 경작지나 목초지로는 알맞지 않았던 곳이었죠. 너른 들판과 달리, 마소도 놀 수 없고 작물은 더더구나 언감생심이니 오랫동안 버려진 땅이었습니다. 그런데 이러한 지형에 남·북방계의 식물이 공존하는 식생이 포착되면서 식물학자와 세인의 관심을 받기 시작한 겁니다.
들판이 점성 낮은 용암이 흘러 만들어진 지형이라면, 곶자왈은 대체로 점성이 높은 용암이 흐르며 만들어진 지형입니다. 화산활동 시 점성이 높은 용암은 유속이 느려 넓게 퍼지지 못합니다. 서로 엉키거나 내부 압력에 의해 솟아나기도 하고, 용암 내부의 온도가 높아 압력에 의해 폭발하기도 합니다. 용암이 솟아나면 돔 형태가 되고, 솟아난 용암이 폭발하면 움푹 파인 바위굴이나 함몰지를 만드는 것이죠.
오랜 세월 시차를 두고 이러한 화산활동이 진행되었을 겁니다. 용암은 식으며 팽창하는 과정에서 작은 암괴로 갈라지고 쪼개지며 수많은 바위틈과 용암층을 만들었습니다. 곳에 따라, 오랜 세월의 침식 작용으로 약한 지반에는 함몰구가 만들어지기도 했습니다. 거문오름 곶자왈 용암 동굴계 끝에 있는 선흘 곶자왈 함몰구가 그 대표적인 예입니다.

거문오름 '자왈'_ '자왈'은 '자갈이 울퉁불퉁 널려있고 그 위에 (가시) 덤불이 얽혀있는 지형'을 말합니다.

풍혈_ 지하 수십 m 깊은 곳에서 지표까지 이어진 바위틈을 말합니다. 이곳을 통해 여름에는 시원한 공기, 겨울에는 따스한 공기가 나옵니다.

이 움푹 파인 함몰지의 바위틈이 남·북방계 식물의 공존을 푸는 열쇠를 쥐고 있습니다.

지하 수십 m 깊은 곳에서 지표까지 이어진 바위틈을 통해 공기가 새어 나오게 된 것이죠. 이것이 이른바 숨골(풍혈)입니다.

숨골 주변으로 겨울에는 따스한 온열의 공기, 여름에는 시원한 냉기가 나옵니다. 지하의 온도는 사철 일정한 온도를 유지하고 있으니까요. 30℃를 오르내리는 여름에도 곶자왈은 15~18℃를 유지합니다. 이런 시원한 적정 온도는 북방계 식물이 여름을 나는데 알맞습니다. 한편, 겨울에는 영상의 기온을 유지해 남방계 식물이 살아남을 수 있는 조건이 됩니다.

현무암_

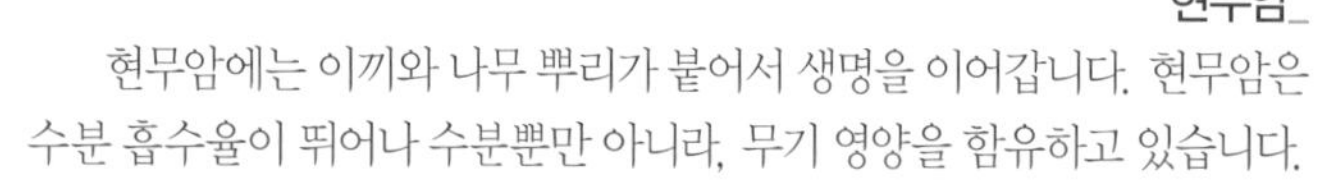

현무암에는 이끼와 나무 뿌리가 붙어서 생명을 이어갑니다. 현무암은 수분 흡수율이 뛰어나 수분뿐만 아니라, 무기 영양을 함유하고 있습니다.

그런데 여전히 또 하나의 궁금증이 남습니다.
곶자왈 지형이 어떻든지 간에 모두 바위투성이였던 곳에 어떻게 오늘날처럼 식물이 번성할 수 있었을까요?
그 비밀은 습도에 있습니다.
화산 암괴의 대부분은 현무암이죠.
비가 오면 물을 지표에 가두어 두지 못하고 지하로 스며듭니다. 현무암이 투수성 암괴이기 때문이죠. 그러면 식물은 수분 부족으로 살아남기 어려웠겠죠? 그렇지만, 현무암에는 또 다른 비밀이 숨겨져 있습니다. 물을 투수시키기는 하지만, 흡수율도 뛰어나서 일정 기간 일정량의 수분을 보지(保持)하고 있습니다. 수분뿐 아니라 무기 영양을 함유하여 이끼와 양치식물이 자라는 토대가 되었고, 이 위에서 나무가 자랄 수 있는 환경이 되었던 거죠.
또 한 가지, 곶자왈에 오랜 기간 습도가 유지되는 비밀은 지하수에 있습니다.
바위틈 아래 수십 m 깊은 곳에는 불투수층의 암반이 존재합니다. 지하로 스며든 빗물은 이 암반을 타고 흐릅니다. 이 지하수가 18년이나 흘러 다닌다는 연구 결과가 있으니 놀랍죠? 곶자왈 지하저 아래에 강이 흐른다고 생각하니 신기할 따름입니다. 어쨌든 지하수 위 바위틈을 통해 높은 습도를 가진 공기가 새어 나와 이끼와 양치식물을 번성케 하고, 이를 기반으로 다시 풀과 나무가 자랄 수 있게 된 것이죠.
일정한 온도와 습윤한 환경을 가진 이 독특한 곶자왈 지형 덕분에, 우리는 사철 푸르른 숲을 만나보는 호사를 누리고 있습니다.
그런데 나무들을 잘 살펴보면 하나 같이 밑동이 하나가 아닌 여러 갈래 줄기로 나누어져 자라는 모습입니다. 보통 숲의 큰 나무들을 보면 하나의 큰 나무 기둥이 형성되고 위로 커가며 여러 갈래로 갈라지잖아요?
곶자왈에 무슨 일이 있었을까요?
곶자왈이 농업과 목축업 분야에선 버려진 땅이었지만, 실은 그게 다가 아니었습니다. 제주 사람들에게 곶자왈 또한 어머니와 같은 곳이었죠. 사람들은 그곳에서 땔감을 구하고, 집을 짓기 위한 목재를 찾고, 살림살이가 궁하여 막다른 골목에 몰리게 되었을 때 숲에서 숯을 만들어 연명했으니까요. 나무는 아낌없이 자신을 내어주었습니다.

결국, 밑둥만 남게 된 나무는 살아남기 위해 다시 싹(맹아)을 틔웠습니다. 이것이 자라 오늘날처럼 숲을 이루게 된 거죠. 거문오름을 답사하면서 보았던 숯 가마터, 그리고 나무들의 수형이 이를 증명합니다. 서울시립대 조경학과 식물조사팀의 조사 결과에 따르면, 실제 곶자왈 나무들의 평균 수령은 30~50년에 불과하다는 사실이 밝혀졌습니다. 오늘날 울창한 숲을 이루게 된 곶자왈은 사실 맹아림[이차림]이었던 겁니다.

한 줌의 흙이 없는 바위투성이 위에서 수십 년 생명을 이어온 나무들. 살아남기 위해 흙이 없는 바위 위를 감싸며 치열하게 살아온 흔적이 여기저기에 생생합니다. 한 방울의 물과 무기물을 더 얻기 위해 얼마나 몸부림쳤을까요! 그들은 바위에 착근 면적을 넓히기 위해 뿌리를 판형(板形)으로 펼쳐 온몸으로 바위를 끌어안았습니다. 이를 두고 제주 사람들은 말합니다.
'낭은 돌 으지, 돌은 낭 으지.'
(나무는 바위를 의지해 살고, 바위는 나무를 의지해 산다.)

맹아림_ 곶자왈의 나무가 잘리고 밑둥만 남게 되자, 살아남기 위해 다시 싹(맹아)을 틔웠습니다.
오늘날 곶자왈 나무들의 평균 수령이 30~50년에 불과하다는 사실이 이를 증명합니다.

척박한 돌무더기에서 치열한 생존의 몸부림으로 바위와 한 몸이 되어 살아가는 곶자왈 나무. 그는 살아서 무수한 생명에게 그늘과 피난처가 되어 주었고, 죽어서도 아낌없이 자신의 몸을 보시(報施) 했습니다. 이제는 우리가 이들에게 눈을 돌려 끌어안을 때입니다.

[탐방일 : 2021.10.20]

거문오름에서 만난 주요 풀꽃(가을)

산박하, 산부추, 산수국, 참취, 천남성, 콩짜개덩굴, 큰천남성, 한라돌쩌귀 (8종)

판형근_ 착근 면적을 넓히기 위해 뿌리를 판형으로 펼쳐 온몸으로 바위를 끌어안았습니다.

〈2〉 선흘곶 동백동산

거문오름을 탐방하며 곶자왈 지형만이 갖는 특성을 잘 알게 되었죠? 내친김에 곶자왈 한 곳을 더 방문하고 싶으시다면 동백동산을 추천하고 싶습니다.

동백동산은 그 모태가 거문오름일 뿐 아니라, 숲속 곳곳에 습지를 품고 있어 희귀 동식물의 보고이기 때문입니다. 일반적으로 습지가 호수 근처나 강가에 있지만, 이곳 습지는 숲속에 있어 뭇 동식물의 안식처로 가치가 높습니다. 선흘곶 습지만의 작은 생태계가 형성된 것이죠.

그러면 저와 함께 동백동산으로 생태 여행을 떠나 볼까요.

동백동산은 조천읍 선흘1리 마을의 동편에 있습니다. 그래서 동백동산을 '선흘곶'이라고도 부릅니다. 즉 '선흘리에 있는 숲'이죠. 거문오름과 월정리 해변의 중간 정도에 위치합니다. 거문오름의 화산활동으로 벵듸굴, 만장굴, 김녕굴, 용천동굴, 당처물동굴로 이어지는 길목에 위치합니다. 이 거문오름과 동북 방면의 용암 동굴계가 유네스코 세계문화유산으로 지정된 곳입니다. 이들은 모두 귀중한 문화유산으로 국가의 관리를 받고 있습니다.

이와 달리, 동백동산은 마을 주민들의 애정 어린 참여로 잘 보존되고 있는 대표적 사례입니다. 곶자왈의 지형적 특성과 생태적 가치가 높아지자, 선흘1리 주민들도 그 자연 자원의 중요성을 인식하게 되었습니다. 그들의 공동체적 땀과 노력으로 동백동산은 오늘날과 같은 세계적인 생태관광지로 거듭나게 되었습니다.

먼물깍_ 먼물깍에는 환경부 멸종위기종인 순채, 어리연꽃, 통발, 송이고랭이 등의 습지식물이 서식합니다. 이뿐만 아니라, 수서곤충, 양서류, 파충류, 그리고 조류의 소중한 휴식처이자 보금자리이기도 합니다.

동백동산의 생태적 가치는 무궁무진합니다. 선흘 곶자왈의 상록활엽수림은 제주도 전체의 10%를 차지하고 있으며 한반도 최대를 자랑합니다. 이뿐만 아니라, 제주고사리삼은 전 세계에서 오직 동백동산에서만 자생하는 희귀식물입니다. 동백동산에는 수십의 습지가 여기저기 산재하여 뭇 동식물의 서식처이자 보금자리가 되고 있습니다.

대표적인 습지로 먼물깍이 있습니다.
'먼물깍'은 마을에서 '먼(멀리 떨어진)' '물(연못)'의 끄트머리, 즉 '깍'에 있어 '먼물깍'이라 하죠. 이곳은 연중 물이 마르지 않습니다. 그래서 중산간에 물이 귀하던 근래까지도 먼물깍은 선흘마을 사람들의 생활용수였으며, 마소를 비롯한 뭇 생명의 생명수였습니다.
먼물깍은 대부분 곶자왈 지형과 달리 점성이 낮은 용암이 넓게 퍼지며 형성된 습지입니다. 넓은 암반 사이의 바위틈은 진흙으로 메꾸어지며 이 낮은 지형으로 물이 고여 오늘의 습지가 만들어졌죠. 덕분에 여러 동식물의 소중한 보금자리가 되었습니다.
환경부 멸종위기종인 순채, 어리연꽃, 통발, 송이고랭이 등의 습지식물이 서식합니다. 이뿐만 아니라 수서곤충, 양서류, 파충류로, 물장군, 검은물방게, 맹꽁이, 참개구리, 제주도롱뇽, 유혈목이 등이 이 습지에 의지하여 살아가죠. 또한 제주휘파람새, 긴꼬리딱새, 팔색조, 동박새, 직박구리, 그리고 노루 등이 이따금 찾아와 목을 축이는 쉼터입니다. 이러한 생태적 가치를 높이 평가하여, 환경부는 이곳을 2010년 람사르습지보호구역으로 지정하여 보호하고 있죠.
먼물깍을 방문하였을 때 인적이 끊기고 고요하여 습지에 폭 안기는 느낌을 받았습니다.
송이고랭이와 순채는 잔잔한 수면을 초록으로 수놓아 평화로움을 더해주었습니다. 수직으로 뾰족뾰족 솟아오른 송이고랭이 사이로 수면 위에 동글동글 퍼진 순채의 어울림만으로도 참 매력적인 연못이라는 생각이 들었죠.

송이고랭이_ 송이고랭이 열매가 한 송이 꽃 같습니다.

송이고랭이는 30~50cm 줄기를 무수히 내밀어 자신들의 작은 숲을 이루었습니다. 가만히 다가가 살펴보면 줄기의 끝부분마다 작은 송이를 하나씩 매달았습니다. 송이마다 갈색 꼭지가 올올이 매달려 익어가고 있습니다. 한편, 순채는 여름내 결실을 마치고 꽃대는 온데간데없이 사라졌습니다. 어쨌든 넉넉한 연못의 품에 안기어 오후의 따사로운 햇볕을 즐기는 모습이 평화롭습니다.
미동도 없는 수면 위로 흰 구름이 미끄러지듯 흐릅니다. 순채 위에서 노닐던 거미가 수면에 이르자 순간 미세한 파동이 입니다. 파동이 다다른 물가에 몸을 웅크린 어린 개구리가 앉아 있습니다. 연신 작은 배를 실룩거리며 연못을 주시합니다. 언젠가 주변으로 날아올 실잠자리를 목 빠지게 기다리는지 모르겠습니다. 지금 잔잔한 수면 속 어디에선가 여름내 살을 찌운 물장군 새끼들이 눈을 번뜩이며 새로운 먹이를 찾아 이리저리 유영하겠죠?

연못과 숲의 경계를 이루는 작은 공터엔 짙은 녹색 잎을 가진 석위가 군락을 이루고, 그 옆으로 천량금은 앵두 같은 빨간 열매를 튼실하게 맺었습니다. 초록 잎에 대비되어 유난히 돋보입니다.

석위_ 잎의 앞면은 짙은 녹색이고 털이 없으나, 뒷면에는 갈색의 털이 모여납니다. 포자로 번식하는 양치식물입니다.

천량금_ 열매가 앵두처럼 익어 탐스럽습니다. 다음 해 새 꽃이 필 때까지 달려있습니다.

종가시나무_ 종가시나무는 동백나무와 함께 동백동산의 대표적인 상록활엽수입니다. 가을이 깊어가면서 도토리 열매가 익어가고 있습니다.

연못과 나무숲 사이에 이어지는 샛길 안쪽으로 몇 걸음 들어섰습니다. 바닥에는 종가시나무에서 떨어진 작은 도토리가 군데군데 뒹굴고, 그 주변에는 여뀌와 쥐꼬리망초가 작은 꽃망울을 터뜨렸습니다.

연못가를 벗어나 다시 넓은 숲길로 나오자 어디서 바스락 소리에 저도 깜짝 놀라 귓바퀴를 바짝 들었습니다. 고개를 돌려보니 노루이군요. 바위와 덤불 사이에서 풀을 뜯다 이쪽을 물끄러미 쳐다봅니다. 녀석은 제가 접근해도 천연덕스럽게 다시 먹이활동을 합니다. 마을 주민도 탐방객도 신기하게 쳐다볼 뿐 해하지 않으니, 이젠 자신이 안전하다는 학습효과를 얻었나 봅니다. 조금씩 어두워지며 인적이 끊긴 탓도 있습니다.

노루_ 바위와 덤불 사이에서 먹이활동을 하는 노루.

숲속 나무들마다 뿌리를 뻗고 뻗어 생명을 지탱하는 치열함이 눈물겹습니다. 다행히도 이곳 바위와 이끼, 그리고 부엽토에 수분과 유기질 함양율이 일반 토양에 비해 높다는군요. 오늘날 울창한 숲의 원동력이 되었으니까요.

이곳 역시 땔감, 목재, 그리고 숯으로 이용되는 바람에 상록활엽수림은 28~52년 된 나무들입니다*[제주도 동백동산 상록활엽수림의 식생 구조, 한봉호 외, 2007]*. 그런데 그사이에 유난히 굵은 나무가 눈에 띕니다. 나무 기둥의 수피가 거무튀튀한데다 뿌리 또한 거대한 뱀처럼 물결치며 장하게 뻗었습니다. 바로 구실잣밤나무이죠. 다른 수종보다 성장 속도가 빨라 돋보이는 존재가 되었습니다. 이곳 동백동산에는 동백나무와 종가시나무는 물론이고 예덕나무, 구실잣밤나무, 때죽나무, 단풍나무, 개서어나무 등 다양한 수종이 서식합니다. 그 아래로는 30여 종에 이르는 고사리가 바위 더미 사이사이에서 수풀을 형성하였죠. 이뿐만 아니라 바위와 나무 기둥마다 이끼와 콩짜개덩굴이 온통 푸르게 덮여 있어 그야말로 태고적 원시림을 방불케 합니다.

콩짜개덩굴_ 동백동산은 그늘이 지고 습도가 높아서 콩짜개덩굴이 번식하기 알맞은 환경입니다.

숯막_ 숯을 구울 때 움막으로 사용되던 숯막터. 동백동산의 나무가 한때 숯의 재료로 사용되었음을 보여줍니다.

숲속엔 숯막으로 사용되던 둥그런 돌담도 보입니다. 수 세기 전부터 숯을 구우며 팍팍한 삶을 연명하던 고단한 삶이 돌담에 고스란히 남아 있습니다. 언제 다시 나타났는지 돌담 뒤를 서성대던 노루가 인기척이 가까워지자 슬그머니 멀어져 갑니다.

울창한 숲과 습지를 품고 그곳에 수많은 동식물이 깃들어 사는 곳, 동백동산. 우리의 할아버지와 또 그 할아버지도 고단한 몸을 의지했던 소중한 어머니의 품이었습니다.

새들도 잠들었는지 고요해진 동백동산에 어둠이 깃듭니다.

동백동산에서 만난 주요 풀꽃(가을)

겨울딸기, 고사리, 눈여뀌바늘, 된장풀, 바보여뀌, 백량금, 산박하, 석위, 송이고랭이, 천량금, 추분취 (11종)

[탐방일 : 2021.10.24.]

제2장 울릉도 옛길

울릉도 탐방로

평리삼락(平里三樂)

쏴쏴쏴~~~
바람 소리인지 파도 소리인지,
아니면 두 소리가 섞여 들리는
소리인지 모르겠습니다.
어떤 날은 분명하게 파도 소리이지만,
어떤 흐린 날은 바람 소리가 우세합니다.
그 소리는 밤새 자리를 뒤척일 때마다 더 가까이 들려왔습니다.
그래도 우리는 창문을 열어 놓고 잠자리를 청했습니다.
그 소리가 싫지 않았던 겁니다. 가끔 바닷가 여행에서 접했던 소리,
이제는 우리 일상의 일부로 들어왔습니다.

울릉도 북면 평리의 한 작은 민박집.
우리 부부가 열흘 살기를 시작한 곳입니다.
창문을 열면 아랫집 사이로 끝모를 수평선이 펼쳐집니다.
한 발짝 내려오면 평리 버스정류장이고 지척에 코끼리바위가 있습니다.

저녁노을_ 평리 숙소 창가에서 바라본 저녁노을. 숙소 바로 아래가 평리 버스정거장(코끼리바위 앞)입니다.

우리는 저녁 식사 때마다 식탁을 창가에 옮기는 것이 일상이 되었습니다. 시시각각 떨어지는 붉은 노을에 빠져들었기 때문이죠. 이때만큼은 아내도 날벌레들이 들어온다고 푸념을 하지 않습니다. 어쩌다 도보여행에서 시간이 지체된다 싶으면, 약속이나 한 듯 귀가를 서두르곤 했습니다.
저녁마다 황혼빛에 물든 바다에 마음을 담가 무한 상념에 젖어드는 일상, 그것이 평리에서 즐기는 일락(一樂)입니다.

푸른 바다_ 평리 숙소 바로 앞바다. 앞에 보이는 섬이 코끼리바위입니다.

아침이면 한 시간에 한 번씩 왕래하는 버스를 타느라고 부산을 떨었습니다. 그러다가 짐 챙기고 정류장에 내려오면, 고요한 푸른 바다의 광활함이 한눈에 펼쳐집니다. 마음속에 어떤 혼란이 일어도, 무엇에 쫓겨 허둥대다가도 바다에 이르면 모든 잡념이 평정되는 이 순간이 좋습니다. 무시로 다가오는 바다의 장쾌(壯快)함에 가슴이 확 열리는 시원함, 그것이 이락(二樂)입니다.

왕해국_ 숙소 처마 밑에 자라는 왕해국(키가 도드라진 풀꽃은 달맞이꽃).

갯까치수염_ 숙소 앞 해변의 석벽에서 하얀 꽃을 피운 갯까치수염.

요즘은 울릉도 해안마다 도로 정비로 한창 공사 중이죠. 덕분에 버스는 몇 분씩 지연되어 도착하곤 합니다. 그럴 때면 해변으로 내려와 친구들을 찾습니다. 오늘은 왕해국, 땅채송화, 갯메꽃이 얼마나 자라고 꽃을 피웠는지 살펴보는 일이죠. 버스를 기다리는 동안 만큼은 그들이 온전한 친구들입니다. 바닷가 석축(石築)에서 핀 이들은, 주민은 물론 여행객 누구에게도 관심 밖입니다. 도로에서는 전혀 볼 수 없으니까요. 오직 파도와 바람이 다가와 그들의 무료함을 달래주곤 합니다. 그래서 그들은 낮게 드리우거나 비스듬히 누워서 자랍니다. 그것이 풍파(風波)와 어울려 지내는 길임을 잘 알고 있죠.

왕해국은 온몸에 잔털을 뒤집어쓰고 칼바람마저도 마다하지 않게 되었습니다. 갯메꽃은 자갈투성이 해변에서도 꿋꿋함을 잃지 않고 덩굴을 뻗어 멋진 분홍 나팔을 여기저기 터뜨렸습니다. 갯까치수염과 땅채송화는 저희끼리 어울려 수북이 꽃 무리를 이루었습니다. 누가 저렇게 멋진 꽃다발을 만들 수 있을까요!

땅채송화_ 숙소 앞 해변의 석벽에서 노란 꽃을 피운 땅채송화.

갯메꽃_ 울릉도 해변 어디서나 볼 수 있는 갯메꽃. 모진 풍랑과 척박한 해안가에서 잘 자랍니다.

땅채송화와 갯메꽃은 우리 숙소로 오르는 시멘트 계단 틈새에도, 좁은 길가에도 촘촘히 찾아들었습니다. 말하자면 매일 아침, 저녁마다 배웅하고 마중하는 친숙한 벗들입니다. 그들과 아침저녁으로 만나 대화를 나누는 즐거움, 그것이 삼락(三樂)입니다.

어때요? 제 숙소의 평리삼락(平里三樂)이면 울릉도 열흘 살기가 기대되겠죠?
울릉도 날씨는 대부분 섬이 그렇듯이 변화무쌍합니다. 강수량이 많아 비가 오거나 흐린 날이 연중 2/3 이상을 차지할 정도입니다. 이런 강수 덕분에 왕해국이나 땅채송화 같은 풀꽃이 바위틈에서도 잘 자랄 수 있지요.
어느 날 비가 잦아 평소보다 일찍 귀가했습니다. 창가에 앉아 쉬고 있노라니, 처마 끝에서 떨어지는 낙숫물이 왕해국의 널따란 잎을 투~툭 칩니다. 그 바람에, 바로 옆 달맞이꽃을 타고 올라간 갯메꽃 덩굴손이 허공에서 춤을 춥니다.
해국 잎에 부딪는 낙수 방울, 그 장단에 맞춘 갯메꽃 덩굴손의 장단 맞춤,
그 반복적인 리듬과 율동감에 저의 눈과 귀가 빠져듭니다. 그러다, 삽시간 불어닥친 바람에 낙숫물은 산지사방으로 흩어지고 잎과 덩굴은 몸부림치며 요동을 칩니다. 순간 바람과 파도 소리가 가득히 밀려와 제 의식을 깨웁니다. 불현듯, 의식 저편의 꼬리를 물고 밀려오는 어린 시절의 장면들. 마당, 빗줄기, 건너편 장독대, 그리고 그 언저리에 핀 채송화와 백일홍, 처마 아래 쪽마루에 앉아 그들을 하염없이 바라보는 어린 자신…….
그때도 무념무상 수행(?)을 했나 싶습니다. 우리가 묵고 있는 숙소는 추산 송곳바위와 석봉 사이에 있습니다. 예부터 기가 센 곳이라 하는데, 그래서 그런지 아침마다 새롭고 상쾌한 기운이 솟습니다.

하루는 일찍 귀가한 덕분에 평소보다 이른 저녁을 먹고 지척에 있는 울릉천국을 방문했습니다. 해안에서 오르는 숲길엔 야생화가 줄을 이었습니다. 눈개승마, 섬백리향, 울릉국화(아직 꽃을 피우지 않았습니다), 왕해국, 섬기린초, 접시꽃, 섬바디, 살갈퀴, 애기똥풀, 반하, 가시엉겅퀴, 송엽국…….

눈개승마_ 울릉천국 가는 길에 만난 눈개승마.

송엽국_ 평리 도로에 핀 송엽국.

섬백리향_ 울릉천국 아래, 산기슭에 피어난 섬백리향.

반하_ 울릉천국 가는 길에 만난 반하.

석봉_ 평리 산기슭에 우뚝 솟은 석봉.

눈을 들면 석봉이 기세 좋게 솟아 있어 보는 이의 눈을 압도합니다. 오르던 길을 돌아보면, 섬백리향과 왕해국이 피어난 길 따라 푸른 바다로 이어집니다. 꽃길을 되돌아가 푸른 바닷속에 풍덩 몸을 던지고픈 욕망이 꿈틀거립니다. 울릉천국은 석봉 바로 아래에 아늑하게 자리하고 있죠. 비탈을 오르면 거짓말처럼 이런 천국이 있구나 싶습니다. 가운데 연못을 두고 해변 쪽 교회와 가수 이장희 씨의 집이 있고, 그 옆으로 기념관이 자리하고 있습니다. 연못 건너편 석봉 밑으로 정자와 정원이 썩 어울려 보는 이의 발길을 잡습니다. 이장희 씨가 노년에 자신의 사재와 정성을 담아 일구어낸 울릉천국, 자연으로의 그의 귀환이 아름답습니다.

울릉천국_ 석봉 바로 아래, 아늑하게 자리 잡은 울릉천국.

내친김에 예림원 소개도 드리겠습니다.

우리 부부는 울릉도를 떠나는 날, 오전을 온전히 비워두었습니다. 예림원을 방문하기 위해서였죠. 예림원 또한 우리 숙소에서 지척인 덕분이죠. 그러니까 숙소에서 현리 방향으로 울릉천국과 예림원이 나란히 있습니다.

울릉향나무_ 천연기념물 울릉향나무(예림원 내).

섬개야광나무_ 멸종위기종 섬개야광나무(예림원 내).

예림원은 울릉도 자생식물과 문자 조각을 전시한 공원입니다. 서예가 박경원 씨가 오랜 세월 땀과 정성을 들여 만들었습니다. 이곳에서 천연기념물 울릉향나무와 멸종위기종 섬개야광나무를 바로 눈앞에서 감상할 수 있습니다. 정원을 지나 전망대에 오르면, 갑자기 가슴이 뻥~ 뚫리며 허공을 나는 기분이죠. 투명한 코발트색 바다가 끝없이 이어지고, 초록이 짙어가는 산비탈이 한눈에 들어온 덕분입니다. 멀리 우뚝 솟은 송곳바위는 풍광의 기세를 더하고, 산과 바다의 경계를 따라 하얀 일주도로가 굽이돌다 산모퉁이에서 사라집니다. 그 아쉬움을 달래듯 코끼리바위가 아스라이 보이고요. 초록 산, 푸른 바다, 그 경계를 가르는 하얀 일주로의 선명한 대비가 인상적입니다.

울릉도 일주도로_ 초록 산, 푸른 바다, 그 경계를 가르는 일주도로가 시원하게 뻗었습니다.

절벽 폭포_ 절벽을 애무하듯 흘러내리는 물줄기(예림원 내).

전망대로 오르는 길에 맞닥뜨리는 폭포도 간과할 수 없습니다. 절벽을 어루만지듯 흘러내리는 물줄기에서 시원함과 생기를 얻습니다. 주변에 나무와 수풀이 우거져 '어느 계곡에 다다른 것인가?' 하는 착각이 들기도 하죠.

열흘을 머무는 내내, 우리는 북면 해안의 고요함과 한적함을 즐겼습니다. 때로는 끝도 모를 바다에 안기기도 하고, 때로는 석양으로 붉게 물든 바다에 마음을 흠뻑 적시기도 했습니다.
해안을 거닐 때면 만나는 야생화는 가슴 따스한 벗들이었습니다. 그들은 누구보다도 자연에 순응하면서도 생명성을 굳게 지켜나가는 지혜와 꿋꿋함의 상징이었죠.
무시로 불어닥치는 바닷바람에 자신을 누이고 뻗어나가는 갯메꽃. 그는 통꽃의 한쪽을 찢어 바람에 순응하는 치열함을 보여주었습니다. 땅채송화 역시 자신을 낮추고 몸과 몸을 밀착하여 바람을 받아내며 탁 트인 바다가 주는 햇볕을 만끽합니다. 덕분에 탐스런 노란 별을 무수히 반짝일 수 있었죠.
그 옆으로 갯까치수염은 줄기 끝에 하얀 꽃을 가득 피워 해변의 낭만을 더해주었습니다. 초록빛 싱싱한 왕해국과 도깨비쇠고비도 영롱한 이슬방울을 매달았습니다.
오늘도 송곳봉 너머로 아침 해가 찬란합니다. 깎아지른 절벽 위 메마른 바위 틈새에서 나고 자라 수천 년을 이어온 울릉향나무. 그는 이미 바위와 한 몸이 된 지 천 년을 넘었습니다.
아득한 세월만큼이나 함께 자리한 생명력으로 평리의 아침이 열립니다.

울릉도 북면 평리에서 만난 주요 풀꽃

가시엉겅퀴, 갯까치수염, 갯메꽃, 눈개승마, 도깨비쇠고비, 땅채송화, 반하, 살갈퀴,섬기린초, 섬바디, 섬백리향, 송엽국, 애기똥풀, 왕해국, 울릉국화 (15종)

[관찰기간 : 2021.05.25~06.03]

울릉도의 풍광

투명한 비취 바다,
아득한 창해(蒼海),
굽이 도는 해안선 따라 이어지는 하얀 포말.

울릉도에 닿으면 맨 먼저 눈에 잡히는 풍경이죠.
탁 트인 바다 조망에 가슴까지 뻥 뚫린 기분에 양팔을 한껏 벌립니다.

그러기를 잠시,

곧 시선은 만만치 않은 바다 절벽에 고정됩니다.
거뭇거뭇하고 기기묘묘한 형상,
깎아지른 낭떠러지 위에 낮게 누운 향나무,
금방이라도 무너져내릴 듯 위태롭습니다.

그리고 이내 깨닫습니다.
울릉도에서 무엇이 가슴을 뛰게 하는지를요.

* * * * * * *

아시다시피 울릉도는 거대한 화산바위섬입니다.
4~5백만 년 전, 동해의 심해(수심 약 2,000m로 추정)에서 엄청난 화산폭발이 있었죠. 분출된 용암은 바닷물에 닿자마자 암석이 되었습니다. 그렇게 수백만 년에 걸쳐 이어진 화산활동으로 오늘날의 울릉도가 탄생했습니다.

이러한 해산(海山)은 그 특유의 지질구조와 특징을 보여줍니다.
대표적인 예로 주상절리를 들 수 있습니다. 주상절리란 마그마가 바닷물에 닿으면 급격히 식는데, 이 과정에서 암석이 수축하여 만들어진 육각기둥 모양을 말합니다. 코끼리바위와 국수바위는 이를 전형적으로 보여줍니다.

울릉도의 화산지형을 마을[지역]과 연결하면 여행의 재미를 더할 수 있습니다.

촛대바위 — 저동항, 북저바위 — 내수전, 관음도 — 석포마을, 몽돌해변 — 죽암마을, 송곳봉 — 추산마을, 코끼리바위[공암] — 평리, 노인봉 — 현포, 대풍감 — 태하마을, 곰바위/사자바위 — 구암마을, 투구바위/국수바위 — 남양마을, 거북바위 — 통구미마을,
그리고 섬의 남단인 가두봉터널을 지나면 사동에 이르게 됩니다.
해안 일주도로를 따라 여행하며 어떤 바위가 나타날지 연상해보며 그 묘미를 더하시길 바랍니다.

[관찰기간 : 2021.05.25. ~ 06.03]

울릉도 옛길

울릉도의 자연 현상에서 화산지형도 볼거리지만, 한 가지 놓치지 말아야 할 점이 있습니다.
약 2백만 년 전 탄생 이후, 울릉도는 단 한 번도 육지와 연결된 적이 없다는 점이죠. 이것이 왜 특별한 의미를 갖느냐 하면 생물의 생태계 변화에 중요한 단서를 가져다줄 수 있기 때문이죠.
현재의 식물 생태계와 특성을 살펴보면, 울릉도의 탄생과 더불어 수백만 년 동안 식물이 어떻게 적응해왔는지 울릉도만의 독특한 진화과정을 살필 수 있을 겁니다.
결과적으로 말씀드리면,
울릉도에서만 자생하는 식물을 별도로 특산식물이라 부르는데, 지금까지 밝혀진 바로는 39종에 이릅니다. 자생식물은 무려 500여 종에 달하고요.
울릉도의 식물 종이 특이하고 다양한 이유는 섬의 독립성 외에 한 가지 더 있습니다. 바로 원시림이 갖는 종의 다양성 덕분입니다. 해발 986m에 달하는 성인봉을 비롯한 미륵산, 형제봉, 말잔등, 천두산, 나리봉 등 해발 600m를 넘는 원시림이 즐비합니다. 이 원시림에는 북방계 대륙성 식물과 남방계 해양성 식물이 교차하여 다양한 식물이 분포한다는 점이죠.
울릉도의 바다와 화산섬이 연출하는 풍광이 외형적 모습이라면, 그 속살은 역시 숲길이죠. 사람들이 다니는 길이야 어딘들 없었겠습니까마는, 마을과 마을을 이어주었던 길이 지금도 옛길 형태로 남아있습니다.
행남마을에서 저동마을과 도동마을을 이어주던 행남옛길,
석포마을과 죽암마을에서 저동을 이어주던 내수전~석포옛길,
그리고,
태하마을과 구암마을을 이어주던 태하령옛길이 그것이죠.
이 옛길을 따라 울릉도의 특산식물과 자생식물을 찾아 떠나보려 합니다.
여기에 나리분지에서 성인봉에 이르는 숲속 생태길도 빠트릴 수 없겠죠?
자, 그럼,
1883년 개척시대 이후부터 약 130~140년 이어져 온 그 숲길을 따라 저와 함께 떠나보시죠.

〈1〉 행남옛길

헉헉헉~.

가파른 산기슭입니다.

울릉군청 뒤쪽에서 시작하는 행남옛길에 들어섰습니다.

수십 리 찻길과 뱃길을 달려온 것이 어제였으니, 피곤이 채 가시지 않은 모양입니다.

온몸이 찌뿌듯하고 뻐근한 가운데 일정을 소화하느라 도동 산길을 오르는 발길이 꽤 무겁습니다.

아침에 가랑비가 오락가락하여 풀숲길이 온통 젖었습니다.

아직 꽃대가 오르지 않았는데도 섬바디는 숲길 따라 무성합니다.

숲길 가장자리와 바위 밑에는 약모밀이 꽃을 피웠습니다.

하얀 꽃싸개 위에 노란 꽃봉이 살짝 세워진 모습이 상큼합니다.

약모밀_ 울릉도 도동, 태하 등 반그늘 습기가 있는 곳에서 자랍니다. 잎과 줄기에서 생선 비린내가 난다고 하여 어성초란 이름도 갖고 있습니다.

약모밀.

도동, 태하 등 반그늘 습기가 있는 곳에서 자랍니다. 꽃잎처럼 보이는 꽃싸개가 4장 있습니다.

잎과 줄기에서 생선 비린내가 난다고 하여 어성초(魚腥草)란 이름도 갖고 있습니다.

경사가 급한 시멘트 계단 길옆에 섬기린초가 자랍니다. 아직 꽃은 피지 않았으나 가파른 비탈에 붙어 군락을 형성하고 있습니다. 심지어 왕해국은 시멘트 계단의 틈새를 비집고 자랍니다.

섬기린초와 왕해국. 그들은 가히 울릉도 해안의 명물이라 해도 손색이 없을 듯합니다. 돌투성이 바위 절벽에서도 생장과 번식을 멈추지 않은 억척스러움을 보입니다. 비바람이 만만치 않은 산등성이에서 노랑과 보라 꽃을 소담스럽게 피워내는 섬기린초와 왕해국, 여행객들의 사랑을 한 몸에 받는 까닭입니다.

울릉도의 해안 산책길은 도동항 뒤편에서 시작됩니다. 이곳 해안에서 절벽을 가득히 덮은 기린초 군락을 볼 수 있습니다. 군데군데 왕해국이 조화롭게 어울렸고요. 고만고만한 연록의 기린초가 거무스름한 화산 바위 절벽에 붙어 어찌 그리 무리 지어 잘 자라는지 감탄할 따름입니다. 그들은 현지 주민뿐 아니라 울릉도를 왕래하는 모든 여행객을 환영하고 전송하는 첨병(尖兵)인 셈이죠. 울릉도의 자랑이 아닐 수 없습니다.

섬기린초와 왕해국_ 돌투성이 바위 절벽에서도 생장과 번식을 멈추지 않는 울릉도의 대명사, 섬기린초와 왕해국.

참식나무_ 봄에 황갈색의 털이 밀생한 새잎이 나와 밑으로 쳐집니다. 멀리서 보면 꽃이 핀 듯합니다.

행남옛길은 도동과 저동을 잇는 숲길입니다. 중간에 행남마을이 있어, 그 옛날 도동과 저동의 중간 연결점이기도 했죠. 거리는 3km에 불과하지만 도동에서 저동으로 가려면 급경사가 있는 산허리를 두어 굽이 넘어야 합니다. 산책길이라 하기엔 조금 무리가 있죠.

하지만, 도동과 저동 사이의 숲길은 우측으로 해안을 옆에 두고 걷기 때문에 멋진 해안 풍광을 즐길 수 있습니다. 그뿐 아니라 섬괴불나무, 동백나무, 후박나무, 참식나무, 섬잣나무 등 다양한 식생을 엿볼 수 있죠. 도동에서 오르는 가파른 산길을 오르느라 숨이 턱까지 차오를 무렵, 모퉁이 바위에 올라 해안을 바라보면 외마디 탄성이 절로 터져 나옵니다. 발 아래 깎아지른 절벽이 곤두박질치고, 그 절벽 아래 가느다란 실 가닥 같은 잔교(棧橋)가 보입니다. 그 해안 산책로는 바위 절벽의 동굴에서 나와 다시 다른 절벽 바위로 휘돌며 사라집니다. 까마득한 절벽 아래 해안의 주름진 굴곡 따라 하얀 포말이 굽이치는 모습을 보노라면 허공에 붕~ 뜬 착각을 일으킬 정도죠.

울릉군청에서 오르는 숲길을 지나면, 섬개야광나무와 섬댕강나무 군락지를 만나지만, 2021년 현재 접근이 차단되어 아쉬움이 남습니다. 천연기념물로 지정되어 일반인의 출입이 허락되지 않은 곳이죠.
산허리를 몇 차례 돌아 옛길 중간쯤에 이르면, 이대, 참나리, 쑥, 칡덩굴 등이 얽힌 수풀 위로 쪽빛 바다가 눈앞에 확 차오릅니다. 가까이에 있는 바위산은 거북머리처럼 바다를 향해 삐죽 나와 이쪽을 바라보며 해안을 감싸고 있습니다. 그 위에 보일 듯 말 듯 하얀 기둥이 보입니다. 도동과 저동을 안내하는 행남등대입니다.
옛길의 중간중간에는 2m도 더 자란 대숲을 만나기도 합니다. 굵지 않은 대가 자라면서 비바람에 휘어지고 이로 인해 대나무 터널이 만들어졌습니다. 이곳을 지나면, 어둑하고 서늘하여 원시림의 느낌이 살아있습니다. 행남해변으로 오가는 주변엔 털머위가 길게 군락을 이루었습니다. 가을이면 노란 털머위꽃이 또 하나의 볼거리이기도 합니다.

도동 해안절벽_ 까마득한 바위 절벽 아래로 해안 산책로가 보입니다.

행남을 지나서 저동옛길에 접어들었습니다. 급하지 않은 비탈길을 돌아 평탄한 숲길에 이르면, 길옆 비탈에 가녀린 줄기를 늘어뜨린 풀꽃이 보입니다. 마치 짐승이 긴 꼬리를 늘어뜨린 모습입니다. 섬꼬리풀입니다. 줄기 끝에 두세 송이 앙증맞은 연보라 꽃을 터뜨렸습니다(섬꼬리풀은 태하령옛길에서 사진과 함께 다시 안내합니다).
저동에 이르기 전, 산허리를 한 번 더 넘고 몇 굽이 돌아들면 어느새 저 아래 저동항이 눈에 들어옵니다. 하얀 방파제가 쪽빛 바다를 가르고 한쪽엔 촛대바위가 외로이 항구를 지키고 있습니다. 마치 파수병인 듯 말입니다. 저동항으로 내려가는 산기슭은 가파르게 경사져서 숲길은 지그재그로 이어집니다. 그 길모퉁이마다 유난히 하얀 풀꽃이 흐드러지게 피어 묘한 감흥을 자아냅니다. 넓은잎쥐오줌풀꽃이 만발한 모습입니다. 한 번 상상해보세요. 저 아래 쪽빛 바다를 배경으로 산비탈에 이어진 흰꽃의 율동을 말입니다. 행남옛길을 걷는 분이라면 이 지점에서 풀꽃길 도보여행의 묘미를 느껴보셨으면 좋겠습니다.

이왕이면 근대 조선의 민초가 밀리고 밀리어 이곳 울릉도에 찾아들었던 사연을 함께 품으면 그 울림이 더욱 깊겠죠? 끼니 걱정과 배고픔을 누르며 오르내렸던 이 옛길. 그 언저리 어딘가에서 또다시 피어나는 하얀 풀꽃, 그리고 쪽빛 바다. 푸른 하늘보다 짙푸르게 시린 오후입니다.

저동항_ 하얀 방파제가 쪽빛 바다를 가르고, 한쪽엔 촛대바위가 외로이 항구를 지키고 있습니다.

넓은잎쥐오줌풀_ 저동항으로 내려가는 산기슭 모퉁이마다 넓은잎쥐오줌풀꽃이 만발했습니다.

울릉도 행남옛길에서 만난 주요 풀꽃

넓은잎쥐오줌풀, 섬기린초, 섬꼬리풀, 섬바디, 약모밀, 왕해국, 이대, 참나리, 칡, 털머위 (10종)

[탐방일 : 2021.05.27]

〈2〉 내수전~석포옛길

내수전~석포옛길은 석포마을이나 죽암마을의 주민들이 저동으로 왕래하던 숲길입니다. 실제로 최근(2018년)까지도 이 길을 많이 이용했습니다. 해안 일주도로가 완성되기 전에 이 구간이 미개통 구간(내수전~석포)으로 남아있었기 때문이었죠.

도보 여행은 내수전 버스정류장~내수전 약수터~일출전망대~정매화곡쉼터~와달리길~석포~죽암마을에 이르는 약 7km 구간입니다.

내수전 버스정류장이 북저바위 근처인 점을 미리 익혀 둔 덕분에, 내수전 옛길 입구를 어렵지 않게 찾았습니다. 입구에서 내수전 일출전망대까지 약 2.2km 구간은 내내 오르막 시멘트 포장도로입니다. 하지만 경사가 그다지 심하지 않을뿐더러, 길 한쪽으로 도보자를 위해 매트가 깔려 있어 걷기에 부담이 없습니다.

일주도로를 벗어나 전망대로 오르는 구간에 들어선 지 채 5분이 되기도 전에 좌측 산비탈에 섬초롱이 보입니다. 아침햇살을 받아 하얀 초롱꽃이 눈부십니다. 한두 그루에도 20여 송이를 조랑조랑 매달고 있습니다. 바람이 불면 은은한 풍경 소리가 들릴 듯합니다.

섬초롱꽃_ 육지의 초롱꽃보다 홍자색 반점도 훨씬 많고 줄기와 잎에서 윤이 납니다.

육지의 초롱꽃보다 꽃의 홍자색 반점도 훨씬 많고 줄기와 잎에서 윤이 납니다. 줄기 위쪽 잎겨드랑이에 송이꽃차례를 이루며 아래를 향해 핍니다. 꽃은 흰색부터 자주색까지 다양합니다.

100여 m만 비탈길을 올라도 바다 위 북저바위가 벌써 저만치 멀어졌습니다. 비탈에서 한창 자라고 있는 접시꽃과 왕호장근 사이로 해안 풍경을 담아봅니다. 그 앞으로 길가 수풀에는 패랭이꽃도 분홍과 하양 꽃을 활짝 열어 해안의 운치를 더해주는군요.

왕호장근_ 울릉도의 낮은 산 숲길이나 길가에서 흔히 볼 수 있습니다. 줄기가 호피 무늬를 닮아 '호장(虎杖)–'이란 명칭을 얻었습니다.

왕호장근.
울릉도의 낮은 산 숲길이나 길가에서 흔히 볼 수 있습니다. 줄기가 호피(虎皮) 무늬를 닮아 호장근(虎杖根)이란 이름을 얻었습니다. '호랑이 지팡이 뿌리'란 뜻이죠. 뿌리가 약용으로 쓰이기 때문에 명칭에 '—근(根)'까지 붙게 된 것 같습니다. 울릉도에 서식하는 왕호장근은 육지의 호장근에 비해 2배가량 커서 '왕—'이란 호칭을 얻었습니다. 아직 초여름이라 어디에서도 꽃을 보진 못했습니다. 7월이 되어서야 줄기 끝이나 잎겨드랑이에서 꽃대가 올라 흰 꽃을 빼곡히 달겠죠.

첫 산허리를 돌아 다시 10여 분 오르면 내수전약수터가 보입니다. 신작로 아래 계곡 가에 오목하게 들어가 있어 잠깐 땀을 식히며 목을 축이기에 좋은 곳입니다. 약수 주변이 온통 벌겋게 물들어 있음을 볼 때, 약수에 철 성분이 많은 듯합니다. 물맛은 알칼리성이라 좀 밋밋합니다. 그러나 고유의 제맛을 음미한다면 약간 톡 쏘는 탄산 느낌이 그리 나쁘지 않습니다.
일출전망대까지 벚나무 가로수를 따라 오릅니다. 전망대에 올라서 지나온 길을 돌아보면, 만개한 하얀 벚꽃길이 산허리를 따라 흰 비단길처럼 굽이칩니다. 4월이면 그랬을 테지요. 지금은 꽃의 흔적은 없지만 시원한 그늘이 고맙기 그지없습니다.

우리가 오르는 비탈은 오른쪽에 계곡을 두고 있습니다. 계곡과 도로 사이에는 섬바디와 왕호장근이 벚나무와 나란히 동행합니다. 정말 울릉도에는 섬바디와 왕호장근이 개망초나 서양민들레만큼이나 흔해 보입니다.

간간이 일출전망대로 오르는 관광버스나 승용차가 지날 뿐 한적하기 그지없습니다. 해안도로에서 700m가량 오르면, 계곡을 건너 숲길에 접어듭니다. 녹음이 짙어서 그런지 서늘할 정도입니다. 다시 원기가 솟습니다. 인적이 별로 없어서인지 길 가운데 나무가 쓰러져 길을 가로막기도 합니다. 나무에는 온통 송악 덩굴로 뒤덮였습니다. 송악은 길가에도 녹색 융단처럼 깔리어 햇빛에 반짝입니다.

송악_ 울릉도 중산간 숲길에서 흔히 만날 수 있는 늘푸른덩굴식물입니다.

송악[☞ 청산도 송악덩굴].

전형적인 남방계 해양성 식물의 모습입니다. 잎이 약간 두껍고, 표면은 반질반질 윤이 납니다. 울릉도에서는 중산간 지대에서 고지대 숲길 사이에서 흔히 만날 수 있는 늘푸른덩굴식물입니다. 잎 변이가 심해 심장모양, 달걀모양, 마름모꼴 등 다양합니다.

숲길은 잠시, 다시 차도를 만납니다.

그런데 어디선가 그윽한 향기가 발길을 멈추게 합니다.

찔레꽃과 장미꽃이 무리 지어 길 따라 이어져 있군요. 그러니까 길 한쪽은 벚나무, 다른 한쪽은 찔레와 장미가 가로수인 셈이죠. 찔레나 장미나 모두 향기로운 장미과이니 이 길을 '장향로'(薔香路 : 장미의 향기가 그윽한 길)라 할 만합니다. 이렇게 몇백 m 이어진 향기로운 길을 만나다니 행운이 아닐 수 없습니다. 도보 여행자에게 베푸는 선물이겠죠.

마침내 고갯마루에 들어서면, 푸른 바다에 둥근 섬이 두~웅 떠오르듯 눈에 가깝습니다.
죽도입니다.
울릉도의 뾰족하고 가파른 바위들에 비하면, 섬 위는 비교적 평평하고 전체적으로 부드러운 느낌을 줍니다. 예전엔 부자(父子)가, 지금은 그 아들과 며느리가 더덕밭을 일구며 이 섬을 지키고 있습니다.

죽도_ 울릉도 대부분 섬과 달리, 섬 위가 평탄하여 부드러운 느낌을 줍니다.

고개를 좌로 돌리면 바다를 향해 길쭉한 목을 내민 섬목과 관음도가 보입니다. 활짝 핀 찔레꽃 너머로 다가온 모습. 수백만 년을 거기에 그렇게 거친 파도를 맞으며 말없이 지켜온 바다 위의 군상(群像)은 감동을 넘어 가슴을 먹먹하게 합니다. 처자식의 끼니를 걱정하며 이 고개를 넘던 한 필부(匹夫)의 눈에 비친 처연한 해안 풍경도 이러했겠지요?

내리막에 들어선 지 얼마 지나지 않아 포장도로는 끝나고 길은 좁아집니다. 본격적인 내수전 옛길이 시작되려나 봅니다. 숲길에 접어드니 사람은 그림자도 보이지 않습니다. 조금 전 일출전망대 신작로 주변에서나 몇 사람 보았을 뿐입니다.
아닌 게 아니라, 직장을 가진 사람이라면 울릉도 여행에서 한가로이 옛길을 걷는다는 것은 좀처럼 힘든 일일 겁니다. 보통 2박 3일이나 3박 4일 짬을 내어 유명 관광지를 돌기에 바쁘죠. 그것도 울릉도 방문의 상징 중 하나인 성인봉코스를 포함한다면 최소 3일 이상은 머물러야 하니까요. 대부분 사람이 여행을 즐기지 못하고 관광에 그치는 모습이 때로는 보기에 안타깝습니다. 그런 면에서 열흘 일정이 허락된 우리 부부에게는 울릉도의 속살을 들여다볼 절호의 기회가 아닐 수 없습니다.

내수전옛길_ 좌로는 절벽, 우로는 낭떠러지인 가파른 비탈길이지만, 호젓하기 이를데 없습니다.

내수전에서 시작하여 석포로 끝나는 옛길은 행남옛길과 결이 다릅니다. 산비탈의 허리와 허리를 잇는 비교적 평탄하고 호젓한 숲길입니다. 땅은 폭신하고 녹음이 짙어 아늑함마저 느껴져, 그야말로 옛길의 정겨움을 오롯이 담아내고 있죠. 더구나 석포 옛길까지 걷는 동안 일색고사리, 송악, 선갈퀴를 비롯한 풀꽃이 길옆으로 무성합니다. 이뿐만 아니라, 너도밤나무, 우산고로쇠나무, 해송, 섬단풍나무 등이 울창하여 원시림의 모습이 잘 살아있습니다. 굽이굽이 휘도는 숲길은, 해안가에서 보지 못했던 울릉도의 속살을 하나하나 드러냅니다.
하지만 울릉도 어디에서나 그렇듯 산세는 험합니다. 석포까지 가는 내내 머리 위는 절벽 같은 비탈이고, 발아래엔 아득히 낭떠러지인 곳이 많습니다. 험한 산비탈을 돌 때면 지천으로 보이는 것이 여우꼬리사초입니다. 비탈의 산사태를 막아주는데 일등 공신입니다.

여우꼬리사초.
꽃이 여우 꼬리를 닮았다 하여 붙여진 이름입니다. 울릉도에서만 자라는 특산식물입니다. 산속 음지에서 주로 자라며, 숲의 비탈에서 군락을 이루며 토양의 침식을 막아줍니다.
너도밤나무는 숲길 가에 위태롭게 매달려 흙과 돌을 어렵사리 잡고 생명을 이어가고 있습니다. 뿌리채 뽑혀 넘어진 나무들에서 태풍과 산사태 흔적을 엿볼 수 있습니다.
잎이 넓적하고 풍성한 등수국도 보입니다. 꽃은 이제 막 피어나기 시작했습니다. 아직 알갱이 같은 꽃망울이 맺혔습니다.

사진을 찍느라고 우리가 걸어 온 길모퉁이를 돌아보다 깜짝 놀랐습니다. 두 마리의 개가 슬금슬금 따라붙고 있었으니 말입니다. 인적 없는 이 깊은 산중에 한 마리도 아니고 두 마리라니! 분명히 들개인 모양입니다. 약 50~60m 간격을 두고 계속 따라오니 차츰 불안해졌습니다. 뒤를 힐끔거리며 걸음을 재촉해도 계속 따라붙자 아내는 주변에서 막대기를 찾아 들었습니다. 이 긴장된 순간에도 눈물겨운(?) 그녀의 대응에 실소가 터졌습니다.

어느덧 정매화곡 쉼터에 이르렀습니다. 내수전~석포옛길의 대략 중간 조금 못 미치는 지점입니다. 계곡에 물이 흐르고 계곡 옆길 위로 평평한 쉼터가 조성되어 있어 잠시 땀을 식히고 가기에 안성맞춤이죠.

옛날에 '정매화'라는 정이 많은 주막집 여인이 살던 골짜기라 하여 '정매화곡(谷)'이라 부릅니다. 석포, 혹은 죽암에서 생산된 어물을 지게에 지고 저동으로 생필품을 얻으러 가다가 쉬어가는 곳이었나 봅니다. 지금은 흔적도 없고 비를 긋는 휴식처와 나무 테이블이 놓여 있습니다. 어물과 나물 이외에 별로 풍족한 먹을거리가 없었던 시절, 인적이 드문 이곳에 고단한 몸을 부리며 인정이 넉넉한 여인으로부터 탁주 한 잔 받아들면 세상 시름도 잦아들었겠죠?

여우꼬리사초_ 꽃이 여우꼬리를 닮았다 하여 붙여진 이름입니다. 울릉도에서만 자생하는 특산식물입니다.

상념도 잠시, 뒤돌아보니 들개는 여전히 우리를 따라오고 있습니다. 어쩌면 배가 고파 우리에게서 먹을 것을 얻으려고 좇는 것이 아닌가 하는 생각도 듭니다. 하지만 누가 알겠습니까? 어느 순간 물어뜯길지. 깊은 산중 숲길을 가다 보면 이런 일이 가끔 일어납니다. 지난달은 강원도 태백 두문동재에서 대덕산 기슭을 넘어가다 멧돼지 울음소리를 듣고 공포에 휩싸이기도 했습니다.

쉼터도 마다하고 골짜기의 출렁다리를 건너 얼마를 걸었습니다. 그러다 숲 가에 다섯 손가락을 활짝 펼친 듯 노란 꽃이 눈에 확~ 들어왔습니다.

숲속의 들개_ 인적이 드문 내수전옛길에 나타난 들개.

섬말나리!

과연 6월도 안 된 지금 시점에서 그 꽃을 볼 수 있을까 반신반의하며 떠나온 차였기에 그 첫 만남은 흥분 자체였습니다.

곧은 줄기, 층층이 정연하게 돌려난 잎,

그 정점에 꽃잎을 활짝 젖히고 피어난 노랑꽃!

고고하면서도 당당합니다.

'말나리'란, 줄기를 중심으로 잎이 돌려난 나리를 뜻합니다. 섬말나리는 울릉도 고유의 자생종입니다. 조선 말기 거주민들의 개척 시대엔 섬말나리가 지천이었다죠. 먹을거리가 별로 없던 척박한 울릉도에선 섬말나리의 알뿌리를 식용하였다는군요. 나리분지는 이 식물의 이름에서 얻은 이름입니다. 육지의 말나리꽃이 주황색인 데 비해, 섬말나리꽃은 노란색입니다.

섬말나리_ 울릉도 고유의 자생종 섬말나리.

섬말나리는 정매화곡을 지나 와달리 전후, 그리고 북면으로 넘어가는 고개에서 몇 차례 보입니다. 지금은 대부분 앳되게 피었지만, 그 위로 몇 개의 꽃봉오리를 달고 있는 것으로 보아 꽤 오래 피고 지고 할 겁니다. 특히 성인봉 중산간 지대 그 위로 피는 말나리는 이보다 조금 늦게 시작하여 여름 내내 관찰할 수 있을 겁니다. 돌계단이 끝나는 고갯마루는 울릉읍에서 북면으로 넘어가는 경계입니다. 내수전에서 석포 영역으로 들어감을 의미하죠. 이후론 숲길이 더욱 깊어지고 그늘이 짙어집니다. 숲 가엔 선갈퀴가 제법 큰 군락을 이루고, 일색고사리를 비롯한 고사리 군락이 산비탈을 모두 덮을 정도입니다. 태고적 원시림의 모습이 잘 살아 있습니다. 가끔 섬말나리와 키재기를 하고 있는 왕고사리 모습도 보입니다. 고사리가 가득한 비탈 아래 오솔길에는 드문드문 섬노루귀가 무리 지어 있습니다.

섬노루귀_ 노루귀보다 꽃과 잎이 2~3배 더 크고 두텁습니다. 5월말 현재, 초록 열매(사진 가운데)를 맺었습니다.

섬노루귀.

육지의 노루귀는 꽃이 먼저 피고 잎이 나옵니다. 이와 달리, 섬노루귀는 잎과 꽃이 함께 피어납니다. 육지의 노루귀보다 꽃과 잎이 2~3배 더 크고 두텁습니다. 또 한 가지 특징은, 겨울에도 잎은 광합성작용을 하며 잘 견디어 냅니다. 이 잎은 다음 해 새로운 잎이 나오면 없어집니다. 임무 교대인 셈이죠. 이렇게 잎은 사시사철 영양을 만들어 뿌리에 공급하고 봄이면 멋진 꽃을 탄생시킵니다.

'석포산장' 이정표가 나올 무렵이면, 석포옛길도 거의 끝나가죠.

길 따라 송악이 때때로 길게 이어져 있기도 하고, 해송 기둥을 타고 누가 더 높이 오르나 경쟁을 하듯 덩굴로 뒤덮었습니다. 잎이 뜯기고 퇴색한 큰연영초도 보입니다. 꽃은 피지 않았지만, 윤판나물아재비, 큰두루미꽃, 그리고 섬초롱꽃, 등수국 등이 서로 빽빽이 덤불숲을 이루었습니다.

참, 들개 두 마리는 어찌 되었느냐고요? 그 녀석들을 내 쫓는다고 여러 번 크게 소리 지른 탓인지 석포로 오르는 고개 어딘가부터 더는 보이지 않았습니다. 2km 가까이 좇아온 그들이 혹시 정말 배고픈 탓이 아니었는지 한편으론 미안한 마음도 들었습니다.

염주괴불주머니_ 검은 열매가 염주 같다 하여 붙여진 이름입니다.

이제 석포옛길의 끄트머리에 섰습니다. 석포마을로 향할 것인지 죽암마을로 내려갈 것인지 잠시 망설여집니다. 건너편 석포마을 방향의 우측 절벽은 치마 두르듯 운무를 거느리고 있습니다. 그러고 보니 날이 잔뜩 찌푸렸습니다. 간간이 빗방울이 떨어집니다. 또 날씨가 변덕을 부리나 봅니다. 바다 가운데 떠 있는 섬이니 어찌 그렇지 않겠습니까? 하는 수 없이 석포마을을 포기하고 죽암마을로 향합니다. 석포 해안 절벽 위에서 멀리 독도를 조망하지 못함이 아쉽습니다. 죽암마을로 내려가는 비탈에는 하얀 섬바디꽃이 무리 지어 피었고 섬초롱꽃도 가끔 나타납니다. 등수국은 평소 제법 햇빛을 받은 덕분인지 꽃이 만발했습니다. 염주괴불주머니는 이미 전성기를 지났습니다.

죽암마을 몽돌해변_ 까만 몽돌이 파도 따라 구르는 소리가 신기합니다.

염주괴불주머니.
검은 열매가 염주 같다 하여 얻은 이름입니다. 꽃은 3~6월에 핍니다. 줄기와 가지 끝에서 꽃대가 나와 노란 꽃이 빼곡히 핍니다. 잎은 어긋나기하고 2~3회 깃꼴겹잎입니다.
아래로 내려갈수록 운무는 짙어지고 가랑비가 내리기 시작합니다. 터벅터벅 내려가는 우리 부부의 걸음엔 이미 힘이 다 빠져나간 듯합니다. 멀리 눈 아래 죽암 해변이 손짓합니다.

정류장에서 버스를 기다리는 동안 바다 쪽으로 길게 뻗은 방파제를 따라 걸었습니다. 가까이 딴바위가 보이고 인적 없는 몽돌해변엔 파도만 들락입니다. 까만 조약돌 사이로 파도가 밀려오고, 이내 하얀 포말을 일으키며 빠져나갑니다. 이때 몽돌이 파도 따라 구르는 소리가 재밌습니다.

'촤그르르르~~~'
흉내를 낼 수 없는 소리가 묘한 감흥을 불러일으킵니다.
여러분도 몽돌해변을 방문하면 그들이 까부는 소리를 즐겨보세요. 잊을 수 없는 자연의 소리입니다. 저만치 정류장에 걸터앉은 아내는 오히려 제 몸짓이 신기한 듯 물끄러미 바라봅니다. 허리 굽혀 귀를 가까이 들이대는 모습이 어린아이 같았나 봅니다.
다시 정류장 앞에 섰습니다. 신작로 건너편에는 반쯤 부서져 폐허가 된 집이 보입니다. 그 한 모퉁이에 피어난 섬바디꽃. 하얀 꽃 무리가 무심하게 흔들립니다. 무시로 달려드는 파도 소리, 바람 소리가 섬마을을 휩싸고 돕니다.

섬바디_ 폐허가 된 집 모퉁이에 만발한 섬바디꽃.

섬바디.
울릉도 전역에서 볼 수 있는 특산식물입니다. 가축의 사료로 각광 받으면서 섬 전체에서 대대적으로 파종되기도 하였다는군요. 바닷가, 산지, 길가 등 어디에서나 잘 자라는 여러해살이풀입니다. 훤칠한 키의 꼭대기에 하얀 꽃들이 모여, 넓은 접시 모양을 하고 있죠. 잔잔한 푸른 바다에 피어난 섬바디꽃은 애잔한 옛 추억을 불러오게 하죠.

오늘 밤은 꿈속에서 죽암의 하얀 섬바디꽃과 몽돌 구르는 소리가 오래도록 머리에 맴돌 것 같습니다.
'촤그르르르~~~'

울릉도 내수전~석포옛길에서 만난 주요 풀꽃

등수국, 선갈퀴, 섬노루귀, 섬말나리, 섬바디, 섬초롱꽃, 송악, 여우꼬리사초, 염주괴불주머니, 왕고사리, 왕호장근, 장미, 찔레꽃, 큰연영초, 패랭이 (15종)

[탐방일 : 2021. 5. 28]

〈3〉 남양마을~태하령옛길

비파산이 코앞입니다.

성인봉의 산세가 남서로 뻗다 남양에 이르러 솟아오른 산, 비파산입니다.

이 산을 중심으로 양쪽으로 계곡을 이루며 계천(溪川)이 만들어졌죠.

남동 방향의 남양천, 서쪽의 남서천이 그것입니다.

이 두 계류(溪流)를 끼고 발달된 고장이 남양입니다.

그러니까, 비파산의 남동, 혹은 남서 방면에 기대어 남양마을이 형성되었습니다. 자연히 볕이 잘 드는 마을이겠죠. 그래서 얻은 고장 이름이 '남양(南陽)'입니다. 더불어 물이 풍부하니 마을에 사람들이 모여들었겠죠? 서면(西面) 면사무소 소재지가 이를 뒷받침하죠.

이곳에서 울릉도의 대표적인 주상절리를 볼 수 있습니다. 비파산의 이른바 국수바위이죠. 바위가 국수 가닥처럼 촘촘히 늘어져 있는 형상입니다. 용암이 바닷물에 닿아 급격히 식을수록 주상절리가 촘촘해진다고 하는데, 이 국수바위가 그 단적인 사례입니다.

투구봉_ 남양에 있는 투구봉.

남서고분군으로 오르는 남서천의 초입에 섰습니다. 좌로 투구봉이 우뚝 서고 우로는 말씀드린 비파산입니다. 북쪽으로 약 3km 태하령에 이르기까지 계곡을 따라 완만한 포장도로를 걷습니다.

오늘의 여정은 남양~남서동고분군~나팔등마을~태하령~솔송섬잣너도밤나무군락지~태하마을입니다. 거리는 약 7km입니다.

남서천을 따라 오르는 계곡은 햇볕을 대체로 잘 받아서 그런지 야트막한 비탈마다 온통 밭입니다. 주로 부지깽이나물(섬쑥부쟁이), 명이나물(산마늘), 삼나물(눈개승마)이 재배되고 있습니다. 마을 공터엔 나물을 펴서 말리는 모습도 보입니다. 섬 주민의 주요 소득원이죠.
계곡을 따라 오르는 시멘트 길옆 비탈엔 섬기린초 군락이 군데군데 눈에 띕니다. 바위나 척박한 토양의 절벽에서 조금만 틈이 있어도 잘 자랍니다. 삭막한 바위 절벽에 피어난 노란 꽃 무리는 보는 이의 가슴을 따뜻하게 합니다. 이에 뒤질세라 하얀 섬초롱꽃도 바람에 살랑거립니다. 이 친구들은 하나같이 '울릉도 숲길과 바닷가에 우리가 살고 있음을 잊지 말아 주세요.'라고 속삭이는 듯합니다. 때로 단조롭기 쉬운 계곡 길에 사랑스러운 동반자들입니다.

섬기린초_ 줄기 끝에 노란 별꽃이 만발한 섬기린초.

섬기린초.
울릉도, 독도의 바닷가나 낮은 산에 자생합니다. 줄기 끝에 핀 별 모양의 노란 꽃을 보면 돌나물꽃이 쉽게 연상되죠. 사실 돌나물과입니다. 개화 시기는 6~10월입니다. 그러니까 지금이 막 피기 시작하는 시점입니다. 줄기 아랫부분은 겨울에도 살아 있다가 이듬해 봄에 잎이 나오는 여러해살이풀입니다.

산천계곡 녹음방초를 두루두루 기웃거리며 오르다 보니 어느새 남서동고분에 닿았습니다. 고분은 산비탈에 있습니다. 오르는 길에는 분홍의 끈끈이대나물꽃과 금낭화가 눈길을 사로잡습니다. 이곳에 사는 분의 고운 심성을 엿볼 수 있습니다.

남서고분군_ 서면 남서리 남서고분군. 삼국시대에서 통일신라 시대 사이 고분으로 추정됩니다.

고분엔 돌 사이사이로 줄사철이 피어났습니다. 석관 입구엔 송악 덩굴이 뻗어 있고 그사이에 염주괴불주머니가 자라고 있습니다. 돌에는 이끼가 쌓이고 그 위로 땅채송화가 한 웅큼 얹혀 있습니다. 고분 주변의 비탈에는 온통 부지깽이나물과 명이나물밭입니다. 군데군데 섬엉겅퀴도 보입니다. 계곡의 건너편도 다르지 않습니다.

고분에서 내려오는 길에 이 넓은 비탈밭의 주인을 만났습니다. 비탈의 경사 때문에 모노레일이 놓여 있습니다. 울릉도의 농작물에 관해 조심스레 몇 가지 질문을 건넸습니다. 이분의 말씀에 따르면, 산비탈 농작물 작업이 고되지만 수입은 꽤 실하다는군요.

약 1km가량 더 오르면 나팔등마을에 이릅니다. 하천은 경사를 더하지만, 산마을의 홍수와 산사태는 걱정이 없을 듯합니다. 계곡 주변의 사방 공사가 잘 된 덕분이죠.

여기서 남서천을 뒤로 하고, 나팔등과 태하령옛길을 잇는 숲길에 접어듭니다. 숲길 입구엔 등수국이 탐스럽게 피었습니다. 숲길에 들어서니 이대와 섬바디가 무성하여 발을 내딛기 어려울 정도입니다. 몇 발 앞서간 이의 자취를 보기 힘들 정도죠. 그만큼 사람들의 인적이 없음을 말해줍니다. 숲 가엔 섬초롱꽃 무리가 싱싱한 꽃봉오리를 가득 매달고 여름을 맞이하고 있습니다. 이대는 제 키를 훌쩍 넘겨 대나무 터널을 만들었습니다. 그 위로 너도밤나무가 울창하여 그늘이 제법 두텁습니다. 태고적 원시림의 생태가 생생히 살아 있어 자연인이 된 기분입니다.

선갈퀴 군락_ 비탈을 따라 초록 융단을 깔아 놓은 듯 합니다.

숲길 오르막을 휘돌아 가는 곳에는 선갈퀴 군락이 넓고 가지런하게 펼쳐졌습니다. 비탈을 따라 초록 융단을 깔아 놓은 듯합니다. 반그늘이 드리운 곳에 자신들의 영역을 확고히 다진 덕분에 여유롭고 싱싱해 보입니다.

몇 발짝 더 오르면 섬노루귀가 군락 속에서 열매를 맺는 모습이 보입니다. 그런데 섬노루귀와 윤판나물아재비를 살피던 중 특이한 식물을 발견했습니다. 마치 쇠뜨기의 생식 줄기 끝에 붙은 기다란 포자낭을 연상케 하는 식물이 몇몇 보입니다. 개종용입니다.

개종용.

울릉도 숲속에서 자생하는 여러해살이 기생식물입니다. 엽록소가 없어 식물체가 흰색에 가깝습니다. 개화 시기는 4~5월입니다. 지금은 수분을 마친 암술의 꽃부리가 점점이 검게 바뀐 모습입니다.

개종용_ 울릉도 숲속에서 자생하는 여러해살이 기생식물입니다. 개화 시기는 4~5월입니다. 6월 초순 현재, 수분을 마친 암술의 꽃부리가 점점이 검게 바뀐 모습입니다.

섬꼬리풀_ 연보라 꽃잎에 짙은 보라 밀선(蜜線)이 있는 섬꼬리풀꽃.

그러고 보니 태하령 옛길로 오르는 길에서 '섬-'이 붙은 울릉도 특산식물을 여럿 만났습니다. 섬쑥부쟁이, 섬엉겅퀴, 섬바디, 섬기린초, 섬초롱꽃, 그리고 섬노루귀가 그들이죠.

특히 아름드리 우거진 섬잣나무 길을 지나고 나서 만난 섬꼬리풀 군락은 커다란 기쁨이었습니다. 그의 희귀성 때문이기도 하지만, 정갈한 연보라 꽃이 저의 마음을 사로잡았습니다. 꽃잎에 새겨진 짙은 보라 밀선(蜜線) 위에 솟은 하얀 꽃술의 조화가 상큼합니다.

섬꼬리풀.

5~6월이 개화 시기니 지금이 한창입니다. 잎의 끝은 뾰족하고 결각과 톱니가 있습니다. 줄기 윗부분 잎겨드랑이에서 꽃이 핍니다. 꽃은 시간이 흐름에 따라 아래에서 위로 진행하며 피어납니다.

섬꼬리풀과 어울려 살아가는 섬노루귀, 섬말나리도 보기에 좋았습니다. 그 후로 섬꼬리풀은 다시 만나진 못했지만, 섬말나리와 섬노루귀가 드문드문 나타나 아쉬움을 달래주었습니다. 섬말나리는 아직 너덧 개의 초록 꽃봉오리를 달고 여름을 준비하는 모습입니다. 6월 중순이면 노란 꽃잎을 활짝 벌리고 도도하게 자리를 지키고 있겠죠.

숲은 깊이를 더하며 동백나무, 우산고로쇠나무, 섬단풍나무, 그리고 너도밤나무와 섬잣나무가 만들어내는 녹음으로 더욱 짙어졌습니다. 오솔길 수풀도 초록의 생기로 가득합니다. 송악, 등수국 등이 양치식물과 수북하게 어우러져 성성합니다. 그러고 보니 나팔등에서 옛길을 만나는 숲길 구간이 불과 500m에 불과하지만, 울릉도 자생식물의 보고(寶庫)가 아닐 수 없습니다.
섬노루귀 군락은 빈번히 보이고, 섬남성은 드물게 발견됩니다. 그도 섬노루귀처럼 이미 튼실한 초록 열매를 맺었습니다. 엊그제 성인봉 고지대에서 보았던 섬남성은 꽃이 한창이었던 것을 기억하면, 시기적으로 많이 차이 나죠?

섬남성.
곧추선 뿌리줄기에서 두 잎줄기가 나와 각각 6~18장의 잎이 달립니다. '포'라고 하는 꽃대를 중심으로 잎이 회전 사다리 모양으로 둥그렇게 감싼 모습이 이채롭습니다. 암수딴그루로, 암술은 포속에 곤봉 모양으로 곧추서 있습니다. 익으면 씨방이 굵어져 빨간 열매가 다닥다닥 붙습니다. 울릉도 특산식물입니다.

섬남성(얼룩무늬)_ 잎의 중앙 잎맥을 따라 옅은 희녹색 띠무늬를 가졌습니다.

섬남성(민무늬)_ 단순히 초록잎을 가진 민무늬 섬남성.

섬남성 열매는 암술의 씨방 부분이 굵어져 곤봉 형태를 갖추었습니다. 지금의 녹색 열매는 익으면 붉게 변합니다. 열매를 중심으로 잎이 사방으로 빵 돌려나 열매를 보호하는 독특한 모습입니다. 잎마다 중앙 잎맥을 따라 옅은 희녹색 띠무늬를 이룬 모습도 특이합니다. 울릉도의 섬남성엔 이렇게 얼룩 잎이 있는가 하면, 민무늬 잎을 가진 섬남성도 있습니다. 두 종이 어떻게 차이가 있는지는 아직 확인되지 않았습니다.

태하령_ 솔송나무, 섬잣나무, 너도밤나무 군락이 빼곡하게 들어찬 태하령.

솔송나무_ 태하령에서 만난 솔송나무.

태하령의 특산식물을 좇다 보니 어느새 옛길에 닿았습니다. 태하령옛길은 구암마을에서 태하령을 넘어 태하마을을 왕래하던 옛길입니다. 과거에 차들이 통행하였다 하는데 길이 좁고 경사가 급하여 차가 다니기엔 위험해 보입니다. 어쨌든 현재는 모든 차량 통행은 해안 일주도로를 이용하고 있습니다. 숲길은 차량 통행이 없고 인적이 거의 없다 보니, 시멘트 길에는 낙엽과 잔가지가 퇴색된 채 어지럽게 널려 있습니다. 지척이 태하령입니다. 솔송나무 섬잣나무 너도밤나무 군락이 있는 곳이죠. 아름드리나무들은 어디나 빼곡하게 들어차 대낮인데도 어두침침합니다. 차도가 숲의 허리를 관통하고 있으나, 오랜 세월이 흐른 탓인지 원시림의 기운이 잘 살아 있습니다. 섬잣나무, 너도밤나무뿐 아니라, 섬벚나무, 우산고로쇠나무, 섬단풍나무, 동백나무, 그리고 마가목 등이 서로 몸을 맞대고 가지마다 얽혀 자랍니다.

간간이 솔송나무도 보입니다. 솔송나무는 언뜻 보면 회솔나무 같아 보이는데 회솔의 잎끝은 뾰족하나, 솔송 잎은 끝이 둥그스름하여 구별됩니다. 이곳 사람들은 주목을 회솔나무라 부릅니다. 잘 자란 솔송나무는 소나무 못지않게 반듯하고 기품이 넘칩니다.

질경이_ 길의 중앙에 갈라진 틈을 따라 질경이가 빼곡하게 들어차 자라는 모습.

경사가 조금씩 완만해지기 시작하면서 시멘트 길은 제법 넓어졌습니다. 길의 중앙에 갈라진 틈을 따라 질경이가 빼곡하게 줄을 이어 자라는 모습이 눈에 띕니다. 도로는 그들이 만든 초록 중앙 차도 덕분에 어엿한 왕복 2차선이 되었습니다. 길의 틈새를 놓치지 않고 용감하게(?) 뛰어든 질경이. 그의 치열한 생존에 박수를 보냅니다.
길가엔 울릉도 특유의 섬나무딸기가 지천이고 왕호장근도 도로를 따라 끝없이 이어져 있습니다. 그런데 얼마간 걸음을 옮기다 수풀 아래로 언뜻언뜻 어른거리는 흰 꽃을 보았습니다. 다가가 자세히 보니 잎겨드랑이마다 층층이 하얀 꽃뭉텅이를 달고 있는 친구입니다. 섬광대수염입니다. 그러고 보니 '섬-'이 붙은 식물의 행렬은 여전히 계속되는군요.

섬나무딸기_ 육지의 산딸기와는 달리 줄기에 가시가 없고 잎은 더욱 넓습니다. 천적이 없는 울릉도에서 진화한 결과입니다.

섬나무딸기.
육지의 산딸기와 달리 줄기에 가시가 없고 잎은 더욱 넓습니다. 천적이 없는 울릉도에서 진화한 결과입니다. 높이가 3m에 이를 정도로 자라며 줄기는 관목화(灌木化)되었습니다. 그러니 그냥 '섬딸기'가 아니고 '섬나무딸기'란 명칭을 얻은 거겠죠?

섬광대수염.

개화 시기는 5~6월이니, 지금이 한창입니다. 바닷가 가까운 낮은 산에 자생하는 여러해살이풀입니다. 줄기 마디마다 잎이 마주나고 잎겨드랑이에 흰꽃이 돌려 핍니다. 광대수염에 비해 식물체가 크고, 줄기엔 털이 없고 매끈합니다. 군락지를 벗어나 얼마간 경사가 완만해진 길을 걷다 보면, 서달에서 흘러 내려오는 태하천을 만납니다. 이 태하천을 좌로 하고 넓어진 계곡길을 걷습니다. 계곡 옆으로는 나무 수풀 아래에 하얀 꽃 뭉텅이를 군데군데 수북이 얹고 있는 등수국이 보입니다. 조금 더 내려가면 계곡과 신작로 사이의 비탈에도 하얀 수국꽃으로 뒤덮였습니다. "또 등수국이네." 하며 다가가 살펴보니, 바위수국입니다. 세상에! 등수국과 바위수국을 지척 간에서 함께 보다니 행운이 아닐 수 없습니다. 태하천 계곡길은 가히 '수국길'이라 명명해도 손색이 없을 듯합니다.

섬광대수염_ 바닷가 가까운 낮은 산에 자생하는 여러해살이풀입니다. 잎겨드랑이 주변에 흰꽃이 뭉쳐납니다.

등수국(위)과 바위수국(아래)_ 태하령옛길에서 만난 등수국과 바위수국. 제주도와 울릉도에서만 자라는 갈잎덩굴나무. 등수국의 무성화 꽃받침은 3~4개로 갈라지는 반면, 바위수국은 1개의 커다란 꽃받침만을 갖고 있습니다.

등수국 / 바위수국.
우리나라에서는 제주도와 울릉도에서만 자라는 갈잎덩굴나무입니다. 잎은 넓은 달걀모양으로 가장자리 톱니가 날카롭고 잎 끝은 뾰족합니다. 줄기에서 공기뿌리를 내어 다른 나무나 바위를 타고 오릅니다. 암수한꽃이며 넓게 퍼지는 꽃차례의 가장자리에 무성화가 피어납니다. 무성화는 암술, 수술이 없으나, 꽃의 크기가 커서 벌과 나비를 유혹하는 기능을 합니다. 등수국과 바위수국을 쉽게 구별하는 방법은 무성화의 생김새입니다. 등수국의 무성화 꽃받침은 3~4개로 갈라지는 반면, 바위수국은 1개의 커다란 꽃받침만을 갖고 있습니다.

태하령 고갯길을 다 내려왔습니다. 우측으로 울릉도 공설운동장이 보이고 해안 일주도로와 만납니다. 태하마을이 멀지 않은 것 같습니다. 차도 옆에는 여느 육지에서 흔히 보았던 풀꽃들이 보입니다. 계란꽃을 가득 피워낸 개망초, 벌써 갈색 열매를 가득 달고 있는 소리쟁이, 잎이 쭈그러든 달맞이꽃 등등. 새삼스럽게 울릉도에서 대하는 그들의 모습이 와락 반갑게 다가옵니다. 제가 사는 광교마을에서 매일 보는 풀꽃이니까요.
그런데 그들 사이에서 유난히 눈에 띄는 꽃이 보입니다. 담황색과 보라색 꽃이 어우러진 채 바람에 흔들리는 모습이 꽤 낭만적입니다. 자주개자리입니다. 육지의 꽃송이보다 더욱 풍성해 보입니다. 잎겨드랑이마다 꽃대를 올리고 그 끝에 희노란, 혹은 연보라 꽃뭉텅이를 여기저기 가득 피워낸 모습이 여간 탐스럽지 않습니다. 마술을 부리듯이, 연한 황녹색의 꽃으로 시작해서 연보라색으로, 이윽고 보라꽃으로 변해갑니다. 노란 잔개자리도 보입니다.
길가에 흔하게 피어나는 풀꽃. 너무 흔해서 때로는 사람들에게 귀찮은 존재가 되어버린 잡초. 그러나 그들을 하나하나 살펴보고 가까이 다가가면 더욱 정겹고 사랑스러운 풀꽃입니다.

괭이갈매기_ 괭이갈매기가 연못에서 목을 축이기도 하고 목욕을 하기도 합니다. 그들의 날갯짓이 눈부십니다.

태하천이 마을에 이를 즈음, 마을 건너편에 연못이 보입니다. 가장자리를 돌로 가지런하게 쌓은 제법 크고 둥근 인공 연못입니다. '태하항에서 불과 몇백m 떨어진 곳에 어찌하여 연못이 있을까?' 궁금해하며 가까이 다가가 보니, 금방 의문이 풀립니다.
수백 마리 괭이갈매기가 물 위에서 하얀 날개를 퍼득이며 요동치고 있네요. 초록 숲이 투영된 수면은 일대 파란(波瀾)이 일어나고 있습니다. 갈매기가 영역 다툼을 하며 목욕을 즐기느라 야단법석입니다. 바다의 짠 물에 뻑뻑해진 깃을 씻고 있나 봅니다. 개운한 기분 탓인지 몇몇은 '꾸~욱 꾸~욱' 만족스런 탄성을 자아내고 있습니다. 한편에선 목을 축이는 모습도 보입니다. 말하자면 이 큰 연못은 그들의 휴식처이고 공중목욕탕인 셈입니다.
아! 수백 마리의 날갯짓도 장관이지만, 괭이갈매기를 생각하는 이 생태연못의 발상이 기가 막힙니다. '누가 이 연못을 만들었을까요?' 자못 궁금해집니다. 이 연못을 기획한 분에게 진정으로 경의를 표하고 싶습니다.
목을 축이고 몸을 씻은 괭이갈매기는 태하항 보금자리로 돌아가고, 반대로 먹이활동을 마친 친구들은 연못을 찾느라 태하항과 연못 사이에 갈매기 항로가 트였습니다.
푸른 숲과 바다를 배경으로 유유하게 비행하는 하얀 갈매기의 행렬…….
문득, 은빛 파란을 일으키는 수백의 괭이갈매기와 그들의 한가로운 비행으로, 저도 꿈꾸듯 의식저편을 유영(遊泳)합니다.
이 장면에서 불현듯 겹쳐지는 음악이 있습니다.
라흐마니노프의 피아노협주곡 2번 2악장 Adagio Sostenuto!
혹시 감상해보셨는지요? 만약 접하지 않으셨다면, 위의 두 풍경과 이야기를 마음에 담고 감상해 보시기 바랍니다.
무의식 세계에서 꿈꾸듯 흘러가는 평화로운 정경이 그려지시나요? 어쩌면 고향 같은 태하항과 영혼의 휴식처를 오가는 저 갈매기의 유유한 비행과 참 많이 닮은 듯합니다. 이어져 삽입된 격렬한 스케르조는 연못에서 즐기는 괭이갈매기의 부산스런 몸짓이고요. 마침내 평온을 되찾은 괭이갈매기는 그들의 항로를 따라 허허롭게 귀향합니다. 협주곡의 나지막하면서 잔잔한 정경(情景)으로 막을 내리지요.

태하항 작은 마을에 꿈처럼 흐르는 공존과 사랑!
꽃보다 아름다운 풍경입니다.

[탐방일 : 2021.6.1]

〈4〉 태하마을~향목전망대

태하항은 1883년 개척 당시 수토군이 제일 먼저 발을 디뎠던 곳입니다. 지금은 도동항이 중심이지만, 조선 말 울릉도 개척 당시엔 태하가 중심지였습니다. 태하엔 수토군의 역사를 보여주는 실물 크기의 수토선과 기념전시관이 있습니다.

울릉수토역사전시관_ 태하는 1883년 당시 수토군이 제일 먼저 발을 디뎠던 곳입니다. 이를 기념한 전시관이 태하에 있습니다.

태하는 예나 지금이나 한갓지고 고즈넉한 시골의 항구 모습입니다. 동으로는 현포령, 서달령, 남동으로는 태하령, 남으로는 노인봉으로 둘러싸여 있습니다. 덕분에 울릉도 순환버스도 마을 입구를 잠깐 들를 뿐이죠. 울릉도에서도 오지인 셈입니다.

그러나 지금은 모노레일과 대풍감 덕분에 일등 관광 명소가 되었습니다. 304m 길이의 모노레일을 타고 가파른 산기슭을 올라 향목전망대에 서면, 대풍감의 절경이 펼쳐지죠.

태하마을에서 향목전망대로 오르는 데에는 여러 길이 있습니다. 해안 산책로, 모노레일, 등산로, 그리고 성하신당에서 오르는 향목령 옛길이 그것입니다. 지금은 태풍 때문에 모노레일은 운행하지 않고 해안 산책로는 대대적인 공사 중입니다. 그러니 우리는 태하등대로 오르는 모노레일 아래의 등산로를 따라 올라 대풍감을 조망하고 향목령 옛길로 내려오는 코스를 택했습니다.
태하에서 현포로 넘어가는 향목령(香木嶺)이 가까운 이곳은, 옛날에 산등성이가 온통 향나무로 뒤덮여 있어 얻은 이름입니다. 언젠가 일어난 산불로 향목은 보기 어렵게 되었다죠.
향목전망대로 오르는 등산로엔 왕해국이 지천으로 피었습니다. 지금이 가을이 아닌가 하고 의심이 들 정도이죠. 덕분에 아슬아슬한 절벽을 타고 오르며 그들의 오롯한 모습을 사진에 담을 수 있었습니다.

왕해국.
개화 시기는 9~11월입니다. 울릉도 해안 전역에 자생하는 여러해살이풀입니다.
줄기와 잎에 부드러운 털이 있습니다. 줄기의 아랫부분은 여러 해를 거치며 목질화(木質化)하였습니다. 연한 보라 혹은 흰색 꽃이 줄기와 가지 끝에 1개씩 핍니다. 육지의 해국에 비해 꽃과 잎이 더 넓고 큽니다. 그래서 '왕—'의 반열에 올랐습니다. 사실 해국은 육지에서도 변산반도 같은 해안의 절벽에서나 어렵게 볼 수 있는 바다 국화입니다.
무수한 노랑 꽃술을 중심으로 사방으로 수십 장의 보랏빛 꽃잎을 펼친 모습을 보세요.
노랑과 보라의 선명한 대비도 대비려니와, 해안 절벽 너머 푸른 바다를 배경으로 거친 바람도 마다하지 않고 의연하게 핀 해국! 언제 보아도 기품 넘치고 사랑스럽습니다. 향목 산등성이를 오르는 내내 저의 발길을 붙잡기에, 매양 고개를 숙이고 허리를 굽혀 눈을 맞춥니다.

왕해국_ 향목전망대로 오르는 등산로에 핀 왕해국.

지난겨울의 칼바람은
봄을 맞는 다짐이었습니다.

차가운 바위절벽은
억센 근원의 힘이 되었습니다.

거친 폭풍우에서
일어서는 힘을 얻었죠.

마침내,
단단한 줄기를 타고
찬연한 빛으로 태어났습니다.

파도는 일상이 되고
괭이갈매기는 친구가 되었죠.

해가 뜨고
해가 지는
아스라한 절벽 끝,

울릉도 왕해국이 삽니다.

모노레일 구간과 겹치는 가파른 등산로를 다 오르면, 거기서부터 등대까진 비교적 평탄한 숲길입니다. 숲길엔 동백나무와 이대가 무성합니다. 숲길 아래엔 큰두루미꽃이 밭처럼 넓게 펼쳐진 곳도 있습니다. 울창한 나무숲에 가려 그들의 비원(秘園)을 만들었습니다.

길가엔 송악 덩굴이 해송을 타고 오르는 모습도 보이고 가끔 염주괴불주머니도 보입니다. 해안으로 가는 데크길 옆에 섬자리공도 보입니다. 마침내 숲을 벗어나니 사방이 허공입니다. 마을 뒷동산이겠거니 하고 오른 산마루의 시계(視界)는 무한, 그 자체입니다.

대풍감_ 전망대에서 바라본 대풍감 좌측.

전망대에 오르면 두 눈에 확 들어찬 풍광에 외마디 탄성이 터져 나옵니다.
가운데 바다를 두고 좌우로 병풍처럼 바위산이 둘러싼 천혜의 피난처,
대풍감!
전망대에 서면 망망대해를 배경으로 웅장한 바위산들이 해안을 따라 이어져, 제가 마치 그들을 호령하는 장수가 된 기분입니다. 그러니 이곳이 울릉도 최고의 전망대라 해도 전혀 손색이 없습니다.
울릉도를 방문하면 왜 이곳을 빼놓으면 안 되는지 비로소 고개를 주억거리게 됩니다.
과연, 대한민국의 10대 비경(祕境), 대풍감입니다.

대풍감_ 전망대에서 바라본 대풍감 우측.　　**대풍감_** 전망대에서 바라본 대풍감 우측.

향목의 오목한 중앙 절벽 위,
전망대에 섰습니다.

좌로는,
바다로 목을 길게 내민 바위산이
병풍처럼 둘렀습니다.
등성이엔 점점이 향나무를 키우며
향목임을 알려줍니다.

우로는,
향목령에서 우뚝 솟았다
웅포를 거쳐 현포까지
굽이굽이 물결치다
그 정점에 송곳봉이 자리했습니다.

그리고 멀지 않은 바다에 찍은 여적(餘滴),
공암은 화룡점정이죠.

수백만 년
밀려오고 밀려오는 풍파(風波)에
아득한 절벽 아래
피난처 대풍감을 낳았습니다.

호구(弧口)에 들어 몸과 배(船)를 누이면,
바위산 가득한 초록의 향목도
시름을 받아주고
먼바다에서 일렁이던 파도는
잠자듯 고요했습니다.

울릉도의 쉼표 같은 곳,
대풍감입니다.

대풍감의 숨막힐 듯한 풍광으로 온몸과 마음이 사로잡힌 탓인지 우리 부부는 꽤 오래 전망대를 맴돌았습니다.

태하마을_ 태하천은 태하마을에 이르러 자신을 바다에 모두 내어줍니다.

태하마을로 돌아오는 길엔 향목령 옛길을 경유해 하산했습니다. 형형색색의 지붕이 옹기종기 어깨를 맞댄 태하마을의 전경이 한눈에 들어옵니다. 마을 넘어 수토기념관이 자리하고 그 뒤로 울창한 숲이 감쌌습니다. 태하령 줄기를 굽이굽이 타고 흘러온 태하천은, 마지막으로 마을을 적시고 이내 푸른 바다에 안깁니다.

수만 리 줄달음쳐 달려온 만경창파(萬頃蒼波)와 만나 몸을 누이는 곳, 태하입니다.

[탐방일 : 2021.5.29]

울릉도 남양마을~태하령옛길에서 만난 주요 풀꽃

개망초, 개종용, 눈개승마, 달맞이꽃, 땅채송화, 산마늘, 선갈퀴, 섬광대수염, 섬기린초, 섬꼬리풀, 섬나무딸기, 섬남성(민무늬/얼룩무늬), 섬노루귀, 섬말나리, 섬바디, 섬쑥부쟁이, 섬엉겅퀴, 섬초롱꽃, 소리쟁이, 송악, 수국[등수국, 바위수국], 염주괴불주머니, 왕해국, 왕호장근, 이대, 자주개자리, 잔개자리, 질경이, 큰두루미꽃 (30종)

[관찰기간 : 2021.5.29 / 6.1]

생태숲길

나리봉을 넘어온 아침햇살에 무수한 꽃 방울이 하얗게 빛납니다.
나리분지를 두른 외륜산(外輪山)에서 살랑바람이 불어옵니다.
순간, 너른 초록밭 위에 무수한 은방울이 어지럽게 춤을 춥니다.
그 바람 따라 너울거리는 모습이 현란합니다. 방울마다 소리없이 요란합니다.
이 광경을 처음 목격한 여행객이라면 누구라도 발길을 멈추지 않을 수 없죠.
무수한 꽃 방울!
이것으로 그들은 이미 나리 칼데라(caldera)의 주인공이 되었습니다.

산마늘_ 5월 하순, 나리분지에 흐드러지게 핀 산마늘꽃.

주인공은 다름 아닌 산마늘입니다. 일찍이 울릉도에 이주해 온 개척민들과 그 후손들에게 보릿고개를 넘기게 해준 구황작물입니다. 그래서 그들은 산마늘을 '명(命)이나물'이라 불렀다죠. 명이의 하얀 꽃 방울 군무(群舞)는 울릉도의 상징처럼 보입니다.

생태숲길_ 나리분지 생태숲길엔 곰솔, 너도밤나무, 섬단풍, 그리고 우산고로쇠 등이 어우러져 한여름에도 시원합니다.

밭을 지나 공군부대 옆으로 이어진 담장을 따라 생태숲길에 접어듭니다.
오솔길이라 하기엔 제법 넓고 호젓한 숲길이죠. 곰솔[해송], 너도밤나무, 섬단풍나무, 그리고 우산고로쇠나무가 만들어내는 녹음 덕분에 숲길은 서늘합니다.
길가엔 끝도 없이 큰두루미꽃이 이어졌습니다. 그리고 사이사이에 섬바디와 넓은잎쥐오줌풀이 훤칠한 키를 뽐내며 조화를 이룹니다. 넓은 숲길 덕분에 풀꽃이 제법 성성합니다.

큰두루미꽃_ 넓은 잎을 양쪽으로 펼치고, 가운데 꽃대가 흰 목처럼 뻗은 모습이 두루미 같다 하여 붙여진 이름입니다.

큰두루미꽃.
넓은 잎을 양쪽으로 펼치고 가운데 흰 목처럼 꽃대를 올린 모습이 두루미를 닮았다 하여 붙여진 이름입니다. 내륙의 것보다 꽃과 잎이 커 '큰—'자가 붙었죠. 양 날개를 펼치고 하얀 목을 곧추세운 모습이 제법 기품있고 우아합니다.

넓은잎쥐오줌풀.
낮은 산지나 길가에 자생하는 여러해살이풀입니다. 내륙의 쥐오줌풀은 꽃과 잎이 작고, 꽃은 약간 붉은 기가 있습니다. 반면, 넓은잎쥐오줌풀은 잎이 넓고 꽃은 흰색입니다. 5월 하순에서 6월 초순 무렵 울릉도의 낮은 산지나 도로변을 걷다 보면 비교적 흔하게 발견할 수 있습니다. 깃꼴 모양 겹잎이 하얀 꽃무리를 단정하게 받치고 있는 모습이 여간 사랑스럽지 않습니다.

넓은잎쥐오줌풀_ 5월 하순에서 6월 초순 무렵, 울릉도의 낮은 산지나 도로변에서 흔히 볼 수 있습니다.

성인봉과 알봉 둘레길의 분기점에 이르기 전, 울릉국화·섬백리향 군락지가 있습니다. 나리분지가 해발 400m가량 되는 곳이라 그런지 섬백리향꽃은 아직 피지 않았습니다. 울릉국화는 가을에 피고요. 가을이면, 순백의 꽃잎을 활짝 펼치고 하늘거리는 모습을 울릉도 여기저기에서 감상할 수 있을 겁니다.

투막집_ 집의 담장과 바깥 우데기 사이에 공간이 넉넉하여 눈이 와도 마당처럼 사용했습니다. 울릉도 특유의 기후에 어울리는 억새 투막집입니다.

여기에서 조금 더 걸음을 옮기면 억새 투막집을 만납니다. 나리분지와 신령수 사이의 중간 지점입니다. 투막집 옆 들판에 억새 군락지가 있어 억새 투막집이 자연스레 생겨났습니다.
연간 강수량이 1,900mm나 되고 그중 40%는 겨울에 집중되다 보니 가옥 구조 또한 특이합니다. 내륙의 일반 가옥과 달리 통나무를 가로로 어긋나게 쌓아 올린 귀틀집이죠. 2~3m에 이르는 적설량에도 견딜 수 있을 정도로 탄탄합니다. 그리고 집 주위를 억새 우데기로 둘러친 구조입니다. 집의 담장과 바깥 우데기 사이에 공간이 넉넉하여 눈이 와도 자신들의 마당처럼 이용한 그들의 지혜를 엿볼 수 있습니다. 울릉도 특유의 기후에 맞는 구조로 설계된 억새 투막집. 자연은 나무와 억새를 키우고, 인간은 보금자리를 얻었습니다.
성인봉 입구에 이르기 전 신령수에서 목을 축입니다. 목젖을 타고 흐르는 청량감과 시원함이 온몸의 원기를 돋아주죠. 그야말로 신령수(神靈水)입니다. 본격적인 성인봉 등반에 앞서 여기서 잠시 몸을 풀 필요가 있죠. 반대로 성인봉을 내려온 사람들에겐 달콤한 휴식처일 것 같습니다.

나리분지에서 신령수를 지나 성인봉 입구까지 약 2.5km 구간은 평탄하고 호젓한 숲길이지만, 이제부터 남은 2km 구간은 사정이 다릅니다. 성인봉을 오르는 경사는 오르면서 더욱 급해집니다. 계곡을 오른편으로 두고 약 1km 이어진 계단을 오릅니다. 그후 계곡 반대편으로 건너면, 경사는 더욱 급해져서 90°에 가까운 아찔한 절벽 같은 계단을 끝도 없이 오르죠.
성인봉 정상을 약 900m를 남겨두고 잠시 비교적 평탄한 능선이 나타납니다. 이 능선에 들어서기 전, 좌로 난 오솔길에 접어듭니다. 한 사람이 겨우 다닐만한 좁은 길이 능선까지 이어져 있습니다.

이 구간에서 풀꽃 생태를 면밀히 관찰할 좋은 기회를 얻었습니다.

너도밤나무, 산벚나무, 우산고로쇠나무, 그리고 섬피나무 등 아름드리 고목이 울울창창하여, 햇빛은 나무 사이사이를 비집고 점점이 수풀에 닿을 뿐입니다. 그래도 땅 가까이 반그늘인 곳에서 풀꽃은 빽빽이 들어차 있습니다. 풀과 나무의 공존으로 건강하고 조화로운 원시림을 이루었죠.

몸을 낮추어 풀꽃을 감상합니다. 윤판나물아재비가 넓게 퍼져 있고 중간중간에 큰두루미꽃이 군락을 이루었습니다. 나리분지의 큰두루미꽃은 이미 쇠하고 열매를 맺으려 하는데 이곳은 지금이 한창입니다. 하얗게 빛나는 작은 은촛대 형상이 눈부십니다. 다시 수풀 사이를 주의 깊게 관찰하니, 비교적 긴 꽃대를 따라 작은 별꽃이 이어 핀 풀꽃이 보입니다. 헐떡이풀입니다.

가파른 계단_ 성인봉의 산등성이를 오르는 가파른 계단.

헐떡이풀.

숨을 헐떡이는 천식에 좋은 약초여서 붙여진 이름입니다. 일본, 중국에도 분포하지만, 한국에서는 울릉도가 유일한 자생지입니다. 뾰족 내민 꽃대에 작은 별꽃이 일정한 간격으로 어긋나게 피었습니다.

산기슭은 한창 제철을 맞은 풀꽃으로 무성합니다. 수풀 사이를 조심스레 비집고 10분가량 오르면 능선과 다시 만납니다. 겨우 숨을 고르며 길 주변을 살핍니다. 능선 오솔길에는 콩제비꽃 군락이 보입니다. 비교적 햇볕을 많이 받을 수 있는, 이를테면 목이 좋은 곳이지요. 군데군데 섬말나리가 보이지만, 아직 꽃봉오리조차 맺히지 않았습니다. 이 능선은 해발 700m 되는 고지대이니 6월도 하순에 가서야 꽃이 필 겁니다.

헐떡이풀_ 숨을 헐떡이는 천식에 좋은 약초여서 붙여진 이름입니다. 한국에서는 울릉도가 유일한 자생지입니다.

윤판나물아재비_ 울릉도 중산간 자락에 군락을 이루며 자생하는 여러해살이풀입니다. 녹색을 띤 황백색 꽃 1~3송이가 아래를 향해 핍니다.

윤판나물아재비.

울릉도 중산간 자락에 군락을 이루며 자생하는 여러해살이풀입니다. 언뜻 보면, 둥굴레 잎을 닮아서 혼동하기 쉽습니다. 하지만 줄기를 보면 쉽게 구분할 수 있습니다. 둥굴레가 활처럼 휘어진 하나의 줄기가 옆으로 뻗는 데 비해, 윤판나물아재비는 줄기가 곧게 서고 위쪽에서 가지가 갈라집니다. 녹색을 띤 황백색 꽃 1~3개가 아래를 향해 달립니다.

콩제비꽃_ 다른 제비꽃에 비해 꽃이 작아 붙여진 이름입니다.

콩제비꽃.

다른 제비꽃에 비해 꽃이 작아 붙여진 이름입니다. '콩―', '애기―', '좀―' 등이 꽃 이름의 앞에 붙으면, 그 풀꽃이 같은 종의 다른 꽃에 비해 작다는 뜻입니다. 울릉도에서는 나리분지, 태하 등에서 군락을 이룹니다.

세월을 가늠하기 힘든 섬피나무 고목 서너 그루는 나무 담장에 둘러싸인 채 보호받고 있습니다. 오랜 풍파를 견디기 힘들었는지 나무 기둥의 속이 깎인 채 앙상한 껍질에 의지하면서도 생명을 이어가는 모습이 경이롭습니다.

섬피나무_ 세월을 가늠하기 힘든 섬피나무.

반질반질한 진한 녹색의 섬조릿대도 이곳 성인봉 고지대에서나 볼 수 있는 식물입니다. 이대에 비해 잎이 넓고 키는 작은 편이죠. 능선이 끝나고 다시 데크 계단을 오르는 길에는 선갈퀴와 섬남성이 한창입니다.

섬조릿대_
이대에 비해 잎은 넓고 키는 작은 편입니다.

선갈퀴.
곧게 선 네모 줄기에 일정한 간격으로 6~10장의 잎이 돌려난 것이 특징입니다. 울릉도 자생식물로 울릉도 중산간 지대 숲길에서 비교적 흔하게 볼 수 있습니다. 4장의 꽃잎이 '+'자 모양으로 몇 송이씩 모여 피어납니다.

선갈퀴_
곧게 선 네모 줄기에 일정한 간격으로 6~10장의
잎이 돌려난 것이 특징입니다.

성인봉 원시림_ 성인봉에서 바라본 원시림. 성인봉을 중심으로 말잔등, 천두산, 나리봉, 미륵산, 형제봉 등 해발 600m 이상의 산들을 통칭하여 '성인봉 원시림'이라 합니다.

정상을 약 300여m 남겨두고 숨이 턱 밑까지 차오를 즈음 반가운 약수터가 나타납니다. 갈증을 풀고 나무 벤치에 앉아 잠시 휴식을 취합니다. 고개를 들어 천천히 사방을 훑어보면 이곳이 왜 원시림인지 이해할 수 있습니다.

성인봉을 중심으로 나리분지를 향할 때 동으로 말잔등, 천두산, 나리봉, 서로는 미륵산, 형제봉 등 해발 600m 이상의 산들이 물결치듯 이어지죠. 우리는 이를 통칭하여 성인봉 원시림이라 부릅니다. 오랜 기간 큰 피해 없이 인간의 간섭을 받지 않아 자연 그대로의 모습을 간직한 숲이죠. 앞에서 언급한 대로 울릉도에서나 볼 수 있는 희귀한 자생식물 천지입니다. 성인봉 원시림이 천연기념물(제189호)로 지정되어 보호받고 있는 이유이죠.

성인봉 고지대에서 정상에 이르는 구간엔 뭐니 뭐니해도 양치식물의 천국입니다. 성인봉에서 나리분지로 향하는 길이 북사면이고 너도밤나무를 비롯한 거목이 그늘을 만들어주어 이끼와 고사리가 살아가는 데 안성맞춤이죠. 특히 고지대에 많이 분포하는 일색고사리, 공작고사리, 왕고사리 등을 관찰할 수 있습니다. 고사리는 크게 보면 다 비슷비슷해서 구분하기에 참 어렵습니다. 그러나 성인봉 주변에서 관찰한 고사리 명칭엔 '일색—', '공작—', 그리고 '왕—'이란 명칭이 붙어서 이름의 특징대로 관찰하면 어렵지 않게 구분할 수 있습니다.

일색고사리.

제주도와 울릉도에 분포합니다. 성인봉 정상 주변의 그늘진 숲속에서 자라는 늘푸른 여러해살이풀입니다. 앞뒷면 색이 같아 '일색—'이란 이름을 얻었습니다. 작은 깃모양쪽잎은 긴 둥근꼴로 가장자리에 톱니가 있습니다.

일색고사리_ 성인봉 정상 주변의 그늘진 숲속에서 자라는 늘푸른여러해살이풀입니다. 잎의 앞뒤가 색이 같아 '일색-'이란 이름이 붙었습니다.

공작고사리.

전체적으로 부채꼴로 공작이 깃을 펼친 듯한 잎 모양이어서 얻은 이름입니다. 다른 고사리들과 달리 작은 깃모양잎 아랫면은 직선이고 윗면에는 얕은 톱니가 있는 점이 특징입니다.

공작고사리_ 전체적으로 잎이 부채꼴로 공작이 깃을 펼친 듯한 모양이어서 얻은 이름입니다. 다른 고사리들과 달리 작은 깃모양잎 아랫면은 직선이고 윗면에는 얇은 톱니가 있는 것이 특징입니다.

왕고사리.

보통 고사리보다 잎이 2~3배 커서 '왕—'이란 명칭을 얻었습니다. 울릉도 중산간 지대부터 고지대까지 자랍니다.

왕고사리_ 보통 고사리보다 2~3배 잎의 크기가 커서 '왕-'이란 이름을 얻었습니다.

발가락이 쑤시고 무릎에 힘이 풀려 기진할 무렵, 정상을 알리는 이정표가 나타납니다.

'성인봉 0.02km'
마지막 좁은 오솔길을 오르면, 예상외로 사방에 무성한 마가목으로 시야가 가려 좀 답답한 느낌입니다. 가운데 돌무더기 위로 '聖人峯(성인봉)' 표지석이 외로이 자리를 지키고 있습니다. 북편 나무 사이 바위에 조심스레 오르면, 좌로는 미륵산, 형제봉에서 송곳봉까지, 우로는 말잔등에서 나리봉에 이르기까지 기운찬 산의 맥을 감상할 수 있습니다. 눈부시도록 만발한 마가목꽃 위로 무변장대(無邊壯大)한 시퍼런 창해(蒼海)와 푸른 하늘은, 어디가 하늘이고 어디가 바다인지 문득 당황스러울 정도입니다. 싱싱한 초록의 마가목 때문인지 눈이 시리도록 파란 배경이 끝없이 펼쳐진 덕분인지 황홀한 풍광입니다. 이때쯤 성인봉이 왜 '聖人峯'인지 퍼뜩 깨달음이 듭니다.

성인봉_ 성인봉 정상(해발 986m) 표지석.

'초록 숲, 푸른 바다,
파란 하늘이 온통 하나인 것을,
무에 그리 구별하고 비교하려 하는가 이 중생아!
내가 우주고 우주가 나인 것을….'

울릉도의 중심,
성인봉 한 점에서 한참을 그렇게 서 있었습니다.

울릉도 나리분지~성인봉에서 만난 주요 풀꽃

고사리[일색고사리, 공작고사리, 왕고사리], 넓은잎쥐오줌풀, 산마늘, 선갈퀴, 섬남성, 섬말나리, 섬바디, 섬조릿대, 억새, 윤판나물아재비, 콩제비꽃, 큰두루미꽃, 헐떡이풀 (15종)

[탐방일(2회) : 2021.05.26 / 05.30]

제2부 고원(高原)의 풀꽃세상

두문동재

곰배령

고원(高原)의 사전적 정의를 보면, '해발 600m 이상에 있는 넓은 벌판'을 의미합니다.
고원 하면 얼른 곰배령이 떠오릅니다. 해발 1,164m에 약 5만평의 드넓은 평원이 펼쳐지는 곳이죠.
곰배령에서 자라는 수많은 야생화를 보며 다른 고원 지대는 어떨까 궁금했습니다.
점봉산 곰배령에 더하여 태백산 두문동재와 방태산 능선의 고원 지대를 둘러보고, 이들에게 몇 가지 공통점이 있음을 알게 되었습니다. 해발 1,000m를 넘는 고원이며 비옥한 토양의 육산(肉山)이고, 연평균 강수량이 1,200mm 내외(여름에 집중)로 식물이 생장하기에 좋은 조건을 갖추고 있습니다. 이뿐만 아니라 풍부한 일사량과 일정한 습도를 유지하고 있습니다. 이를 바탕으로, 강원도 고원 지대에 양지 식물뿐 아니라 반음지 식물이 어떻게 폭넓게 분포하는지 살펴보았습니다.

방태산

제 1장 곰배령 산상화원

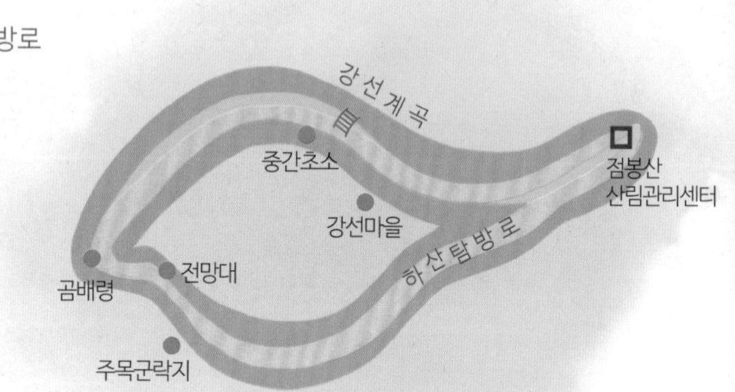

몸이 산야에 묻혀있음이라!

고요한 계곡에
비바람이 몰아칩니다.

계곡물은 불어나
두 귀가 먹먹합니다.

질정 없는 탐방에
발걸음이 무겁습니다.

우의가 들러붙어
주인을 탓합니다.

머뭇거림보다
먼저 닿은 신호, 배고픔.

마주친 산중 마을에
무작정 발을 들였습니다.

신선이 노닐다 간다는
하늘 아래 첫 동네, 강선마을!

부랴부랴 찾아든 오두막,
주인은 간데 없습니다.

진저리치며 몸을 추스르니
눈에 들어오는 네모난 창

이어지는 풍경과 소리,
— 전신을 떠는 벌개미취,
흙냄새,
비바람,
계곡물 소리,
그리고 멀리서 개 짖는 소리……

마음은 가라앉으며
허공에 눈이 멎습니다.

'몸이 산야(山野)에 묻혀 있음이라!'

꽃길은 이어지고

쏴~쏴~~~.

하얀 포말을 가득 품은 채 엉키고 뒹굴며 밀려오는 계곡물.

어제 하루 내내 내린 비를 분명히 기억시키겠다는 듯한 기세입니다.

계곡물_ 하얀 포말을 가득 품은 채 엉키고 뒹굴며 밀려오는 계곡물.

투구꽃_ 꽃잎 위 투구처럼 씌워져 있는 부분은 꽃받침입니다.

생태관리센터를 얼마 지나지 않아 우리를 먼저 반긴 친구는 투구꽃입니다.

"어제 우리 잠깐 만났잖아요?"

먼저 아는 체를 합니다.

"그럼, 만나고말고. 처음으로 만난 너를 잊을 리가 있겠는가!"

그는 자존심 강한 로마 병정처럼 제법 위로 솟은 투구를 얼굴 위에 치켜세우며 우쭐거립니다.

쑥처럼 결각이 심한 잎에 이슬이 맺혔습니다. 그들은 강선 계곡을 동행할 가을 전령입니다.

얼마를 더 걸으면 하얀 속살의 보라 꽃을 주렁주렁 꽃대에 매단 귀여운 녀석이 등장합니다. 산박하입니다. 그 또한 천상의 화원까지 우리와 동행합니다. 잎 모양이 깻잎을 닮아 '깻잎나물'이라는 별칭도 있습니다. 산박하는 여름에 꽃이 한창이죠. 하지만, 지금도 주렁주렁 꽃을 달고 한들거립니다. 자기를 보아달라고…….

계곡을 좌로, 산기슭을 우로 두고 약 2km를 걷습니다. 이 구간은 평지에 가까워 계곡물은 불었으나 드세지 않습니다. 하지만 우측의 산기슭은 골 팬 곳마다 굽이굽이 작은 폭포를 이루어 눈요기에 그만입니다. 국립공원답게 세심한 치수 관리에 힘쓴 덕분인지 흘러내린 물을 가둬두는 웅덩이가 실하여 배수가 원활합니다.
관리센터에서 약 1km 오르면 약간의 경사로 골짜기에 생긴 바위 폭포 소리가 제법 귓가를 때립니다.
시원한 물소리, 나뭇잎 사이로 들어오는 햇살, 그리고 적당한 가을바람……

산박하_ 잎모양이 깻잎을 닮아 '깻잎나물'이라는 별칭도 갖고 있습니다.

몸과 마음이 가볍습니다. 걷는 발걸음도 경쾌하죠. 그런 가운데 수시로 발길을 붙잡는 친구가 있습니다. 금강초롱입니다. 푸르스름한 기운을 은은하게 드리우고 있는 꽃. 우리 고유 야생화의 대표 명사입니다. 이름도 우리나라 전통의 불 밝히는 '초롱'에서 따왔습니다. 초롱꽃은 그 이름처럼 단아(端雅)하고 사랑스럽죠. 가녀린 줄기를 쑤~욱 올려놓고 끄트머리에 연한 연보라 초롱불을 밝히는 모습. 깔끔하면서 고결(高潔)한 인상을 주기에 손색이 없습니다.

금강초롱_ 푸르스름한 초롱꽃이 신비스러움을 더합니다.

다시 계곡을 가로지르는 목교(木橋)를 건넙니다. 곰배령으로 오르는 전체 5.1km 가운데 중간 지점입니다. 여기서부터 곰배령의 속살이 드러납니다. 다름 아닌 원시림의 모습이죠. 먼저 산기슭이 온통 이끼 천지입니다. 이끼 산이라 해도 과언이 아닙니다. 가지가 부러지거나, 뿌리까지 뽑혀 뒹구는 나무, 군데군데 박혀있는 바위, 심지어 지금 생장하고 있는 나무 기둥에도 온통 초록 이끼 옷을 입었습니다. 이끼는 수분을 충분히 품고 있어서 여름에도 숲을 시원하고 서늘하게 해줍니다. 무엇보다도 사람들의 손길과 발길이 닿지 않은 원시림의 상징입니다.

이어서 관중이 눈에 들어옵니다. 잎의 길이만 1m가 넘는 친구들이 즐비합니다. 홀씨로 번식하는 양치류는 그 역사만도 2억년 이전부터 살았던 고생대 식물이라 하니, 원시림의 신비가 한층 격을 더합니다. '돌도끼를 들었다면 딱 그 시대겠구나!' 싶습니다.
이제 해발 고도가 제법 높아져 계곡물을 우측 저 아래에 두고 숲길을 오릅니다.

이끼와 고사리_ 곰배령 산기슭은 온통 이끼와 고사리로 뒤덮여 원시림을 방불케합니다.

길섶의 단풍취는 열매를 맺었습니다. 가끔은 꽃이 피어 있는 모습도 눈에 띕니다. 30~40cm 곧은줄기를 하늘로 뻗어 일정한 간격으로 실꽃을 피운 단풍취. 가녀리고 소박한 느낌입니다.
산박하와 투구꽃은 내내 번갈아 나타나는 길동무입니다. 초록 일색인 숲에 보라 꽃이 중간중간에 나타나 탐방객들의 주목을 받습니다. 반듯하게 쭉쭉 뻗은 잣나무 숲길 사이로 간간이 햇살이 어른거립니다.
곰배령 가는 길에는 숨겨진 보석이 많습니다. 그중 하나가 흰진범입니다. 곰배령 정상에 다다르기 몇 백 m 못 미쳐 작은 쉼터 옆, 하얀 꽃대를 드러냈습니다. 그러나 이를 알아차리는 이는 별로 없는 듯합니다. 쉼터 옆을 약간 비껴나 피어난 탓입니다.

단풍취_ 꽃대를 곧게 올려, 일정한 간격으로 실꽃을 손가락 펴듯이 꽃을 피웁니다.

이 꽃을 자세히 관찰한 이라면 쉽게 잊을 수 없습니다. 한 번 상상해 보세요. 앙증맞은 하얀 새끼오리들이 앞서거니 뒤서거니 하며 주둥이를 마주하고 갸웃거리는 모습 말입니다. 오리 궁둥이 부분의 꽃잎은 연보라 색조를 살짝 드리운 채 위아래 입을 벌리고 있는 모습이죠. 곰배령 정상에 오르기 직전의 계단 옆에서도 두세 그루가 피어, 이웃한 단풍취와 어울려 있습니다. 지난 4월, 천마산에서 만난 흰진범 새싹도 지금은 이처럼 활짝 피어났겠죠? 곰배령 정상부에 다다르기 직전, 비탈 길섶엔 산박하가 산상정원(山上庭園)을 맘껏 구경하고 오라고 열을 지어 환송합니다. 그 대열엔 노란 눈괴불주머니, 곰취, 짚신나물, 이삭여뀌, 흰진범, 둥근이질풀 등등이 섞여 있습니다. 계단 사이사이엔 질경이가 단단한 열매를 맺었습니다. 그 짧은 오름길에 귀한 녀석들이 어찌 그리 올망졸망 모여 사는지 신기하기만 합니다. 바람이 심하고 햇빛이 아쉬운 산상에서 숲의 길섶은 정말 최적의 서식처인가 봅니다. 인간이 상처를 입히지 않는다면 말입니다.

흰진범_ 오리새끼들이 앞서거니 뒤서거니 하며 주둥이를 마주하고 기웃거리는 모습이 귀엽습니다.

'곰이 하늘로 배를 드러내고 누운 형상', 곰배령.
해발 1,164m에 약 5만 평의 드넓은 평원.
식물의 북방 한계선과 남방 한계선이 만나는 곳.
곰배령이 '천상(天上)의 화원(花園)'으로 불리는 이유입니다.
북쪽으로 점봉산으로 오르는 능선이 보이고, 그 너머 설악산 소청봉과 대청봉이 어렴풋합니다.
오늘은 구름이 많고 바람이 좀 불지만, 여기에선 이 정도면 괜찮은 날씨입니다.
곰배령 남쪽 능선, 물푸레나무 숲길을 따라 오르면 쉼터가 있습니다.
과일과 빵으로 간단히 점심을 때우고 풀꽃을 만나러 갑니다.

먼저 쉼터에서 화원으로 내려오는 길에 만난 친구는 둥근이질풀입니다.

둥근이질풀_ 9월 중순, 곰배령 산상화원을 뒤덮다시피 한 둥근이질풀.

산상화원의 주인공은 역시 자신이라는 듯 넓은 산등성이에 분홍 꽃을 수놓았습니다. 곰배령의 가을에 따뜻한 사랑이 남아있음은 어쩌면 이 친구들 덕분인지 모르겠습니다.
국화과의 곰취와 단풍취도 강선계곡에서 곰배령까지 폭넓게 분포합니다. 모두 비교적 비옥한 습지를 가졌기에 잘 자랍니다. 곰배령의 기후와 토질이 잘 맞는가 봅니다. 특히, 넓은 잎을 사방에 펼쳐대는 곰취는, 쌈이나 장아찌로 이용되어 우리 조상의 먹거리로 친숙했던 식물입니다.
곰배령에서 또 하나 빠트릴 수 없는 친구가 있습니다. 고려엉겅퀴입니다. 그 이름이 다소 생소하겠지만 '곤드레'라 하면 누구에게나 친숙하죠. 나물이나 곤드레밥으로 일반에 널리 퍼져 있기 때문입니다. 강원도 정선에 가면 곤드레밥을 하는 식당이 널려 있습니다.

고려엉겅퀴_ 곰배령에서 '곤드레'라 불리는 고려엉겅퀴를 만날 수 있습니다. 9월 중순, 만개한 모습.

지금 9월에, 마침 보라 꽃이 만발하였습니다. 요즈음엔 도시에서 엉겅퀴를 자주 보지 못하는데 여기에서 물리도록 봅니다. 어린 시절, 행상하시던 어머니를 기다리느라 동네 어귀에서 어정거리노라면, 여기저기에 피어난 엉겅퀴가 길동무하곤 했죠. 우리 고유의 야생화다운 정겨움과 수수함을 간직하고 있습니다.
이어서 눈에 띄는 친구가 마타리와 짚신나물입니다. 노랑꽃을 꽃대 끝에 주렁주렁 달고 있어서 그러하겠죠. 큰 마타리는 1m도 넘게 자라 멀리서도 쉽게 찾을 수 있습니다.
잘 관찰해보면 동자꽃, 송이풀, 꿩의비름, 용담 등등도 보입니다. 동자꽃은 여름꽃이어서 거의 자취를 감추었습니다. 용담 또한 꽃의 모습을 겨우 유지한 채 풀숲 사이에 숨어 겨우 얼굴을 내밀고 있습니다. 그래서 더욱 소중한 느낌입니다. 꿩의비름도 드물게 발견됩니다.

백색인 듯 분홍의 꽃뭉텅이가
탐스러워 자꾸 눈길이 갑니다.
'너희를 만나서 기쁘다.
언제 다시 만날꼬……'

마타리_ 여름과 가을에 걸쳐 꽃을 피우는 마타리.

촛대승마_ 주변 습도가 높은 반 그늘에서 잘 자랍니다.

생태관리센터에서 얻은 안내서엔 100가지 우리 꽃이 소개되어 있습니다. 그중 8월과 9월에 걸쳐 피어나는 꽃이 50가지 소개되어 있는데, 제가 찾은 꽃은 그중 반수가 되는 것 같습니다. 일부는 꽃이 지거나 손상을 입어 잘 구별하지 못한 탓도 있습니다. 내년 8월 하순에 다시 방문하면 좀 더 식별하여 소개할 수 있을 것 같습니다.

관리센터로 돌아오기 몇 백 m 전, 저만치에서 아내가 부릅니다.
"여보, 여기 좀 봐요."
뛰듯이 찾아간 곳, 습한 나무 그늘에 흰 꽃줄기가 환합니다. 순간 촛대승마임을 금방 알 수 있었습니다. 수도 없이 도감에서 익히고 또 익혔으니까요. 5조각의 하얀 꽃받침이 흰 꽃을 받치고 있습니다. 여름꽃인데도 그늘에서 늦게 피어난 탓인지 지금 만개하여 촛불처럼 주변을 환하게 밝힙니다.
풀꽃 탐방의 재미와 감동이 더해지는 순간입니다.
옛날이면 꼬박 하루 달려와야 닿을 수 있었던 곳, 점봉산 곰배령. 이제는 한걸음에 달려와 호사스런 만남을 잇고 있으니 이 어찌 기쁘지 않겠습니까! 우리 강산에 이리 귀한 유네스코 유전자 보호구역이 생생히 살아있음에 감사합니다.

가을이 깊어가는 소리

곰배령의 가을은 빠르고도 깊습니다.

해발 600~700m 고도의 산중, 평균기온이 도시보다 2~3°C가 낮죠.

점봉산 자락을 타고 가을이 깊어갑니다.

강선계곡 오솔길을 걷습니다.

단풍_ 곰배령 계곡길, 가을이 깊어갑니다

계곡을 따라 푸르렀던 나무들이 드디어 울긋불긋 물들었습니다.

역시 가을의 백미는 타들어 갈 듯 붉게 물든 단풍 아닌가 싶습니다.

그런 그에게 사실 좀 미안하기도 합니다.

몇 번을 방문했건만 이 계곡 길에 당단풍나무가 그렇게 많은 줄은 몰랐거든요.

보아야 비로소 존재를 알아차리는 제 미욱함을 탓합니다.

어쨌든, 지금이나마 이 길을 '단풍길'이라 명명하고 그 미안함을 대신합니다.

단풍취 또한 '단풍길' 따라 여기저기에서 가을을 타고 있습니다.

10월에 들어 이곳에는 비가 거의 오지 않았습니다.

그럼에도 계곡물 소리는 비가 하루 내내 내렸던 9월의 방문 때와 큰 변화가 없습니다.

산숭수심(山崇水深)!
산이 높으니 골이 깊은 까닭입니다.
촬촬촬~~~ 꿀룩~꿀룩~
낙차가 없는 바위 계곡이니 물이 돌고 돌아 맥놀이 끝에 바위를 만나 엉킵니다.
잘 들으면 여러 소리와 강약이 섞여 있습니다.
수정 같은 물 위에 단풍이 참 곱습니다!
이 녀석들은 매양 무엇이 그리 신났는지 합죽선(合竹扇) 펼치듯 저마다 팔을 활짝 펼치고
화려한 군무(群舞)를 펼칩니다. 바람에 리듬까지 타며 말입니다.

계류성 단풍무(溪流聲 丹楓舞)!
계곡물이 흐르며 소리를 들려주니,
단풍은 절로 신이 나 춤을 춥니다.
잠시 그들의 향연(饗宴)에 취한 저 자신을 거두고
목교를 건너 관리초소를 지납니다.
여기서부터 저 아래 계곡은 더욱 깊어지고
산비탈은 조금씩 경사를 더해갑니다.
작은 꽃을 주렁주렁 달고 하늘거리던 산박하꽃은
이미 자취를 감추었습니다.
대신 군데군데 투구꽃이 한쪽에서는 열매를 맺고
한쪽에서는 못다 핀 꽃송이가 보입니다.
가을의 허리를 넘으면 뭇 풀꽃들은 더욱 분주해집니다.
보통 때보다 늦게 싹을 틔우고 꽃대를 이제 막 올리고
있는 녀석들은 하루가 바쁩니다. 시시각각 기온이
내려가는 이 시점에는 제 키에 이르지 못하여도
꽃을 피웁니다. 그만큼 열매 맺기는 절실합니다.
산상화원이 가까워지면서 그동안 푸릇함과 화사한
꽃을 자랑하던 풀꽃들은 이미 잎이 탈색되고
열매를 맺은 지 꽤 지났습니다.

계류성 단풍무_ 계곡물 소리에 단풍은 한들거립니다.

둥근이질풀_ 둥근이질풀의 잎이 붉게 물들어 분홍꽃과 조화를 이룹니다.

곰배령 고원의 너른 들판에도 단풍이 들었습니다.
그러나 가까이 다가가서 감상해야 제대로 그 멋을 즐길 수 있습니다. 둥근이질풀의 잎은 붉게 물들어서 짙은 분홍꽃과 조화롭습니다. 그 옆을 보면 이미 꽃이 지고 잎은 짙붉게 타들어갑니다.
가을이 깊어감은 화려한 단풍보다 풀꽃 잎의 색감(色感)에서 절절합니다.
'아! 가을이 곧 가겠구나!'라는 아쉬움이 가슴에 스며듭니다. 검붉게 짙어가는 풀꽃 때문이죠.

고원을 내려오는 계단 옆에 새로이 꽃을 피운 산박하는 그 끈적끈적한 미련스런 아쉬움을 단적으로 대변해줍니다. 잎은 검붉게 물들어가는데 꽃은 꽃대를 채 다 올리기도 전에 꽃을 피웠습니다. 우리네 삶도 이러하지 않을까요? 어쩔 수 없이 가을을 타면서도 못 이룬 부분을 서둘러 이루려고 꽃부터 피우려는 절박함 말입니다.

화원에는 보랏빛 꽃이 한창 고운 산마늘, 이제 바람과 찬 기운에 눌렸는지 용담은 꽃 모양을 겨우 유지하고 있고, 분홍 색조를 띤 흰 꿩의비름은 이제 온데간데없고 불그스름한 열매만 머리에 얹고 있습니다. 곰취와 단풍취만큼이나 지천으로 깔린 고려엉겅퀴도 성성하던 보라 바늘꽃이 한풀 꺾여 있는가 하면, 한쪽에서는 거의 탈색된 채 열매가 익어가고 있습니다.
한 장면 장면을 찍느라고 그때그때 마다 무릎 꿇고 몇 분을 면화참선(面花參禪)합니다. 기다림의 미학(美學)이라고 자위하면서…….

산박하_ 꽃대를 올려 꽃을 피우기 바쁘게, 잎은 검붉게 물들어갑니다. 하루빨리 열매를 맺으려는 절박함입니다.

드센 바람과 10℃를 밑도는 한기에 손이 얼얼합니다. 새삼 백두산에서 한 컷을 채화(採花)하기 위해 몇 날을 칩거하는 선배님들 생각이 절로 떠오릅니다. '나는 차라리 장난 짓이다.'라는 생각도 듭니다. 하지만 정성만큼은 빠지고 싶지 않네요.

꿩의비름_ 10월 초, 불그스름한 열매를 맺은 꿩의비름.

화원 바로 아래 계단 길에는 전(9월)처럼 많은 친구가 환송해줍니다. 질경이는 그 단단한 꽃대가 제법 곱게 물들었습니다. 곰취 옆에 있는 멸가치는 하얀 꽃송이를 꽃대 끝에 건강하게 달았습니다. '나는 지금이 한창이야!' 하는 듯이 말이죠. 이삭여뀌도 아직 붉은 기운을 보이고…. 짚신나물, 흰진범, 눈괴불주머니, 산박하 등등은 열매 맺기에 전력투구하는 모양입니다.

아! 잊을 뻔 했습니다. 계곡 길을 오르는 중에 꼭 다시 찾아보고 싶은 풀꽃이 있었죠. 금강초롱과 흰진범입니다. 그만큼 9월 방문 때 그들의 인상이 깊이 뇌리에 박혀있었던 모양입니다. 그러나 관리센터에서 출발하여 계곡 길을 한참 걸어도 초롱꽃은 찾을 수 없었습니다. 순간 내 아둔함을 탓했습니다. '여태 꽃이 남아있을 리가 없지!' 하는 수 없이 그때 잎 모양을 떠올리며 그 열매를 찾았습니다. 다행히 금강초롱은 여기저기에서 여전히 자라고 있는 덕에 어렵지 않게 찾을 수 있었습니다. 잎은 누렇고 열매는 검게 익어갑니다.

금강초롱_ 10월 초순, 금강초롱이 열매를 맺었습니다.

흰진범_ 10월 초순, 흰진범이 열매를 맺었습니다.

이번에는 지난번 기억해 둔 흰진범을 찾았습니다.
꽃은 온데간데없지만, 열매를 주렁주렁 달았습니다.
그들을 다시 찾아 그 변화를 기록할 수 있어 기쁩니다.
이제 오후 2시가 넘었습니다. 연휴를 틈타 곰배령을 찾았던 탐방객들이 어느 틈에 사라졌습니다. 이제 온전히 산(山)의 소리와 경치에 몰입하며 하산합니다.
좌측 저 아래 계곡물 소리가 귀에 가득합니다. 우측 산기슭에서 불어오는 드센 바람이 뒤섞입니다. 순간, 무엇이 바람 소리고 무엇이 물소린지 모르겠습니다.
이어지는 생각,
'굳이 왜 나누려고 애쓰는가! 바람이든 물이든 함께 묻혀 소리인 것을. 그 소리 속에 또한 내가 묻혀있으니 그뿐이라! 내 몸과 마음도 온통 소리에 묻혀있다.' 소리와 경치의 경계를 넘나들다, 마침내 '소리길'로 다가온 곰배령 계곡 길을 무심하게 걷습니다.
추색 추음(秋色 秋音)이 그윽하니 추심(秋心)이 깊어갑니다.

곰배령에서 만난 주요 풀꽃

까실쑥부쟁이, 고려엉겅퀴, 곰취, 구절초, 꿩의비름, 금강초롱, 노랑물봉선, 눈괴불주머니, 단풍취, 동자꽃, 둥근이질풀, 물레나물, 마타리, 범의꼬리, 산마늘, 산박하, 송이풀, 용담, 이삭여뀌, 질경이, 짚신나물, 참당귀, 촛대승마, 투구꽃, 흰진교 (25종)

[탐방기간 : 2020.09.12~10.10]

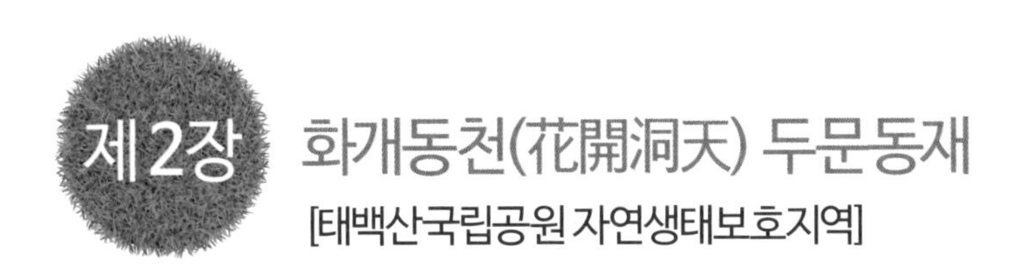

제 2장 화개동천(花開洞天) 두문동재

[태백산국립공원 자연생태보호지역]

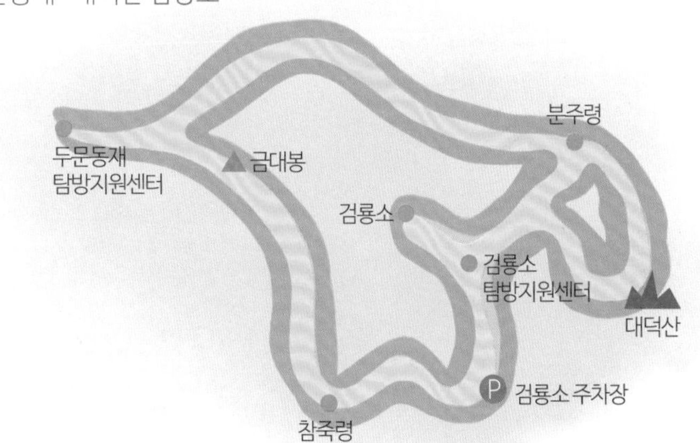

분주령을 거쳐 대덕산까지

봄볕이 따스합니다.

두문동재에 들어서니 겨울을 이겨낸 나무들이

얼기설기 얽혀 자랍니다. 함박꽃나무, 철쭉나무, 피나무,

노린재나무, 고로쇠나무, 단풍나무, 신갈나무 ……. 하지만 놀랍게도 아직 앙상한 가지뿐입니다.

이미 4월 하순에 들어섰는데 어찌된 영문일까요? 태백산의 겨울이 아직 끝나지 않은 걸까요?

두문동재 숲길_ 4월 하순, 놀랍게도 아직 앙상한 가지만을 드리운 채 낙엽만 수북합니다.

참 묘한 느낌입니다.
1시간 전만 해도 태백에 들어오기 전에 길가나 산기슭엔 제법 신록으로 생기가 가득했으니까요.
잠시 걸음을 멈춰 생각을 더듬어보니 그럴 듯도 합니다.
이곳 두문동재는 해발 1,268m입니다. 2년 전 4월(2019.4.10), 태백지역에 폭설이 내렸다는 사실을 되뇌면, 금방 고개를 주억거리게 됩니다. 낙엽이 수북이 쌓인 나목(裸木) 숲길을 걷노라면, 마치 타임머신을 타고 몇 주 과거로 날아온 듯 신기합니다.
그래도 이제는 이곳에도 따스한 기운이 숲길 따라 스멀스멀 올라옵니다. 걸음을 늦추고 몸을 낮춰 주변을 살펴봅니다. 또 한 번 새로운 놀라움과 기쁨에 걸음을 멈춥니다. 바스락거리는 낙엽 사이에서 꼬물꼬물 봄꽃들이 올라오고 있거든요.
오늘은 운 좋게도 이곳 숲 해설사인 박인섭 님을 탐방 길 입구에서 만났습니다. 마침 휴무인 오늘, 부인과 함께 산책을 나오셨나 봅니다. 친절하게도『우리꽃 야생화』책자를 건네주시고 이런저런 안내를 해주셨습니다. 그분의 말씀에 따르면, 이른 봄꽃을 보지 못한 분들이 4월 하순에서 5월 초순에 걸쳐 이곳으로 모여든다고 합니다. 다른 지역에서는 이미 시기가 지났지만, 이곳에서는 봄꽃이 한창 시작되는 이유이지요. 지금으로서는 우리 부부가 유일한 첫 탐방객일 것 같습니다.
우선, 두문동재 탐방지원센터에서 금대봉과 갈라지는 분기점까지 약 700m 숲길 구간에서 만난 풀꽃을 소개해볼까요?

얼레지.
4월 초, 천마산에서 본 모습과 흡사합니다[☞ 천마산 얼레지]. 다만, 잎의 갈색 반점은 별로 보이지 않습니다.
초록의 두 잎을 기세 좋게 펼치고 비상을 준비하는 봄새(春鳥)의 모습입니다. 봄의 힘찬 기운이 느껴집니다.

꿩의바람꽃.
4월 초, 천마산에서 본 모습과 흡사합니다[☞ 천마산 꿩의바람꽃]. 하얀 꽃받침을 부채를 펼치듯 활짝 열었습니다. 아무리 보아도 사랑스럽고 화사합니다.

선괭이눈.

작은 꽃망울들을 떠받들 듯 펼치고 있는 노란 꽃싸개 잎이 인상적입니다. 꽃처럼 노란색을 띠어 작은 꽃을 큰 꽃으로 보이게 하죠. 멀리서도 곤충이 쉽게 식별할 수 있도록 진화한 결과입니다.

수리산 수암봉 계곡의 선괭이눈보다 노란 형광색이 더욱 밝고 선명합니다[☞ 수리산 수암봉 계곡 선괭이눈]. 4월 중순을 지난 시점이라, 일조량이 많고 성숙한 개체를 만났기 때문이겠죠?

선괭이눈_ 노란 꽃망울을 떠받들 듯 펼치고 있는 노란 꽃싸개 잎이 인상적입니다.

산괴불주머니_ 부엽토가 있는 양지의 산지에서 잘 자라는 산괴불주머니. 봄볕을 가득 받으며 생육이 왕성합니다.

산괴불주머니.

잎은 쑥잎의 모양을 닮았지만, 만져보면 여간 보드랍고 여리지 않습니다. 짧은 기간에 빠른 생장을 하는 이른 봄꽃의 풀잎들이 갖는 공통적 질감입니다. 줄기 끝에 오리주둥이 모양의 노란 꽃을 줄줄이 달고 벌을 유혹합니다.

중의무릇.

여느 무릇이 그렇듯 가늘고 긴 풀잎을 갖고 있어 꽃이 피기 전에 정체를 알기 어렵습니다. 풀잎 사이에 줄기를 올리고 그 끝에 잎을 틔웁니다. 그리고 다시 꽃대를 올려 노랑 꽃을 피우죠. 피침형 꽃이 6각의 별 모양으로 펼쳐져 있고, 그 위의 노란 꽃술이 비스듬히 일어나 있습니다.

중의무릇_ 말렸던 잎이 펼쳐지며 그 중앙에서 꽃대를 올려 노랑꽃을 피웁니다.

왜미나리아재비_ 깊은 산 양지에서 무리 지어 자랍니다. 4월 하순, 두문동재는 노란 꽃밭이 되었습니다.

왜미나리아재비.

'아재비'는 '작은아버지', 혹은 '아저씨'를 뜻하는 방언입니다. 미나리의 아저씨 벌 되는 풀꽃이란 말이죠. 의미대로라면 '미나리를 닮은 모습'이라는 뜻입니다. '왜—'는 '왜(矮)'의 의미로 '키가 작다'는 의미입니다. 그러니까 미나리 같은 모습을 하고 있되, 그보다 작은 풀꽃을 의미한다고 보면 되겠습니다. 그러나 실제로 잎이나 꽃이 미나리와 전혀 닮지 않았습니다. 식물 분류 계통상으로도 서로 관련이 없습니다. 미나리는 미나리과, 왜미나리아재비는 미나리아재비과입니다. 미나리는 식용이지만, 미나리아재비는 독성이 있어서 조심해야 합니다.

자, 이제 세상 근심을 모두 털어버리고 꽃님이와 소근소근 사랑을 속삭일 시간입니다.
누구는 산에 가면 '나무를 보지 말고 숲을 보라'고 하지만, 풀꽃을 관찰하는 꽃꾼에게는 그와 정반대의 자세가 필요합니다. 손과 발, 그리고 몸을 온전히 땅에 부려야 합니다. 마치 오체투지를 결행하는 각오로 몇십 보 발을 떼기 바쁘게 온몸을 엎드려 그들을 맞이합니다. 낮은 풀꽃의 높이, 그곳에서 그들과의 은밀한 만남이 이어집니다. 제가 '은밀한 만남'이라 한 것은, 그 친구들의 성장 과정과 모습은 그때만 포착할 수 있기 때문입니다. 햇빛의 방향과 강도, 꽃을 보는 시각과 각도, 주변 배경과 환경, 그리고 이를 감상하는 나의 마음 상태 모두가 변수로 작용합니다. 매양 그 느낌이 새로울 수밖에 없죠. 그래서 꽃 탐방객은 길 여기저기에 산재해 있는 같은 종류, 비슷한 모습의 꽃이라 하더라도 찍고 또 찍습니다. 어찌 보면 꽃의 신비에 다가가는 단련의 과정인지도 모르겠습니다.
이른 봄에 피어나는 풀꽃들은 모두 작고 여리여리합니다. 나무들이 잎을 틔우기 전에 햇빛을 받아 성장하고 꽃을 피워 열매를 맺어야 합니다. 3월~4월의 짧은 기간에 부지런히 싹을 틔우고, 꽃대를 올리고 꽃을 피워 벌과 나비를 불러 수정까지 마쳐야 합니다. 봄이 한창일 때 싹을 틔워 여름 내내 성장하고 꽃을 피우는 튼실한 여름꽃에 비하면 무척 짧은 기간입니다. 한순간도 숨 돌릴 겨를이 없죠. 쉬지 않고 최선을 다하는 이른 봄 풀꽃의 모습은 어찌 보면 눈물겹습니다.
금대봉 분기점에 이르기까지 오솔길이라고 하기엔 제법 넓고 평탄합니다. 길가엔 지난 가을부터 쌓인 낙엽이 오롯이 쌓였습니다. 지난 10월부터 사람의 손길이 닿지 않은 자연 그대로의 모습입니다. 올해 탐방로가 개방되고 이틀밖에 지나지 않아 거의 처녀림을 밟는 호젓함이 있습니다.
앞에서 언급한 야생화도 사람들의 손과 발을 타지 않아서 길가의 부러진 나뭇가지나 낙엽 사이로

야생화 꽃밭_ 나뭇잎이 아직 돋아나지 않은 4월. 작은 야생화들이 꽃동산을 만들었습니다.

여기저기 군락을 이루며 저마다 봄볕을 만끽하고 있습니다. 중의무릇은 얼레지 옆에서, 얼레지는 꿩의바람꽃 사이에서 피어나는 모습도 이곳에선 자연스럽습니다. 그러나 대부분은 올망졸망 저희끼리 군락을 이루고 있습니다.

화화화화(花花和和)!
꽃과 꽃이 어울려 천상(天上)의 조화로움을 보여줍니다.
금대봉 분기점을 지나 분주령으로 가는 초입에 나무 데크 길이 나타납니다. 이어, 길가에 늘어섰던 키 큰 나무들이 갑자기 사라지고 탁 트인 구릉이 눈 앞에 펼쳐지죠. 데크 아래엔 왜미나리아재비가 군데군데 노란 꽃 무리를 보입니다. 데크 위까지 뻗은 나래회나무 가지에는 연록의 새잎이 긴 잠에서 깨어난 듯 파릇파릇 움트고 있습니다.
눈을 멀리 두면, 크고 작은 산의 행렬이 끝도 없이 이어지다가 희뿌연 운무 속에서 희미해집니다. 우측으로 고개를 돌리면 백두대간이 거대한 공룡의 등뼈처럼 이어져 휘달리고 있습니다. 경치도 바람도 시원합니다. 고요한 심산고원(深山孤園)을 걷는 고독! 침잠(沈潛)하였던 희열이 고개를 듭니다. 허허로우며 자유로운 덕분입니다.
숲도 세심한 주의로 돌아보면 조금 전 만난 회나무 새순처럼 저마다 새 생명을 키워내고 있음에 놀랍니다. 작디작은 봄꽃 뿐 아니라 거대한 산 전체가 생기로 가득 차 있죠.
분주령으로 가는 능선엔 노루귀와 박새가 산재해 있습니다. 드문드문 갈퀴현호색도 보입니다.

노루귀_ 이른 봄, 솜털을 가득 두른 채 올망졸망 움트는 잎을 보면, 왜 '노루귀'인지 알게 되죠.

노루귀.

동글고 볼쏙한 노루귀 모양의 새잎이 솟고 있습니다. 뽀얀 솜털을 하얗게 두르고 올망졸망 모여 나는 모습이 앙증맞기 그지없습니다. 이곳의 노루귀꽃은 고산지대에서 피어나서 그런지 색깔도 더욱 선명하고 크기도 남부지방의 것보다 커 보입니다[☞ 돌산도 노루귀]. 주로 하얀 꽃이고 간혹 엷은 청색을 띤 꽃도 발견됩니다.

풀밭에서_ 햇볕이 가득하고 낙엽이 쌓여있는 부엽토. 풀꽃에게는 천국입니다. 가만히 들여다보면, 박새와 꿩의바람꽃뿐만 아니라, 얼레지, 중의무릇, 양지꽃 등 새싹이 수도 없이 꼬물거리죠.

박새.

나무 기둥 밑은 물론이고 길가의 산기슭을 따라 싱싱하게 자라고 있습니다. 일정한 간격으로 세로로 주름진 잎이 특징입니다. 서너 장의 잎이 다소곳이 펼쳐진 모습을 보노라면, 고운 여인이 단아한 주름치마를 두른 듯합니다. 한창 여름이면, 몇십 cm의 꽃대를 기운차게 올리고 황백색 꽃을 가득히 피워내겠죠[☞ 방태산 박새꽃].

갈퀴현호색.

화통(花筒)의 양옆에 갈퀴를 달고 있어 붙여진 이름입니다. 일반 현호색에 비해 짙은 청색을 띠고 있고 잎이 계란형입니다. 이곳 산간 지역에서는 자주 볼 수 있지만, 경기도에서는 보기 어렵습니다.

갈퀴현호색_
화통의 양옆에 갈퀴를 달고 있어 '갈퀴현호색'이란 이름을 얻었습니다. 강원도에 가야 볼 수 있는 한국 특산식물입니다.

세상에~!

산비탈을 내려오는 길목에서 이제 막 꽃을 피운 복수초를 만났습니다. 4월 하순에 접어든 시점에 말입니다. 고도가 높은 곳인데다, 북향에 가까운 비탈이라 더욱 늦었을 것입니다. 그래서 이 녀석은 햇볕을 향해 몸을 틀었습니다. 삶을 향한 안간힘입니다. 2월과 3월 이산 저산에서 그의 모습[☞ 돌산도 복수초]을 수도 없이 담아왔음에도 불구하고, 이 친구만큼은 오래 기억에 남을 것 같습니다.

비탈을 내려와 이제 숲에 듭니다. 늘씬한 낙엽송이 빽빽하여 여름이면 제법 서늘할 것 같습니다. 한계령풀이 군락을 이루며 모습을 드러냅니다.

복수초_ 4월 하순, 북사면에서 꽃을 피운 복수초가 몸을 틀어 해를 맞이합니다.

한계령풀_ 한계령에서 처음 발견되어 붙여진 이름입니다. 강원도 산간 고지대에서 볼 수 있습니다.

한계령풀.

한계령(寒溪嶺)에서 처음 발견되어 붙여진 이름입니다. 강원도 산간 고지대에서 자라는 여러해살이입니다. 환경부에서 희귀종으로 지정하여 보호하고 있습니다. 분주령으로 가는 깊은 산기슭에서는 어렵지 않게 군락을 볼 수 있습니다. 3줄기에 각각 3잎씩 9장의 잎을 꽃 아래 달고 있습니다. 추위가 채 가시지 않은 이른 봄에 찬 바람이 불면 9장의 잎은, 깃을 두른 듯 꽃을 보호하기도 하고 광합성 작용을 통해 영양을 공급하기도 합니다. 노란 꽃송이를 촘촘히 둥글게 달고 9장의 깃을 세운 한계령풀은 고고한 귀부인의 자태입니다.

두문동재를 출발한 지 약 4시간 만에 분주령과 검룡소 갈림길에 섰습니다. 여기에서 잠시 갈등이 생겼습니다. 대덕산 산행을 계속할지 검룡소 주차장으로 하산할지 망설여집니다. 산행 중 허리를 삐끗한 것이 문제였습니다. 배낭을 메고 야생화를 접사하느라 무리했던 게지요. 아내도 무릎 관절 통증이 심해졌다고 호소합니다. 우리 부부 모두 젊을 때의 유연함을 많이 잃은 듯합니다. 하는 수 없이 다음 날 산행을 잇기로 하고 하산합니다.

검룡소 시원폭포_ 약 1,300리의 대장정을 시작하는 한강의 발원지입니다.

하산 도중에 검룡소에 들렀습니다. 약 1,300리의 대장정을 시작하는 한강의 발원지입니다. 석회암반을 뚫고 검푸른 물웅덩이에서 뭉글뭉글 용천수가 끊임없이 솟아납니다. 하루에 자그마치 2,000여 톤의 물이 솟아난다니 놀랍습니다. 용천수는 이끼 낀 주변의 바위 사이로 10여 번의 낙차를 거듭하며 흐릅니다. 한강 대장정의 시원(始原) 폭포를 눈앞에 맞닥뜨리니 가슴이 뭉클합니다!

강원도 태백지역의 계곡물은 중간에서 사라졌다 다시 솟아나는 경우를 목격할 수 있습니다. 석회암 지대여서 특정한 부분이 침식되어 구멍이 뚫린 탓입니다. 실제로 검룡소에서 흘러나온 계곡물은 얼마간 흐르다 자취도 없이 사라집니다. 그러나 얼마간 내려가면, 다시 용천수가 솟아오르는 신기한 장면이 보이죠.
검룡소로 가는 길에 얼레지 군락을 만났습니다. 현호색과 꿩의바람꽃, 큰개별꽃, 그리고 대성쓴풀 등을 볼 수 있습니다. 이곳은 어느 특정한 지역 할 것 없이 어렵지 않게 이런 야생화를 관찰할 수 있습니다.
봄꽃 천지에서 취한 듯 꿈꾼 듯 산허리를 노닐다 보니 해는 벌써 서산에 기울고 있습니다. 허리 통증이 심하고 몸은 고단하지만, 여전히 들뜬 마음을 안고 하산합니다.

다음 날(4월 21일)입니다.
검룡소 주차장에서 아침 산행을 시작합니다. 오늘따라 노랗게 핀 산수유가 아침 햇살을 받아 더욱 싱그럽습니다. 어디에서 나타났는지 다람쥐는 쏜살같이 길을 가로질러 계곡 아래로 몸을 숨깁니다. 1km가량 계곡 길을 걸으면, 검룡소 분기점을 지나 숲속에 들어섭니다. 시원함과 상쾌함으로 어제의 여독을 씻어주듯 새 기운이 돋습니다. 얼마를 걷다 길 가운데 홀로 잎을 피운 얼레지를 보았습니다. 허! 넓은 길 한복판에 큰 잎 한 장 떠~억 버티고 있네요. 어찌 보면 무심한 듯 자라는 모습이죠. 마치 '이곳이 국립공원 생태 보호 지역이니 알아서 걸으시오!'라고 주문하는 듯싶습니다. 몇 년 지나도 그 자리에서 당당히 꽃을 피우는 녀석을 보았으면 좋겠습니다.

어제 하산했던 분주령 방면으로 다시 오릅니다. 아침 햇살이 비껴 들어와 노란 산괴불주머니와 선괭이눈에 닿습니다. 꽃은 어제와 또 다르게 눈부시게 맑습니다. 두문동재에서 예까지 이어져 우리를 맞고 손을 내밀어주었던 그들이 새삼 고맙습니다.

분주령 갈림길을 지나 대덕산을 오르는 길에 큰개별꽃 군락을 만났습니다.

큰개별꽃.
별꽃과는 전혀 다른 느낌입니다. 큰개별꽃의 꽃잎은 6~8개로 끝이 뾰족합니다. 꽃잎이 5개이고 끝이 오목한 개별꽃과 구분됩니다. 하얀 꽃잎 위에 빛나는 검은 진자줏빛 꽃술이 청초함을 더합니다.

큰개별꽃_ 분주령 갈림길을 지나 대덕산 초입에서 큰개별꽃 군락을 만났습니다.

반 그늘, 나무 아래에 옹기종기 하얗게 모여 피는 모습에, 두 팔 벌려 한 아름 안아주고 싶습니다.
삼나무가 조밀한 산중에 들어서 걷다 보면, 가끔 멧돼지 울음소리가 들립니다. 가까이에 있는 풍력 발전기 모터 소리로 착각한 것이 아닌가 귀 기울여 보지만, 분명 멧돼지 소리입니다. 그러는 와중에 고라니 두 마리가 황급히 눈앞을 가로질러 어디론가 사라집니다. 이 녀석들도 멧돼지 소리에 놀란 모양입니다. 사람들의 발길이 닿지 않는 심산유곡(深山幽谷)에 들어섰음을 실감합니다. 문득 두려움이 앞서는지 아내는 나뭇가지를 집어듭니다. 다 부질없는 짓인 줄 알면서도….
사실 어제와 오늘, 걸어도 걸어도 사람의 그림자도 구경하지 못했습니다.

산비탈엔 보기 드문 흰현호색도 보입니다. 현호색꽃의 모양은 비슷하나, 색깔은 아주 다양해서 스무 가지가 넘습니다.
분주령과 대덕산 사이 동남 기슭은 따스하고 볕이 잘 들어 노랑제비꽃이 넓게 분포합니다. 이와 함께 분주령 초입에서 만난 둥근털제비꽃, 분주령 능선에서 만난 남산제비꽃과 태백제비꽃도 기억에 담습니다. 아, 참! 검룡소 분기점 근처에서 만난 알록제비꽃도 있었죠.

흰현호색_
현호색꽃의 모양은 비슷하나, 색깔은 아주 다양해서 스무 가지가 넘습니다.

노랑제비꽃_ 잎이 계란형이고 끝이 뾰족합니다.

노랑제비꽃.

꽃잎이 노랑이라 노랑제비꽃입니다. 잎은 계란형이고 끝이 뾰족합니다.

둥근털제비꽃_ 열매가 둥글고 희며 잔털이 있어 붙은 이름입니다. 꽃은 연자주색, 잎은 심장형입니다.

둥근털제비꽃.

열매가 둥글고 희며 짧은 잔털이 있어 얻은 이름입니다. 꽃은 연자주색. 잎은 심장형입니다.

남산제비꽃_ 남산에서 처음 발견되어 얻은 이름입니다. 잎에 깊은 결각이 있고 꽃은 대부분 흰색입니다.

남산제비꽃.

[☞ 청산도 보적산 남산제비꽃]

남산에서 처음 발견되어 얻은 이름입니다. 전국 산지에서 흔히 볼 수 있습니다. 잎에 깊은 결각이 있고 꽃은 대부분 흰색입니다.

태백제비꽃_ 태백산에서 처음 발견되어 얻은 이름입니다. 유전 형질상 남산제비꽃과 가깝습니다.

태백제비꽃.

태백산에서 처음 발견되어 얻은 이름입니다. 그러나 전국 산지에서도 발견됩니다. 유전 형질상 남산제비꽃과 가깝습니다.

알록제비꽃_ 잎맥을 따라 또렷한 줄무늬가 있어 얻은 이름입니다. 꽃은 자주색이고 잎은 다육질입니다.

알록제비꽃.

잎맥을 따라 또렷한 흰 줄무늬가 있어 얻은 이름입니다. 꽃은 자주색이고 잎은 다육질입니다.

이제 400m를 앞두고 대덕산 정상을 향하는 오름길에 들어섭니다.

여기에도 풀꽃 천지입니다. 왜미나리아재비, 노랑제비꽃, 갈퀴현호색, 얼레지, 꿩의바람꽃, 중의무릇, 박새 등 지금까지 익히 보아 온 야생화가 여기저기 군락을 이루고 있습니다. 산 정상에 닿기 직전 각시취의 새싹 군락이 꼬물꼬물 오르는 모습도 보입니다.

마침내 정상입니다.

산마루엔 지난가을 퇴색한 풀덤불이 지금도 수북하게 펼쳐져 있습니다. 그리고 사이사이에 피어난 파란 현호색꽃이 단조로움을 달랩니다. 노란 꽃을 피운 꽃다지도 보입니다. 그들이 아니면 '아직 겨울의 그늘에서 벗어나지 못했어!'라고 단정 지을 뻔했습니다.

대덕산 정상(해발 1,307m)의 현호색과 꽃다지! 땅에 낮게 드리우며 풀덤불을 바람막이 삼아 꽃을 피웠습니다. 작디작지만 얼마나 사랑스러운지요. 모진 추위와 바람을 맞으면서도 꽃을 피워낸 작은 거인입니다.

이젠 반대쪽 남쪽 사면으로 하산합니다. 올라오던 북사면과 달리 온통 파릇파릇합니다. 올라올 때 보지 못했던 토종 민들레와 양지꽃도 보입니다. 꿩의바람꽃과 얼레지까지 한데 모여 알록알록 꽃 잔치를 벌입니다. 도시에서는 이렇게 다양한 풀꽃이 한데 어울려 피는 모습을 상상하기조차 힘듭니다. 탁 트인 시야만큼이나 보는 이의 가슴을 환하게 열어놓습니다.

꽃 무리에 정신이 팔려있는 사이, 몇 발치 아래서 아내가 부릅니다. "여보, 이게 무슨 꽃이야?"

한걸음에 다가가 몸을 낮추고 살펴봅니다. 솜나물입니다.

솜나물_ 잎과 줄기에 가는 솜털이 붙어 있고, 어린 잎은 식용하여 '솜나물'이란 이름을 얻었습니다.

솜나물.

잎과 줄기에 가는 솜털이 붙어 있어서 얻은 이름입니다. 햇볕 가득한 남향의 길가에 부채살처럼 하얀 꽃잎을 활짝 펼쳤습니다. 10cm도 안 되는 키입니다. 국화과의 꽃이라 그런지 쑥부쟁이가 연상됩니다. 색깔은 달라도 꽃 생김새가 흡사하기 때문이겠지요.

고개를 들어 주변을 보니 할미꽃도 서너 군데서 무리 지어 피었습니다.

할미꽃_ 온몸에 온통 하얀 솜털을 두른 할미꽃.

할미꽃.

온몸에 온통 하얀 솜털을 두른 할미꽃. 이른 봄에 피는 꽃치곤, 제법 큰 체구이지만, 바람을 흡수하고 체온을 유지해주는 솜털 덕분에 정상 부근 양지바른 곳에서 잘 견디어 피어났습니다. 우리가 자랄 때부터 가슴에 깊이 스며든 할미꽃. 지금도 임을 기다리며 타들어 가듯 붉디붉은 꽃이 피었습니다.

수풀 사이 구불구불 좁은 길이 이어진 하산 길. 흙은 사람들 발길이 없었던 탓인지 보슬보슬 들떠 있습니다. 이렇게 좋은 날, 인적 없는 산중에서 꽃님들과 고요한 밀회(密會)를 즐길 수 있어 행복합니다. 그들의 다소곳한 모습을 보고 또 보며 눈에 담습니다. 사진이 아닌 기억에 말입니다. 멀지 않아 다시 올 날을 기약하며 떨어지지 않는 발길을 돌립니다.

이번 두문동재~대덕산 탐방은 여러모로 의미가 깊습니다. 꽃이 산기슭을 두를 정도로 많아서보다도, 원래 자연의 모습에 더 가까이 선 자신을 발견하는 계기가 되었기 때문입니다. 원시(原始) 상태의 형상을 유지한 채 보여주는 봄꽃은 하나하나가 감동이고 설렘이었습니다. 최선을 다해 살아가는 작은 생명의 몸짓을 오롯이 가슴에 담아갑니다.

두문동재 ~ 대덕산 탐방에서 만난 주요 풀꽃

각시취, 갈퀴현호색, 개별꽃, 꿩의바람꽃, 노루귀, 대성쓴풀, 민들레, 박새, 선괭이눈, 솜나물, 얼레지, 왜미나리아재비, 제비꽃(남산제비꽃, 노랑제비꽃, 둥근털제비꽃, 알록제비꽃, 태백제비꽃), 중의무릇, 한계령풀, 할미꽃 (20종)

[탐방일 : 2021.04.20.~04.22]

곰배령과 두문동재

170km!

곰배령에서 두문동재에 이르는 거리입니다.

제가 용인에서 곰배령까지 약 190km를 왔으니, 그에 버금가는 거리만큼 다시 이동한 셈이죠. 같은 시기에 굳이 멀리 떨어진 두 장소를 함께 찾은 이유가 있습니다. 이 시기에 곰배령과 두문동재에 자생하는 식생 분포가 어떠한지 자못 궁금했기 때문입니다.

거리만도 남북으로 각각 약 400리 떨어져 있으니 뭔가 차이가 있을 듯도 합니다. 그러나 제가 두 곳을 동시에 찾아보아야겠다고 결심한 결정적인 이유는 그 공통점 때문입니다. 두 곳 모두 강원도의 동쪽에 위치하며 해발 1,000m 이상의 고원(高原)이라는 점, 비옥한 땅으로 형성된 육산인 점 등입니다. 2주 전에 방태산 주억봉에서 구룡덕봉에 이르는 능선도 비슷했습니다. 분명 이들은 식생 분포도 비슷하리라 추측됩니다.

이번 방문을 포함하여 곰배령은 5차례, 두문동재는 3차례 탐방해왔습니다. 몇 번을 찾아와도 계절마다 시시각각 피는 풀꽃이 다르고 모습을 달리하니 매번 새롭습니다. 더구나 북쪽의 곰배령, 남쪽의 두문동재를 같은 시기에 방문한 것은 이번이 처음이니, 또 어떤 모습으로 다가올지 기대가 큽니다.

예상한 대로 두 곳은 식생 분포에서 여러 공통점이 있습니다.

제일 먼저 눈에 띄게 닮은 점은 넓은 신갈나무 군락지입니다.

곰배령은 전망대에서 철쭉군락지에 이르는 구간, 두문동재는 생태관리센터 입구에서 금대봉에 이르는 구간, 그리고 방태산은 주억봉에서 구룡덕봉에 이르는 구간에 신갈나무 군락지가 넓게 펼쳐져 있습니다. 모두 해발 1,000m 이상의 고원이라, 신갈나무는 주 기둥을 곧게 하늘로 올리지 않고, 가지가 서로 벌어지고 옆으로 눕기도 했습니다. 바람이 드세고 온도가 낮은 고지대에서 적응한 모습입니다. 주변에 경쟁자가 없어 가지를 벌린 이유도 있을 겁니다. 덕분에 여름엔 신갈나무가 그늘을 드리워 반음지를 좋아하는 습지성 식물이 넓게 분포합니다. 예컨대, 산꿩의다리, 노루오줌, 오리방풀, 파리풀, 투구꽃 등을 자주 볼 수 있습니다.

그러나 3월부터 5월에 이르는 봄철로 되돌아가면 상황이 전혀 다르죠. 낙엽 교목인 신갈나무는 5월에 이르러서야 잎이 돋아나기 시작합니다. 활엽수 중에서도 잎이 돋는 시기가 늦습니다. 이것은 풍부한 햇볕이 필요한 봄꽃에 유리한 환경이 아닐 수 없습니다. 더구나 낙엽이 쌓이고 부식되어 거름이 된 부엽토는 봄꽃의 뿌리에 풍부한 영양을 공급해줍니다. 지표층에 쌓인 낙엽은 모진 바람을 막아주고요. 이러하니 노루귀, 꿩의바람꽃, 얼레지, 중의무릇 등의 여리여리한 봄꽃이 생장하기에 알맞습니다.

두문동재 꽃동산_ 두문동재 금대봉 갈림길, 백화만개(百花滿開)한 꽃동산을 만납니다.

그러면 신갈나무 군락과 같은 교목이 분포하지 않은 초원(草原)은 어떨까요?
아시다시피, 점봉산과 곰배령 물푸레나무 군락 사이의 곰배령 고원, 금대봉 갈림길과 분주령 사이의 일부 구간이 이에 해당합니다.
이 구간엔 당연히 양지성 식물들이 분포합니다.
이즈음에 가장 많이 발견되는 식물이 물양지꽃, 둥근이질풀, 나비나물, 궁궁이, 참취, 곰취, 마타리, 큰까치수염, 짚신나물, 꿀풀, 긴산꼬리풀, 솔나물 등입니다.

곰배령 산상화원_ 7월 하순, 곰배령은 꽃 천지입니다. 둥근이질풀, 동자꽃, 말나리, 영아자, 긴산꼬리풀, 참취, 물양지꽃, 구릿대, …….

백화만개(百花滿開)한 곰배령 초원에 선 감회는 이루 표현할 길이 없습니다.
다행히 이번 탐방에선 내내 청명하고 깨끗하게 맑은 날 속에 초원을 거닐 수 있었습니다. 천운이죠. 사실, 여러 번 찾았지만, 빈번히 흐리거나 비가 흩뿌리기 일쑤였거든요. 해발 1,000m 이상의 고원지대는 날씨를 종잡을 수 없는 탓입니다.
맑고 푸른 하늘이 품은 드넓은 초원, 수만 평의 초해(草海)가 두 눈을 압도합니다. 언뜻 보면 초록의 벌판이지만, 조금 더 다가가면 형형색색의 꽃이 끝없이 이어졌죠. 인간이 만들어낸 튤립 정원이나 해바라기 들판과는 느낌이 전혀 다릅니다. 화려하지 않지만, 자연이 만들어낸 오색찬란한, 말 그대로 천상의 화원이죠.
고원을 화사하게 수놓은 주인공은 단연 둥근이질풀입니다. 그들은 무릎 정도 높이의 초록 벌판에 무수한 분홍꽃을 펼치고 벌과 나비를 부릅니다. 물양지꽃도 이에 뒤질세라 작은 노랑별을 반짝이며 어울리는 모습이죠. 간간이 주황 동자꽃도 자신을 알아달라는 듯 살짝 고개를 내밀어 보입니다. 키를 키운 영아자와 긴산꼬리풀은 보랏빛 긴 얼굴을 내밀어 장단을 맞춥니다. 굵고 곧은줄기를 자랑하는 곰취와 참취는 의연하게 노랑 하양 꽃을 드러냈습니다. 조금 멀리에서 좌우로 길게 무리지어 피어난 구릿대는 머리에 하얀 우산을 쓰고 우리를 바라봅니다. 마치 꽃들의 잔치에 호위병인 듯 말이죠.
장소를 옮기며 잘 살펴보면, 노란 마타리, 물레나물, 짚신나물, 짙은 보라색을 띤 나비나물 등도 풍성한 화연(花宴)에 참여하여 즐거움을 더하죠.

그러면 두문동재 초원은 어떤 모습일까요?

탐방지원센터에서 약 1km 남짓한 거리, 금대봉 갈림길을 지나면 신갈나무 군락지를 벗어나게 됩니다. 여기서부턴 식생 분포가 반음지 식물에서 양지식물로 바뀌고 종도 훨씬 다양해집니다. 200여m에 이르는 오솔길 구간과 약 500m에 이르는 구릉 데크 구간이 이어집니다.

곰배령의 드넓은 초원에 비하면 규모가 훨씬 작고 아기자기하다 할 정도입니다. 그러나 풀꽃의 다양성만큼은 뒤지지 않습니다. 식생 분포로 보면 곰배령과 비슷한 점이 많습니다.

오솔길 구간은 길지 않으면서도 길 양옆으로 갖가지 꽃들이 줄지어 피어 곰배령보다 훨씬 몰입감이 높습니다. 길 가까이엔 질경이와 개망초, 그리고 좀 떨어진 곳엔 태백기린초, 물양지꽃, 이질풀, 솔나물, 동자꽃, 짚신나물, 송이풀, 나비나물, 어수리, 구릿대 등이 빽빽이 어우러져 피었습니다. 제 허리를 훌쩍 넘어설 만한 높이로 이꽃 저꽃이 길 따라 이어졌습니다. 저마다 활짝 피어 눈이 부시고, 향기는 그윽하다 못해 취할 지경입니다. 그것이 어찌 저뿐이겠습니까! 벌과 나비도 여기저기서 팔랑팔랑~, 붕붕~, 녀석들도 꿀을 빠느라 정신이 없습니다.

오솔길을 지나 탁 트인 데크 구간으로 오르면, 구릉을 덮은 꽃동산에 눈이 휘둥그레집니다. 맑고 푸른 하늘 아래 온갖 자태를 뽐내는 꽃들의 향연에 외마디 탄성이 절로 나옵니다.

전체적으로 곰배령과 비슷한 풍경 같아 보이지만, 왠지 더욱 화려하고 선명하게 다가옵니다. 아마도 가까이에서 한눈에 시원하게 들어오는 구릉지이기 때문이겠죠.

큰제비고깔_ 꽃속에 제비가 들어앉은 모습의 고깔 꽃, 큰제비고깔.

둥근이질풀이 전체를 가득히 수놓고 점점이 동자꽃이 핀 모습은 곰배령과 흡사합니다. 다만 이곳엔 노란 태백기린초의 군락이 많습니다. 짚신나물, 큰까치수염, 곰취 무리도 보입니다. 하지만, 참취는 딱 한 송이 보았습니다.

구릉을 내려오는 길에, 짙은 보라 꽃을 풍성하게 달고 있는 큰제비고깔이 확 눈에 띕니다.

꽃 속에 제비가 들어앉은 모습의 고깔 모양 꽃이어서 얻은 이름입니다.

하늘말나리_ 꽃잎에 붉은 반점이 뚜렷합니다.

구릉이 끝난 곳에선 솔나물이 향기를 진하게 풍깁니다. 혼자 걷기도 버거운 우거진 숲길을 헤쳐나가다 수풀 사이에서 하늘말나리가 빨간 꽃송이를 매혹적으로 드러낸 모습을 찾았습니다.
도시에서도 흔하게 볼 수 있는 개망초와 질경이는 이 높은 고원에서도 빠지지 않는 끈질긴 생명력을 과시합니다. 여름날 개망초꽃의 달큰한 향기는 이곳 심산고원(深山高原)에서도 으뜸입니다. 흔하면서도 예쁘고 사랑스럽습니다.
곰배령과 두문동재, 두 곳의 꽃들이 피는 시기는 대체로 엇비슷했습니다.
다만, 긴산꼬리풀, 영아자, 물레나물은 곰배령에서, 일월비비추, 토현삼, 병조회풀, 꽃층층이꽃, 큰제비고깔, 태백기린초 등은 두문동재에서 볼 수 있었습니다. 물론, 제가 찾고 관찰한 것은 일부이기에 약간의 차이가 있을 수 있고 놓친 부분도 있을 겁니다. 또한 특정한 시기에 관찰한 것임을 유념하면 좋겠습니다.
해발 1,000m를 넘는 고원의 신갈나무 군락,
그 속에서 낙원을 이룩한 봄꽃들, 그리고 반음지 식물,
비바람과 햇볕을 직접 맞닥뜨리는 넓은 초원의 양지성 여름 풀꽃들,
그들은 서로에게 때론 그늘이 되어주고, 때론 바람막이가 되어 자신들만의 낙원을 이루었습니다.
그들이 보여준 어울림, 조화, 공존, 그리고 다양성, 그 모두가 오늘을 사는 우리에게 보여주는 사랑이고 가르침입니다. 눈부신 여름날입니다.

곰배령 탐방에서 만난 주요 풀꽃

곰취, 꼭두서니, 광릉갈퀴, 구릿대, 꿀풀, 긴산꼬리풀, 나비나물, 노루오줌, 단풍취, 도깨비부채, 동자꽃, 둥근이질풀, 등골나물, 마타리, 말나리, 멸가치, 물레나물 물봉선(노랑물봉선, 흰물봉선 포함), 물양지꽃, 박새, 박쥐나물, 벌개미취, 산꿩의다리, 석잠풀, 선괴불주머니, 솔나물, 송이풀, 여로, 영아자, 오리방풀, 졸방제비꽃, 좁쌀풀, 쥐손이풀, 진범, 짚신나물, 참취, 초롱꽃, 큰까치수염, 큰뱀무, 태백기린초, 터리풀, 파리풀 (43종)

[탐방일 : 강선계곡/2021.07.20., 곰배령/07.21]

두문동재 탐방에서 만난 주요 풀꽃

개시호, 꼭두서니, 곰취, 꽃며느리밥풀, 꽃층층이꽃, 구릿대, 꿀풀, 긴산꼬리풀, 나비나물, 노루오줌, 놋젓가락나물, 단풍취, 도깨비부채, 도둑놈의갈고리, 도라지모싯대, 동자꽃, 둥근이질풀, 등골나물, 마타리, 말나리(하늘말나리 포함), 멸가치, 물레나물, 물봉선(노랑물봉선, 흰물봉선 포함), 물양지꽃, 박새, 박쥐나물, 벌개미취, 병조회풀, 산꿩의다리, 석잠풀, 선괴불주머니, 솔나물, 송이풀, 어수리, 여로, 오리방풀, 오이풀, 일월비비추, 졸방제비꽃, 좁쌀풀, 쥐손이풀, 진범, 짚신나물, 참당귀, 참취, 초롱꽃, 큰까치수염, 큰뱀무, 큰제비고깔, 태백기린초, 터리풀, 토현삼, 파리풀 (53종)

[탐방일 : 2021.07.22.]

바람이 건뜻 부니 가을이 오네

다시 두문동재를 찾아 들었습니다.
그칠 듯 이어지는 이슬비 속에서 우리 부부는 망망운해(茫茫雲海)에 갇힌 섬이 되었습니다. 사방이 안개처럼 희뿌연 까닭입니다. 숲속 오솔길을 걷는 내내 우리의 발자국과 나뭇잎에 부딪는 물방울 소리만이 또렷할 뿐입니다. 간간이 선 너머에서 울부짖는 멧돼지 울음소리가 산울림을 일으켜 깊은 산중임을 일깨웁니다. 사흘째 추적대는 가랑비에 탐방객은 거의 찾아볼 수 없으니 그 고적감(孤寂感)은 한층 깊습니다.
올여름은 유난히 더웠습니다. 35℃를 넘나드는 더위 속에도 위안이 되었다면 이 태백산국립공원이 아니었나 싶습니다. 땀이 나면 시원한 그늘에 찾아들 듯이, 우리 부부는 3주 내외의 간격으로 태백을 찾았습니다. 지금도 수도권은 30℃ 내외이지만, 이곳은 20℃를 조금 넘을 뿐입니다. 가히 피서지로서 으뜸이죠. 비록 이번 탐방 동안 날은 좋지 못했지만 크게 개의치 않습니다. 그 또한 자연 현상의 일부 아니겠습니까?

동자꽃_ 8월의 두문동재 오솔길에 피어난 동자꽃. 관목 사이 반그늘 습기가 있는 곳을 좋아합니다.

두문동재는 예약제로 제한된 인원만 허용되는 탐방로여서 인적이 드물 뿐만 아니라, 비교적 평탄한 오솔길이어서 편안한 마음으로 꽃 관찰을 할 수 있습니다. 이젠 어디에 어떤 풀꽃이 얼마만큼 자라고 어떻게 변화하였는지 가늠할 정도가 되었습니다.
지난 7월처럼, 8월인 지금도 울창한 숲속과 수풀에 갖가지 풀꽃이 만발하였습니다.

초록 수풀이 무성한 속에서 가장 눈에 띄는 꽃은 역시 동자꽃입니다. 지난 방문처럼 사방에 만발하여 보는 이의 마음을 들뜨게 합니다. 초록과 대비되는 주황색이기도 하거니와 꽃의 크기도 개미취만큼 제법 크고 두세 송이씩 가지 끝에 뭉쳐 피어 강렬한 인상을 주죠.

다음은 둥근이질풀입니다.
이제는 아예 산비탈을 뒤덮듯 구릉지를 온통 분홍으로 수놓았습니다. 그들은 모든 꽃의 화사한 배경이 되어주고 있습니다. 높은 산 구릉지 비옥한 땅과 풍부한 햇빛이 보약이 되어 그들의 왕국을 이루었습니다. 곰배령도, 이곳 두문동재 구릉지도 이들이 없다면 천상의 화원이란 찬사를 받기 어려웠을 겁니다.

둥근이질풀_ 8월 중순, 두문동재 금대봉 갈림길을 지나 탁 트인 구릉지에 이르면, 둥근이질풀이 산비탈을 뒤덮듯 흐드러지게 피었습니다(비 온 직후라 꽃이 이지러졌습니다).

물양지꽃_ 두문동재의 여름, 물양지꽃, 동자꽃, 짚신나물, 그리고 노랑 물봉선 등이 활짝 피었습니다.

둥근이질풀에 질세라 노란 꽃밭을 만든 또 하나의 주인공을 빼놓을 수 없죠. 바로 물양지꽃입니다. 지난 7월에도 만발한 모습이었는데 지금도 여전합니다. 그는 관목이 없는 탁트인 오솔길에서 때로는 짚신나물과, 때로는 노랑 물봉선과 어울려 희희낙락입니다. 짚신나물도 물봉선도 전성기여서 이런 꽃 천지가 따로 없습니다. 이렇게 안개 속 흐린 날(오후에는 잠시 비가 멈췄습니다)에도 밝은 화사함을 선사합니다. 노랑 물봉선은 수리산 수암 계곡에서 간간이 몇 그루를 보았던 기억과 참으로 대조적입니다.

그런데 그들 노란 꽃 무리 사이사이에 눈에 띄는 친구들이 있습니다. 바로 놋젓가락나물입니다. 지난 7월 방문에서 꽃의 그림자도 보이지 않던 친구들이 3주 만에 여기저기 꽃 뭉텅이를 터뜨렸습니다.

놋젓가락나물_ 꽃과 잎이 투구꽃을 닮았으나, 덩굴성이고 꽃은 연한 보라색입니다. 투구꽃과 같이 미나리아재비과입니다.

아! 그러고 보니 가을이 멀지 않은 것 같습니다. 가을이 가까우면 길게 뻗은 덩굴에 주렁주렁 연보라꽃을 줄줄이 피워대는 친구가 놋젓가락나물꽃이거든요. 가을 소식을 알리러 맨 먼저 달려온 첨병(尖兵)인 듯, 곳곳에 꽃망울을 터뜨렸습니다. 가느다랗고 유연한 덩굴에 의지해 수십 개의 꽃 무리를 자랑합니다. 심지어 성인의 키를 넘기는 높이까지 나무를 타고 오른 친구도 보입니다. 진화한 덩굴식물의 힘입니다.

긴 오솔길을 지나 구릉지에 이르면 수풀 속에 동글동글 공 모양처럼 층층이 피워 올린 분홍꽃이 보입니다. 꽃층층이꽃입니다. 지난달에 띄엄띄엄 보이더니 이제는 여기저기 만발한 모습입니다. 긴 꽃대를 올리고 마디마다 분홍꽃을 뱅~ 둘러 피웠으니, 그 풍성함이 돋보입니다.

꽃층층이꽃_ 잎겨드랑이마다 분홍꽃이 층층이 돌려납니다.

오리방풀_ 잎과 꽃이 산박하와 비슷하나, 거북꼬리처럼 잎의 끝 꼬리가 길고 뾰족하여 구분됩니다.

이렇게 얘기하다 보니 서운해할 친구가 떠오르는군요. 오리방풀 말입니다. 그들은 두문동재 탐방지원센터 입구에서부터 마중 나와 반겨주던 친구였거든요. 20~30cm 긴 꽃대에 수십 송이의 하늘색 작은 꽃을 올망졸망 달았습니다. 기린처럼 긴 목을 내밀고 지나가는 오솔길에서 손을 흔들어줍니다. 꽃과 잎이 산박하와 비슷하나, 거북꼬리처럼 잎의 끝 꼬리가 길고 뾰족하여 구분됩니다. 지난번 방문에서 이따금 보이던 모습과 달리, 탐방지원센터 입구에서 금대봉 분기점까지 숲길 따라 연이어 피었습니다. 덕분에 우리는 그들 작은 꽃송이를 떨어뜨릴까 조심스레 발을 떼곤 했습니다.

오솔길 가의 꿀풀[☞ 방태산 꿀풀]은 누렇다 못해 검게 퇴색하였습니다. 안개비에 축축이 젖은 탓도 있을 겁니다. 여름에 열매가 성숙하면 고사하여 하고초(夏枯草)라 하는 이유를 알겠습니다.

씨알이 영글어가는 그들 옆에 꽃분홍으로 단장한 새색시가 얼굴을 내밀었습니다. 꽃며느리밥풀입니다. 긴 통꽃의 아래쪽 꽃잎에 흰 밥풀 모양의 무늬가 2개 있습니다. 아직 충분히 성숙하지 않아 흰 무늬가 선명치 않지만 볼록 나와 있는 모습은 확연히 구분됩니다. 옛날 항시 배곯던 며느리를 빗대어 '-며느리밥-'이란 별명을 얻었다죠. 그러나 새색시처럼 차오르는 발그레함과 생기로, 그에게 이입(移入)된 애잔한 사연도 무색합니다.

꽃며느리밥풀과 꿀풀_ 꽃며느리밥풀이 활짝 피어나는 한편, 꿀풀(우측 아래)은 거무스름하게 열매를 맺었습니다.

꽃며느리밥풀_ 꽃대의 아래부터 활짝 핍니다.

큰까치수염_ 8월 중순, 큰까치수염이 열매를 맺었습니다.

한편, 지난번 방문에서 보았던 일부 풀꽃은 자취를 감추었습니다. 하늘말나리와 병조희풀이 그렇습니다. 개체가 많지 않아 피고 지며 이어주는 다음 주자가 없는 탓입니다. 군락을 이루어 탐스러운 꽃송이를 자랑했던 큰까치수염도 지금은 꽃의 흔적조차 볼 수 없습니다. 대신, 초록 열매를 맺은 지 꽤 되었는지 일부는 누렇게 영글고 있습니다.

7월에 노란 꽃송이를 여기저기 피워올려 호랑나비를 유혹하던 태백기린초의 모습도 어디에서건 찾을 수 없었습니다. 꽃이야 피고 지지만, 방문할 때마다 헤어지는 아쉬움은 어쩔 수가 없네요.

태백기린초_
7월 하순, 노란 꽃이 만발하여 나비를 유혹합니다.

일월비비추_ 7월에 피었던 연보라꽃은 자취를 감추고, 8월 하순 열매를 맺었습니다.

지난달에 꽃봉오리가 맺혔던 일월비비추는 이미 꽃이 지고 열매를 맺어 또한 아쉬웠습니다. 한 번도 활짝 핀 모습을 보지 못한 까닭입니다. 7월 하순에 꽃을 피웠을 텐데 덥다는 핑계로 그를 만나지 못해 미안했습니다.

반면, 한 해가 지나 재회의 기쁨을 나눈 친구들도 많습니다.

앞서 놋젓가락나물이 그랬고 진범이 그렇습니다. 하얀 솜털을 온통 뒤집어쓰고 옹기종기 모여 꽃대를 오르는 꼬마 오리들의 모습이 귀엽고 귀엽습니다. 연한 자주색도 참 잘 어울립니다. 떠남이 있으면 만남이 있어 참 다행입니다. 놋젓가락나물꽃처럼 진범도 여름이 끝나갈 무렵 길가로 마중 나와서 가을 인연을 맺은 친구입니다. 재회의 기쁨을 선사하는 아기 진범에게 사랑을 담아 입맞춤을 합니다.

가을을 맞아 다시 보는 즐거움으로 이 친구도 빼놓을 수 없습니다. 바로 취꽃과의 만남입니다. 가을의 들목에서 제 발길을 멈추게 한 주인공들. 단풍취, 참취, 그리고 개미취입니다.

그중에 단풍취는 다른 취보다 비교적 일찍 꽃을 피웁니다. 이름처럼 가을을 연상케 하는 '단풍-'은 단지 잎의 모양에서 비롯되었지, 색깔에서 온 것이 아닙니다. 7월 하순에 꽃이 피어나 9월에 접어들면 열매를 맺기 시작합니다. 물론 일부는 더 오래 가기도 합니다.

그런가 하면, 참취와 개미취는 10월까지 꽃을 볼 수 있어 가을의 정취를 만끽할 수 있죠. 그들이 가을 국화의 상징이라 해도 큰 무리가 없을 듯합니다. 취라 하면 이들만이 아닙니다. 서덜취, 각시취, 그리고 분취도 빼놓을 수 없습니다. 이번 방문에서 서덜취와 각시취를 처음 만난 것은 행운이었습니다.

서덜취는 총포로 단단히 싸인 초록 구슬 같은 꽃봉오리를 가졌습니다. 봉오리 끝 가운데가 발그레해지면 꽃 문이 열리는 시기인 겁니다. 사방에 작은 대롱꽃을 올리며 앙증맞은 자주색 꽃 방울이 펼쳐지는 모습은 마치 마이크로 세상의 우주 문이 열리는 듯 경이롭습니다. 대롱꽃 한 잎 한 잎을 살펴보면 끝이 양쪽으로 갈라져 바깥으로 동글동글 리본처럼 말린 모습입니다. 아주 작지만, 자신을 보아달라는 손 벌림 같기도 합니다.

서덜취_ 사방에 작은 대롱꽃을 올리며 앙증맞은 자주색 꽃망울이 펼쳐지는 모습. 마치 마이크로 세상의 우주 문이 열리는 듯 경이롭습니다.

각시취_ 꽃망울을 터뜨리면 자주색 꽃이 피는데 서덜취처럼 꽃잎 끝이 돌돌 말려있습니다.

각시취는 꽃을 보면 언뜻 엉겅퀴가 연상됩니다. 그러나 엉겅퀴과가 아니고 서덜취와 함께 국화과입니다. 엉겅퀴와 전혀 다른 계통인 거죠. '각시-'라는 이름에서 작은 키를 떠올리겠지만, 정작 웬만한 성인의 가슴까지 줄기를 뻗습니다. 그리고 그 끝에 꽃 방울을 산방꽃차례로 넓게 펼쳐 보이는 늘씬하고 멋진 친구입니다. 연보라 꽃망울에 자주색 꽃이 피는데 서덜취처럼 꽃잎 끝이 양쪽으로 돌돌 말려있습니다.

개미취_ 활짝 핀 개미취.

참취_ 활짝 핀 참취.

서덜취와 각시취가 작은 꽃방망이에 올망졸망 빼곡하게 대롱꽃을 피우지만, 참취와 개미취는 노란 꽃술을 중심으로 사방에 설상화(舌狀花)를 활짝 펼칩니다. 하늘을 향해 '나 봐라'하는 듯이 두 팔을 활짝 뻗은 형국이지요.
어때요? 모두 '-취'라는 명칭이 붙지만 확연한 차이를 보이죠? 전자가 취나물속이고, 후자가 참취속으로 분류되는 이유입니다. 물론 이 모두는 국화과입니다. 오늘 탐방로에서 찾지 못했지만, 분취 [☞ 따라비오름 분취] 역시 취나물속입니다. 꽃이야 모두 사랑스럽고 어여쁘지만, 참취속보다 취나물속이 어딘지 더 여린 듯하고 여성스럽습니다. 아마 꽃망울이 작고 동글동글한 탓인가 봅니다.

구릉지 데크길 옆으로 아주 소박하게 피어나 사람들에게 별로 눈에 띄지 않는 서덜취. 어쩌면 지난해 방문에서도 놓쳤기 때문에 보지 못했을 겁니다. 구릉지를 따라 데크길을 다 내려오면, 평탄한 오솔길이 시작되는 오른편에 각시취가 보입니다. 노란 마타리가 그와 어울려 길 바깥쪽으로 이어지며 배경이 되어주었습니다. 이 순간이 아니면 볼 수 없는 어울림이죠.
약 120~150cm에 이르는 두 종의 친구들이 어깨를 나란히 하고 피었습니다. 노랑 마타리가 배경이 되어준 덕에 각시취의 살짝 상기된 연보라 꽃이 더욱 매혹적입니다.
푸른 하늘은 여전히 구름 속에 숨었지만, 안개비는 그치고 어디선가 옷깃을 스치는 바람이 일고 있습니다. 흐린 탓이기도 하지만, 어느새 스산한 기운이 느껴집니다. 그 바람에 늘씬한 꽃대를 자랑하는 각시취가 연신 몸을 흔듭니다. 그 몸짓 사이로 새어드는 바람. 아! 가을이 오나 봅니다.

각시취와 마타리_ 각시취가 빛나는 건, 노란 마타리꽃의 배경 덕분이 아닐까요?

이슬비 안개 속에
소슬바람 건뜻 부니
각시취 꽃방울 끝에
가을이 걸렸구나!

두문동재에서 만난 주요 풀꽃

각시취, 개미취, 개쑥부쟁이, 개시호, 거북꼬리풀, 꼭두서니, 꽃며느리밥풀, 꽃층층이꽃, 구릿대, 꿀풀, 궁궁이, 긴산꼬리풀, 나비나물, 넓은잎외잎쑥, 노루오줌, 놋젓가락나물, 눈빛승마, 단풍취, 도둑놈의갈고리, 도라지모싯대, 독활, 동자꽃, 둥근이질풀, 등골나물, 마타리, 멸가치, 물봉선(노랑물봉선, 흰물봉선 포함), 물양지꽃, 바늘꽃, 산박하, 산솜방망이, 산씀바귀, 산외, 서덜취, 선괴불주머니, 송이풀, 어수리, 여로, 오리방풀, 오이풀, 일월비비추, 장구채, 쥐손이풀, 지리강활, 진범, 짚신나물, 참나물, 참당귀, 참취, 큰까치수염, 큰뱀무, 큰제비고깔, 파리풀 (53종)

[탐방기간 : 2021.08.17.~08.19]

제3장 방태산 심산유곡

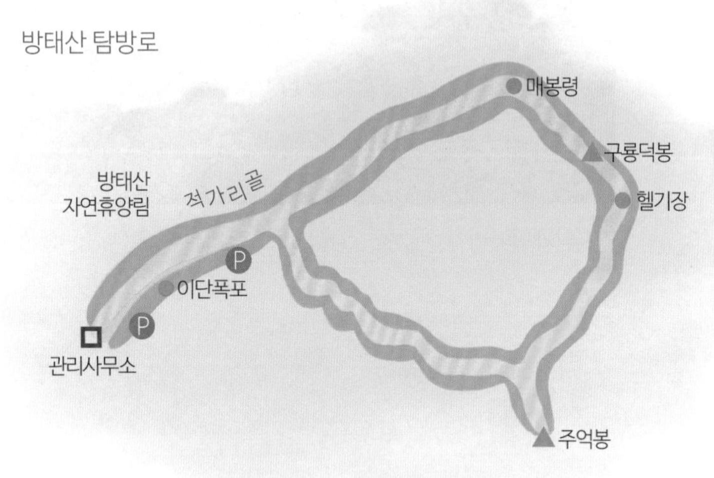

방태산은 서울양양고속도로
인제 IC에서 자동차로 약 15분이면
닿을 수 있는 곳입니다.
IC에서 나와 방동계곡을 따라가다 보면,
우측에 방동2교가 보입니다.
이 다리를 건너면 방태산길이 이어지는데, 이곳이 바로 적가리골입니다.
방태산자연휴양림이 위치한 곳이기도 하죠.
이렇게 보면 방태산 자락에 접근하기가 매우 쉬워 보입니다.
서울양양고속도로가 근래(2017년)에 개통된 후로는 서울에서 불과 2시간이면
닿을 수 있을 정도로 가까워졌습니다. 그러나 지방도(418번)가 개통(2006년)되기 전까지,
적가리골은 비포장의 험한 고갯길을 거쳐 접근해야 했던 오지 중의 오지였습니다.
방태산은 크고 높습니다.
주봉인 주억봉(1,444m)을 중심으로, 동서로 구룡덕봉과 깃대봉이 양 날개를 기세 좋게 펼치고,
다시 구룡덕봉에서 남서로 개인산, 침석봉, 숫돌봉으로 이어져 내린천 상류에 이르죠.
해발 1,000m가 넘는 능선이 길게 이어지는 원시림 지대가 전국에서 가장 넓게 펼쳐지는 곳입니다.
산이 높으면 골이 깊은 법이죠.
특히 방태산은 그 방대한 크기에 비례하여 거느린 산기슭과 골이 많고 물이 풍부합니다.

방태산 자락은 3둔4가리로 유명한 곳이기도 합니다.

방태산 남쪽 내린천 상류 부근을 중심으로 3둔(살둔, 달둔, 월둔), 산 북쪽과 북동쪽의 4가리(아침가리, 연가리, 적가리, 명지가리)가 그 대표적인 오지의 대명사였습니다. 『정감록』에도 이름난 피난처로 3둔4가리를 뽑았을 정도입니다. 방태산 자락에 기대어 살았던 사람들 관점에서 볼 때, 연중 계곡 수량이 풍부한 점이 가장 매력적이었을 겁니다. 무엇보다도, 산기슭이 넓게 펼쳐졌고 높은 산으로 둘러싸여 외지(外地)와 차단되었으니, 피장처(避藏處)로 안성맞춤이었겠죠.

산 북쪽으로 제각기 골짜기를 타고 온 계류가 모여 방태천을 이루고, 남으로 흐르는 물줄기가 모여 내린천 상류를 이루죠. 이 두 물줄기는 현리에서 합쳐진 다음 인제 합강교에 이르러 소양강 상류로 이어집니다. 결국 소양강의 발원지가 방태산 일원이라 할 수 있겠죠.

적가리골은 자연휴양림이 자리하고 넓은 주차장까지 갖추어져 있습니다. 그뿐 아니라, 접근성이 좋고 풍광이 빼어나 이제는 등산객이 꽤 찾는 명소가 되었습니다. 더는 은둔의 땅이 아니죠.

계곡을 따라 늘어선 펜션 단지를 지나면, 매표소가 나타납니다. 여기에서 등산로 초입까지 약 3km 됩니다. 이제, 적가리골을 걸으며 심산유곡의 호젓함을 즐길 시간입니다.

적가리골 마당바위_ 마당바위를 애무하듯 쓸어내리는 계곡물이 시원해 보입니다.

휴양관 앞 계곡엔, 작은 운동장만큼이나 너른 마당바위가 펼쳐져 있습니다. 그 위를 애무하듯 쓸어내리는 계곡물을 보노라면, 도심에서 지친 우리 마음을 깨끗이 씻어내듯 상쾌해집니다.

이단폭포_ 하얗게 쏟아지는 폭포의 2중주. 가까이 선 자의 두 눈을 압도합니다.

계곡을 따라 조금 더 오르면, 경사가 갑자기 급해지며 계곡 물소리는 한층 격하고 거세집니다. 이단 폭포의 울림이죠. 너럭바위를 타고 시원스럽게 터지듯 쏟아지는 폭포의 이중주, 가까이 선 저의 두 눈을 압도합니다.
등산로 초입의 제2 야영장까지, 한길 옆에 늘어선 늘씬한 금강송, 신갈나무, 당단풍나무, 서어나무, 박달나무, 마가목 등 다양한 수종을 관찰하는 재미도 쏠쏠합니다.

오늘은 방아골을 타고 주억봉에 오르고, 이어 능선을 타고 구룡덕봉에서 사방을 조망한 후, 하산 길에 매봉령을 거쳐 다시 이곳 원점으로 회귀할 예정입니다. 매표소를 기점으로 한다면 왕복 16km에 이릅니다. 아침 8시 이전에 출발했지만, 하루 꼬박 걸릴 겁니다. 특히 주억봉으로 오르는 급경사 구간은 약 2km 계속 이어집니다.
등산로 초입에서 매봉령과 주억봉이 갈라지는 분기점까지 약 700m 구간은 대체로 평탄합니다. 좌측으로 내내 계곡을 끼고 걸으며 크고 작은 폭포, 그리고 오솔길 옆 다양한 풀꽃들을 관찰하며 걷습니다.
이제 거의 퇴색해가는 벌깨덩굴, 얼마간 이어진 조릿대, 이제 막 커가는 산딸기, 오리방풀, 고사리, 싸리, 어린 단풍, 열매를 맺은 졸방제비꽃, 양지꽃, 어린 신갈나무, 꽃이 지고 열매 맺기 시작하는 큰뱀무, 어린 구릿대……. 그 외 아직 이름을 알 수 없는 많은 풀이 길 따라 숲을 이루었습니다.
이제 매봉령 가는 길을 버리고 주억봉 길에 들어섰습니다. 이 구간은 약 3.5km입니다. 1.5km 구간은 대체로 완만하게 이어지다가, 2km를 남기고 경사가 갑자기 급해집니다. 이후로 급경사는 거의 수그러들지 않고 계속 그 도도한 흐름을 이어갑니다.

완만한 구간에서는 이편저편으로 수시로 계곡 건너기를 반복하며 오릅니다. 덕분에 심심치 않게 시원한 물줄기를 감상합니다. 이 구간에 이르면 풀꽃은 한층 다양해집니다.
초롱꽃과 길가에 늘어선 멸가치, 낮은 기온 탓에 이제 막 자라고 있어 꽃대조차 보이지 않습니다. 지난 5월, 천마산에서 본 멸가치는 전초 높이가 20~30cm에 이를 정도로 컸던 것과 비교됩니다.
등산로 초입에서 보았던 졸방제비꽃과 큰뱀무도 보입니다. 2주 전, 두문동재 탐방에서 큰뱀무의 노란 꽃이 한창이었던 모습을 보면 개화 기간을 대충 가늠할 수 있을 것 같습니다. 지금은 대부분 꽃이 져버렸거든요. 쥐오줌풀도 같은 경우입니다. 가느다랗고 긴 꼬투리를 달았습니다.
한창 잎을 왕성하게 펼치며 커가는 투구꽃도 여기저기에 보입니다. 그러나 꽃대가 올라오려면 한참 기다려야 할 겁니다. 가을이 무르익을 무렵, 보라 투구를 의기양양하게 내민 채로 오가는 등산객들의 이목을 사로잡겠죠.

조금 더 오르면 산꿩의다리가 나타나기 시작합니다. 머리에 흰꽃을 뭉텅뭉텅 탐스럽게 피웠습니다. 지금이 그의 전성기입니다. 잎은 2~3회 작은 세 잎이 모여 나고, 잎 가장자리엔 둔한 톱니 모양을 가졌습니다. 구릿대는 검붉은 줄기를 힘차게 밀어 올리며 깃꼴겹잎을 사방으로 왕성하게 뻗었습니다. 구릿대를 보면 울릉도에서 흔하게 본 섬바디가 연상됩니다. 왕성한 생장력을 가졌거든요. 여기서도 빠질세라 애기똥풀도 보입니다. 국수나무는 이미 열매를 맺었고, 중간중간 박새도 하루가 다르게 키를 키웁니다.
급경사 구간에 다다를 무렵, 산꿩의다리와 어울려 둥의나물이 그 둥그런 잎을 여기저기 보기 좋게 펼친 모습이 눈에 띕니다. 일부는 관중의 긴 잎 밑에서 휴식을 즐기고 있습니다.

산꿩의다리_
7월 초, 흰꽃을 뭉텅뭉텅 탐스럽게 피웠습니다.

드디어 급경사 구간에 이르렀습니다. 나무 계단이 있어 미끄러질 염려는 별로 없어 보입니다. 휴양림에서 주억봉이나 구룡덕봉에 오르는 어느 등산로를 택해도 북사면이라 아침에 등산하면 햇빛이 비껴듭니다. 그나마도 울창한 숲이라 잎 사이에 점점이 박히는 몇 줌 햇살뿐입니다. 덕분에 등산로는 대체로 습하여 곳곳에 이끼로 가득 덮였습니다. 더구나 요즘 수시로 내리는 비로 길 여기저기가 질펀합니다.

노루오줌_ 주억봉을 오르는 산기슭에서 자주 만나는 노루오줌. 습한 북사면이라 그의 서식지로 알맞은 덕분입니다.

급경사 구간 내내 만난 풀꽃은 노루오줌입니다. 그들은 군락이 아니라 한두 그루씩 띄엄띄엄 보입니다. 하양, 혹은 분홍의 작은 꽃을 가득 달고 한들거리는 모습, 덕분에 힘들고 지치는 등산길에서도 힘을 얻습니다. 습한 북사면에서 서식하기에 알맞기에 주억봉 길에서 자주 볼 수 있습니다. 눈개승마와 비슷해 보이지만, 그에 비해 잎이 덜 뾰족합니다.

노루오줌보다 더 많은 개체를 보이는 것은 단풍취입니다. 대체로 수십 그루씩 군락을 이루고 있습니다. 군데군데 꽃대를 올린 모습이 보이지만, 아직 꽃을 피우지는 않았습니다. 잎의 모습이 단풍을 닮아 얻은 이름이 '단풍-'입니다. 가을의 초입에 들어서면 그는 하얀 실꽃을 꽃대 끝에 달고 벌과 나비를 부르겠죠. 단풍취 옆에는 삿갓나물이 열매를 맺었습니다. 사방으로 잎을 활짝 펼쳐 열매를 더욱 튼실히 만들어내는 데 열중하고 있습니다. 단풍취와 고만고만 키재기를 하고 있습니다. 한 귀퉁이 단풍나무 밑에 어린 단풍취가 자라고 있습니다. 마치 어미 단풍나무가 새끼 단풍취를 품고 있는 듯합니다.

노루귀와 단풍취_ 노루귀(사진 위)와 단풍취(사진 아래)가 어울려 자랍니다.

방태산 중산간을 넘어서면서 노루귀 군락이 보이기 시작합니다. 저마다 세 갈래 잎을 활짝 펼치고 열심히 영양분을 축적하고 있습니다. 여름과 가을 내내 뿌리에 저장된 영양분은 다음 해 봄맞이 꽃을 피우는 데 쓰일 겁니다. 상상만 해도 즐겁습니다.
중산간을 넘어서자 도깨비부채, 박쥐나물, 진범, 용둥굴레가 보입니다. 토현삼은 작은 꽃잎을 살짝 벌리고, 그사이에 노란 꽃술을 보일 듯 말듯 앙증맞은 모습입니다. 눈개승마는 꽃대에 열매를 깨알 같이 다닥다닥 달고 결실을 준비하고 있습니다.

주봉 능선 삼거리 가까이에 세잎종덩굴이 자주색 꽃을 피웠습니다. 약간 벌어진 꽃잎 사이에 꽉 들어찬 노란 꽃술이 유혹적입니다. 세 잎이 모여 나고, 꽃 모양이 종(鍾)과 같으며, 줄기가 덩굴성이니 '세 잎 종 덩굴'입니다. 양쪽에 세 잎의 호위를 받으며 덩굴 끝에 자주색 얼굴을 내밀었습니다. 마치 마못(marmot)이 몸을 일으켜 고개를 들어 어딘가를 주시하는 듯합니다.

세잎종덩굴_
주억봉 가까이에서 만난 세잎종덩굴꽃.

박새_ 7월 초, 훤칠한 꽃대에 황백색 꽃을 풍성하게 달았습니다.

다시 능선 삼거리에 다다르기 직전, 햇볕이 가득한 오솔길에 늘씬한 몸매를 뽐내는 두 녀석을 만났습니다.
박새 꽃입니다.
황백색 꽃을 훤칠한 꽃대에 풍성하게 단 이 친구는 주변의 부러움을 한 몸에 받는 듯합니다. 6장의 꽃잎을 활짝 펼친 꽃이 수백 송이가 넘을 듯합니다.
이제 주억봉과 구룡덕봉을 잇는 능선을 걷습니다.
자연이 빚어낸 길이란 어느 곳이든 소중하고 아름답지만, 이 능선 구간은 더욱 특별한 의미가 있습니다. 맑은 날이면 햇빛을 온종일 받으며 무수한 풀꽃을 피워내는 보금자리이기 때문입니다. 덕분에 양지식물의 생장이 왕성하여 발디딜 틈이 없을 정도입니다. 백당나무, 참조팝나무, 구릿대, 나비나물, 박새 등 작게는 40~50cm, 크게는 1m가 넘는 키를 자랑하는 소관목과 풀꽃이 즐비합니다. 평탄한 능선길에 초여름의 풍성한 풀꽃이 이어지니, 마음도 따라 붕붕 떠오릅니다.

주억봉에서 구룡덕봉으로 가는 능선_ 능선엔 교목으로 신갈나무가 주종을 이룹니다. 그 밑에선 양지와 반그늘을 좋아하는 온갖 풀꽃들이 자랍니다.

능선에서 자라는 신갈나무는 풀꽃의 식생과 다양성에 도움을 줍니다. 고원의 능선은 햇볕이 풍부하면서도 고원의 특성상 온도가 낮고 바람이 많이 붑니다. 이러한 기후 특성으로 신갈나무는 위로 곧게 뻗는 대신, 가지를 쳐서 옆으로 퍼지는 수형(樹型)을 보입니다. 덕분에 반그늘을 좋아하는 터리풀이나 단풍취 같은 풀꽃도 함께 서식할 수 있는 환경이 되었죠.
이러하니 능선엔 양지성 풀꽃, 소관목, 덩굴식물, 그리고 반그늘을 좋아하는 습지성 식물에 이르기까지 함께 어울려 자라죠. 덕분에 능선 길은 한 사람이 지나가기도 버거울 정도로 우거졌습니다. 앞뒤를 보면, 수풀이 빽빽하여 길이 전혀 보이지 않을 정도입니다. 걷기엔 조금 불편해도, 건강한 생육환경을 보니 기쁨입니다. 그만큼 생명성과 자연성이 살아있다는 증거니까요.
몇 가지 대표적인 식물을 살펴보죠.

먼저, 터리풀입니다.
신갈나무 군락이 있는 주봉 능선 삼거리와 능선으로 이어지는 길목에서 쉽게 찾아볼 수 있습니다. 지금이 그들의 전성기인 듯, 솜사탕처럼 하얀 꽃을 뭉텅이로 피웠습니다. 이렇게 아주 작은 꽃이 모인 꽃 무리는 자세히 보아야 그 눈부신 아름다움을 실감할 수 있습니다. 5장의 꽃잎에 기다란 꽃술, 그 끝에 자주색 꽃밥이 어우러진 모습은 가히 환상적이죠. 잎은 단풍잎처럼 5개로 갈라졌습니다.

터리풀_ 5장의 꽃잎에 기다란 꽃술, 그 끝에 자주색 꽃밥이 어우러진 모습.

참조팝나무.
소관목이지만 풀꽃 같은 잎과 줄기를 가졌습니다. 지금 한창이어서 꽃대 끝에 연분홍 꽃 무리를 활짝 열었습니다. 꽃 하나하나의 생김새가 분명한데다 꽃잎과 꽃술이 온통 연분홍이어서 보는 이의 가슴을 설레게 합니다. 연분홍 꽃받침과 중앙부 짙은 분홍이 신묘하게 어울린 꽃 한 송이 한 송이, 그리고 그들

참조팝나무_ 연분홍 꽃받침과 중앙의 짙은 분홍꽃이 어울린 꽃 무리.

의 무수한 어울림. 정말 눈을 뗄 수 없는 황홀경입니다. 활짝 핀 꽃 위에 솟은 무수한 꽃술은 꾸물거리는 촉수 같아서 손바닥을 간질일 것만 같습니다. 그 아름다움과 향기에 벌들도 유혹을 뿌리치기 어려웠나 봅니다. 꽃 사이를 분주히 오갑니다.

백당나무.

햇볕이 잘 드는 곳에 하양 꽃을 피웠습니다. 꽃차례의 중앙에 양성화가 있고, 그 주변엔 생식 기능이 없는 중성화가 핍니다. 중성화는 5갈래 잎을 갖고 있습니다. 벌과 나비를 유혹하는데 요긴하죠.

백당나무_ 꽃차례의 중앙에 양성화가 있고, 그 주변에 생식 기능이 없는 중성화가 핍니다. 중성화는 5갈래 잎을 갖고 있습니다.

나비나물.

능선의 햇볕이 잘 드는 길목에서 자랍니다. 줄기의 일정한 간격마다 두 잎이 나비가 날개를 펼친 양 마주납니다. 잎이 나는 어깻죽지마다 꽃대가 나와 끝에서 자주 꽃을 피웁니다.

나비나물_ 주억봉 능선의 햇볕이 잘 드는 길목에서 자라고 있습니다.

구룡덕봉에서 바라본 전망_ 가까이는 점봉산, 멀리로는 설악산의 능선이 명도를 달리하며 지평선 가까이에 걸려 있습니다.

주억봉에서 구룡덕봉으로 이어지는 약 2km의 능선을 걷노라면, 왜 온갖 풀꽃과 소관목이 자리하는지 이제는 알 듯합니다. 곰배령이 그렇고, 두문동재가 그렇고, 지금 이 능선이 그렇습니다. 그 공통점 말이죠. 1,000m 이상의 고원(高原), 비탈처럼 비옥한 토양을 가진 육산, 풍부한 햇볕, 바람, 곤충, 인간의 간섭이 거의 없는 곳……. 그들에게는 천국이고 요람입니다.

만일 제가 주억봉에 올랐다 이 능선을 거치지 않고 하산했다면, 제대로 그 속살을 보지 못했을 겁니다. 구룡덕봉은 탁 트인 전망으로 잘 알려진 곳입니다. 3개의 전망대 위에 서면, 겹겹이 굽이치며 물결치는 산등성의 맥동으로 숨이 멎을 듯합니다. 서쪽으로는 방금 걸어온 주억봉 능선이 긴 꼬리로 이어지고, 북쪽으로 눈을 돌리면 가까이는 점봉산, 멀리로는 설악산의 능선이 명도(明度)를 달리하며 지평선 가까이에 걸려 있습니다.

구룡덕봉은 과거에 군부대 시설이 있던 곳이라는데 그 사실이 믿기지 않을 정도로 잘 복원되었습니다. 지난해 가을, 곰배령에서 많이 보았던 둥근이질풀[☞ 곰배령 둥근이질풀]이 가끔 하나, 둘 분홍 얼굴을 내밀었습니다. 곧 본격적인 자신들의 전성기가 도래할 것임을 알리려는 듯 고개를 들고 활짝 피었습니다.

수풀 사이에서 훤칠한 키를 뽐내는 구릿대가 보입니다. 햇볕을 가득 받은 덕분인지 그 정점에 하얀 꽃을 우산처럼 펼쳤습니다. 간간이 범꼬리도 보입니다. 늦깎이입니다.

구룡덕봉에서 매봉령으로 이어지는 약 300m의 넓은 임도에는 참조팝나무와 터리풀이 많이 보입니다. 임도가 끝나고 매봉령 방면을 가리키는 이정표 밑으로는 꿀풀 몇 송이가 보입니다. 초록 잎 사이로 보라 꽃이 선명합니다. 우리가 떠남을 아쉬워하듯 길마중을 합니다.

구릿대_ 수풀 사이에서 훤칠한 키 덕분에 돋보이는 구릿대.

범꼬리_ 꽃차례의 모양이 호랑이 꼬리를 닮았다 하여 '범꼬리'라는 이름을 얻었습니다.

이후 매봉령까지 약 800m, 그리고 매봉령에서 자연휴양림까지 약 2.7km는 계속 내리막길입니다. 산의 곳곳엔 묵은 세월만큼이나 아름드리 거목이 즐비합니다.
몇백 년의 비바람과 햇볕을 품었을 잣나무, 신갈나무가 길목길목에서 위엄을 보입니다. 일부는 세월의 무게를 견디지 못하고 자신을 내주었습니다. 밑동이 통째로 뽑혀 비탈에 나뒹굴기도 하고 영원할 것만 같은 아름드리 기둥이 꺾이어 삭았습니다. 온통 초록 이끼를 뒤집어쓰고 누워 있는 모습이 종종 보입니다. 어떤 친구는 연육(軟肉)의 수질이 삭아서 외피(外皮)에 의지하여 자라고 있습니다. 세월과 함께 순응하며 살아가는 그들의 모습에 자못 숙연해집니다.
매봉령 하산 길엔 산꿩의다리, 단풍취가 종종 보입니다.
하산을 거의 마칠 무렵 무릎에 약간의 무리가 오는 듯하고 발의 감각이 무디어졌습니다. 적가리골에 다다를 무렵, 시원한 계곡물에 얼굴을 씻고 발을 담그며 먼 하늘을 바라봅니다. 거대한 산의 기운이 온몸에 퍼졌는지 왠지 모를 뿌듯함이 가슴 가득합니다.
자연을 노래하고 싶은 이들이 찾는 곳, 방태산입니다.

꿀풀_ 여름에 열매가 성숙하면 잎줄기는 고사하므로 하고초(夏枯草)라고도 합니다.

방태산 탐방에서 만난 주요 풀꽃

까실쑥부쟁이, 까치수염, 꼭두서니, 구릿대, 꿀풀, 나비나물, 노루귀, 노루삼, 노루오줌, 눈개승마, 단풍취, 도깨비부채, 둥근이질풀, 말나리, 멸가치, 박새, 박쥐나물, 백당나무, 산꿩의다리, 삿갓나물, 세잎종덩굴, 알록제비꽃, 애기똥풀, 오리방풀, 용둥굴레, 졸방제비꽃, 진범, 참조팝나무, 초롱꽃, 큰뱀무, 터리풀, 토현삼, 투구꽃, 흰물봉선 (34종)

[탐방기간 : 2021.07.05.~07.06]

제3부 계곡의 꽃 무리

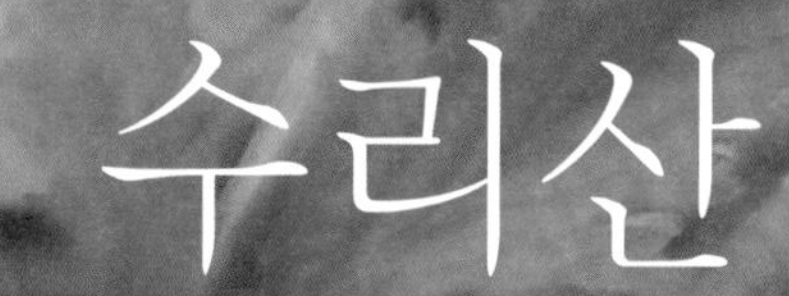

수리산

풀꽃을 탐방하다 보면 흔히 길가(혹은 강가)에 자라는 식물을 관찰하게 됩니다.
길가는 풀꽃이 잘 자라는 곳이기도 하고 눈에 잘 띄기도 하는 곳이니까요. 풀꽃이 관목숲의 그늘에서 벗어나 햇빛을 더욱 많이 받을 수 있는 장소로 길가를 택한 건 결코 우연이 아닙니다.
그런데, 이런 여건보다 더 좋은 환경이 있습니다. 바로 계곡입니다.
물이 흐르는 계곡엔 나무가 없어 햇빛을 비교적 잘 받을 수 있습니다.
또한, 풍부한 수분과 비옥한 토양으로 풀꽃의 생장에 최적의 장소가 아닐 수 없죠.
계곡이 매혹적이긴 풀꽃 탐방객에도 예외가 아닙니다. 졸졸거리는 계곡 물소리를 들으며 오롯이 피어나는 야생화를 찾아 떠나는 여행은 언제나 설렘의 시간입니다.

천마산

제 1장 수리산 계곡

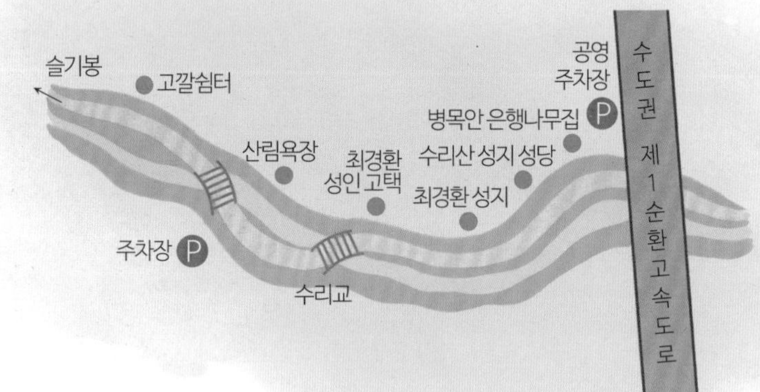

병목안 수암천 계곡

촬촬촬~
계곡은 물소리로 가득합니다.
태풍 마이삭이 지나간 다음 날, 9월 3일.
곳곳마다 낙차로 생기는 하얀 물보라가 눈부십니다.

수암천 계곡을 따라 경사진 곳마다 생기는 하얀 물거품을 보노라면 하나의 거대한 산층층이꽃으로 다가오는 듯합니다. 거기에 맑고 투명한 아침햇살이 건너편 산기슭에 닿으면 가슴마저 탁 트입니다.

계곡물은 좀깨잎나무의 호위를 받으며 우쭐대며 흐릅니다. 저만치 위에서는 단풍잎돼지풀이 혼자서 꺼덕거리고 있습니다. 거친 물살을 잘도 견뎌냅니다. 장소를 불문하고 어디서나 쑥쑥 자라는 녀석의 생장력은 가히 가공할 만합니다.

좀깨잎나무_ 계곡 물세례를 받으면서도 생장이 왕성한 좀깨잎나무.

이젠 제법 선선한 기운이 감돕니다. 가을배추와 무가 심어진 밭 위로 고추잠자리가 맴돕니다. 사실 그들은 먹이 사냥하느라 여념이 없는 모습이겠지만요. 연노랑 왕고들빼기꽃은 계곡 가에서 고개를 삐쭉 내밀었습니다. 가을 들목의 일인자인 양 비탈길의 제일 앞에 서서 벌과 나비를 유혹하고 있죠. 배추밭 작은 둔덕에서 몇 그루 덩그러니 있는 털별꽃아재비. 저를 가장 먼저 반기는 꼬마 수문장입니다. 수리터널 인근 수도권제1순환고속도로 고가도로. 그 아래 공용주차장에 차를 놓고 그들에게 입산 신고를 합니다. 털별꽃아재비와의 눈 마주침입니다. 이때 무릎 꿇고 머리를 푹 수그려야 합니다. 그제야 그들은 비로소 하얀 꽃을 흔들며 환하게 답하죠.

털별꽃아재비_ 한해살이풀이지만, 개화기간이 길어 여름에서 가을 내내 밭둑이나 길가에서 흔히 볼 수 있습니다. 꽃잎이 몇 mm에 불과해 면밀한 관찰이 필요합니다.

쿵쾅거리는 물소리와 바람에도 아랑곳없이 자신들의 위치를 묵묵히 지켜냅니다. 꽃을 피워대며 수분과 영양을 공급하고 꽃등에와 벌을 불러들여 결실에 여념이 없죠.

이렇게 작고 가녀린 녀석들은 보통 꽃 주변 잎과 줄기에 털이 수북합니다. 그들에게 털은 일종의 보호 장치입니다. 불어오는 바람을 흡수하고 수분을 잡아두는데 필요하죠. 또한 밤에 온도가 내려가면 자신의 체온을 유지하는 데 요긴합니다.

사실 그들은 작고 볼품없어 보이지만, 용감하게(?) 길가로 나왔습니다. 때로는 돌 틈에서, 심지어 길가 아스팔트 틈을 비집고 자랍니다. 한길 가장자리엔 늦깎이 녀석들이 발아하여 싹을 틔우고 꽃을 피우기도 합니다. 이 가을에 새싹이라니? 녀석들의 종족 번식은 지칠 줄을 모릅니다. 연약하지만 질긴 생명력! 그들이 장한 이유입니다.

그들은 매번 저에게 이렇게 깨우침을 줍니다. '당신도 작고 연약하다고요? 그렇다면 맞서 싸우지 마세요. 다만 상대의 힘을 당신의 에너지로 사용하세요!' 우리가 어디를 여행하든, 늦여름부터 하얀 꽃을 수놓은 지혜로운 귀염둥이, 털별꽃아재비!
그들과 작별하고 몇 걸음 오르면 수풀 속에 노란 별들이 빛납니다. 애기똥풀입니다. 줄기를 자르면 노란 액이 나와 붙여진 귀여운 명칭, 애기똥풀. 꽃도 잎도 얇고 여립니다. 잎의 색깔마저 연록(軟綠)입니다. 그러니까 '애기—'이다 싶습니다. 그래도, 가장 긴 기간 노란 꽃을 감상할 수 있습니다. 봄부터 가을까지 줄기차게 피워대는 덕분이죠. 마치 장거리 이어달리기 선수 같습니다. 한 녀석이 피고 나면 또 다른 녀석이 그 바통을 이어받거든요.
아까시나무나 흰말채나무 아래 살짝 그늘진 곳이면 어김없이 볼 수 있는 노란 별! 네 장의 꽃잎을 활짝 열어젖힌 채, 그 중심에 암술을 곧게 세우고 주변에 수술들을 거느리고 있습니다. 누구보다 자신 있게 활짝 나래를 펼치고 비상(飛翔)하고픈 '어린 왕자', 애기똥풀. 그에게 갈채를 보냅니다.
병목안 입구에 들어서면 마음이 경건해집니다. 이제 막 수리산성지성당과 최경환 성인(聖人)의 묘역을 눈앞에 맞닥뜨린 연유인지 모릅니다. 그래서 이곳을 방문할 때면 성당 주변을 서성이기도 하고 성인의 고택을 둘러보기도 합니다.

봄이면 고택 앞뜰엔 하얀 옥잠화가 만발하여 성인의 마음을 환하게 풀어줍니다. 또, 여름이면 성당 앞뜰에 비비추가 연보랏빛 종(鐘)을 주렁주렁 달고 박애(博愛)의 뜻을 전파합니다. 그들이 그리 보이는 것은 성인과 성당의 존재감 때문이겠죠. 옥잠화, 비비추, 성인 최경환, 그리고 성지성당……. 이 모두의 연결고리가 마음입니다. 일체유심조(一切唯心造)!
사람들은 산림욕장 가까이에 있는 주차장까지 차를 몰고 오르지만 저는 항상 공용주차장에 차를 맡기고 걸어서 오릅니다. 이제 가을이 제법 궤도에 올랐습니다. 추분(秋分)이니 말입니다. 여름 내내 피서객들로 몸살을 앓던 계곡도 이제야 휴식에 들어갔습니다. 조심스레 계곡 안에 들어가 어도(魚道) 한 귀퉁이에 앉아봅니다.

비비추_
원래 산속 골짜기에 나는 백합과의 여러해살이풀입니다.
개화기간이 길어 원예용으로 사랑받는 꽃이기도 합니다.

물봉선/고마리_ 9월 초, 계곡 가의 고마리꽃과 비탈 쪽 물봉선꽃이 흐드러지게 피었습니다.

아! 계곡은 또 다른 세상입니다. 졸졸거리는 물소리 사이로 아침 산새의 맑은 지저귐이 깊은 울림을 줍니다. 한동안 이어지는 여운……. 적요(寂寥)! 이어 맞은편 꽃 무리가 두 눈에 확 들어옵니다. 물가에서 비탈까지 온통 뒤덮은 하얀 고마리와 붉은 물봉선! 그들의 어우러진 꽃 무리에 취할 지경입니다. 아침 햇살은 어느새 건너편 기슭에 바짝 다가와 속삭입니다. 꽃 천지 계곡에 안겨, 저도 모르게 스르르 눈을 감습니다. 잊었던 바람이 볼에, 이마에 스칩니다. 이젠 제가 나비가 되어 떠납니다. 비움입니다. 풀꽃이 되고 햇살이 되고 물이 되어봅니다.

'두런두런~'

퍼뜩 눈을 뜨니 현세(現世)입니다. 두세 명의 싸이클 동호인들이 비탈길을 오르며 떠드는 소리입니다. 몸을 추스르고 호접몽(胡蝶夢)*을 접습니다.

다시 임도로 나와 계곡 길을 오릅니다. 좌로는 계곡, 우로는 산기슭, 그리고 길옆 작은 도랑. 이렇게 평행선을 그리며 변산바람꽃 쉼터에 이릅니다. 거기부터 경사가 급해지며 슬기봉으로 방향을 틉니다. 2km 넘는 여정(旅程) 내내 길동무가 생겼습니다. 물봉선입니다. 제가 심심하다 싶으면 고개를 내밀고 힘내라고 격려를 아끼지 않습니다. 이야기보따리를 풀어 홀로 걷는 저의 심사를 달래줍니다. 이 친구는 얼마나 물을 좋아했으면 '물봉선'이라는 이름을 받았을까요! 계곡 길 내내 이어지는 물봉선, 병목안 수암 계곡의 주인공입니다.

호접몽(胡蝶夢) : 중국의 장자(莊子)가 꿈에 호랑나비가 되어 훨훨 날아다니다가 깨서는, 자기가 꿈에 호랑나비가 되었던 것인지 호랑나비가 꿈에 장자가 되었는지 모르겠다고 한 이야기에서 유래한다. -『莊子 : 齊物論』-

수암 계곡은 북사면이라 해가 그리 오래 머물지 않습니다. 그나마 동쪽 기슭과 서쪽 기슭에 오전 오후 한동안 나뉘어 비칠 뿐입니다. 반음지의 습한 곳을 좋아하는 물봉선으로선 천혜의 보금자리가 아닐 수 없죠. 더구나 계곡물까지 흐르니 그들에겐 천국입니다. 풀꽃을 사랑하는 분들이라면, 한 번쯤 이곳을 방문하여 화답(花答)해 보심이 어떨는지요?
이 길의 안내자이자 주인공이 물봉선이니, 좀 더 얘기해보겠습니다. 넓은 잎은 들깻잎 비슷한 모양입니다. 잎의 길이에 비해 폭이 좀 좁은 편이긴 합니다. 꽃의 구조는 어떨까요? 아주 독특합니다. 일반 꽃의 총포(꽃받침)는 꽃의 하부를 떠받치고 있지만, 이 친구는 꽃의 상부 중간쯤에서 꽃잎을 붙잡고 있습니다. 총포로 위 꽃잎의 중앙을 좌우로 감싸며 붙들고 있죠. 꽃술도 꽃잎과 수직 방향입니다.

물봉선_ 붉은 듯 보랏빛 꽃잎. 그 안쪽엔 나비가 날개를 펼친 듯 희고 노란 무늬가 자라하고 있어 벌과 나비에게 유혹적입니다.

붉은 듯 보랏빛 꽃잎, 그 안쪽엔 나비가 날개를 펼친 듯 희고 노란 무늬가 있어 벌과 나비에게 유혹적입니다. 두 장의 넓적한 꽃잎이 아래를 받치고 위의 꽃잎은 그보다 작습니다. 벌이 날아 앉아 들락거릴 수 있는 구조이죠. 꿀주머니도 넓어 벌들이 즐겨 찾습니다. 그러나 꽃의 입구보다 덩치가 큰 벌들은 꽃의 뒷부분으로 돌아 잠깐씩 꿀을 훔치는 광경이 목격되었습니다.
어찌 되었든 꿀샘이 다른 꽃에 비해 넉넉해 보입니다. 제가 직접 맛을 보아도 달착지근할 정도입니다. 그런데 밤꿀도 있고 아카시아꿀도 있는데 물봉선꿀은 왜 없는지 모르겠습니다?!
햇빛이 어느 정도 들어오는 비탈길에서 물봉선이 자란다면 십중팔구 불청객을 만날 확률이 높습니다. 환삼덩굴이나 칡과 같은 덩굴식물 말입니다. 다행히 물봉선은 햇빛이 반나절도 들지 않는 반음지에서 무리를 이룹니다. 양지쪽에서 잘 자라는 덩굴식물과 타협한 셈입니다. 노랑물봉선은 물봉선보다 번식력이 약한 탓인지, 계곡길 내내 어쩌다 몇 그루 만났을 뿐입니다.

좀깨잎나무_ 잎이 깻잎을 닮았으나 작은 편이어서 '좀깨잎나무'입니다. 반목반초(半木半草)입니다.

물봉선 외에 수암 계곡에서 흔히 볼 수 있는 풀꽃은?
좀깨잎나무입니다.
나무라지만 반목반초(半木半草)입니다. 숲 가장자리나 계곡 부근에서 무리 지어 잘 자랍니다. 잎이 들깻잎을 닮아서 얻은 이름입니다. 줄기는 붉은색을 띱니다. 가을이 진행되면서 담황록색(淡黃綠色)의 꽃이 불그레해지며 열매를 맺습니다. 쐐기풀과임에도 불구하고 별 이질감 없이 다가오는 건, 어린 시절부터 들깻잎을 많이 보고 자라온 덕분인가 봅니다.
임도를 따라 물봉선과 좀깨잎나무 못지않게 빠지지 않는 친구가 있다면?
여뀌와 고마리입니다.
이들은 모두 여뀌과이며 습지와 반음지에서 잘 자랍니다. 가는 꽃가지를 작은 잎 사이로 삐죽이 올려 꽃을 피웁니다. 잎이 넓적하고 꽃잎이 비교적 넓은 물봉선으로선, 그들이 곁에 있어도 별로 방해가 되지 않죠. 여뀌, 고마리, 그리고 물봉선 모두가 반음지와 습지를 좋아하니 서로 잘 어울립니다. 붉은 물봉선꽃이 화려하게 수를 놓으면 여뀌와 고마리는 사이사이에 긴 꽃대를 올려 꽃을 피웁니다. "우리 정말 잘 어울리죠?"라고 자랑하듯 말입니다. 여기서도 봉선화가 주인공이고 작고 하얀 여뀌는 그들의 배경이 되어줍니다.

계곡 길을 잘 관찰해보면, 물가 제일 가까운 곳은 고마리와 여뀌, 그다음 물봉선이 자랍니다. 그리고 임도 가까운 양지에는 덩굴식물이 분포되어 있음을 알 수 있죠. 대체로 자신들의 영역이 정해져 있죠. 그러나 이들이 환삼덩굴과 칡을 만나면 얘기는 달라집니다. 그들의 거친 습격을 받는다면 꼼짝없이 당하고 말죠. 다행히 두 덩굴식물은 모두 햇빛을 지극히 좋아하는 양지식물이라, 여뀌류나 물봉선과 잘 부딪진 않습니다.
여러분이 숲속 트래킹 중에 길을 잃었다고 가정해보죠. 비가 오고 있어 방향을 감지할 수도 없습니다. 마침, 길옆에는 물봉선과 환삼덩굴이 자라고 있습니다. 어때요? 길을 찾을 수 있을까요?

물봉선/환삼덩굴_ 병목안 수암천을 오르는 계곡에서 볼 수 있는 풀꽃 생태. 사진 중앙 좌측의 반그늘에는 물봉선, 우측의 양지쪽은 환삼덩굴이 우점하고 있습니다.

답은 식물과 일조량의 관계에 있습니다. 햇볕이 강하고 일조량이 많은 사면(斜面)엔 환삼덩굴이, 그 반대쪽으론 물봉선이 자리하죠. 앞에서, 물봉선은 반음지를 좋아하고 환삼덩굴은 햇볕을 좋아한다 말씀드렸죠? 결과적으로, 환삼덩굴이 무성한 사면은 남향, 물봉선 군락을 이루는 쪽은 북향, 혹은 서북향일 가능성이 매우 큽니다. 위의 '물봉선/환삼덩굴'은 이를 단적으로 증명합니다.
사진 좌측엔 물봉선이 우점하고, 우측엔 환삼덩굴이 우점하고 있죠? 실제로 좌측은 북향이고, 우측은 남향입니다.
환삼덩굴과 칡, 두 식물은 인간에게 썩 환대받지 못하는 존재입니다. 다른 식물들을 위협할 뿐 아니라, 종의 다양성을 해치기도 하니까요. 그러나 그들도 엄연히 덩굴식물의 한 축에 있습니다.

8~9월에 환삼덩굴이 붉은 듯 연초록의 꽃을 무리로 피워대는 모습은 그런대로 사랑스럽습니다. 물론 작고 예쁜 꽃을 감상하려면 거친 가시를 무릅쓰고 가까이 가서 살펴보아야 합니다.
이 말은 환삼덩굴꽃에도 예외가 아닙니다.
'자세히 보아야 예쁘다. 오래 보아야 사랑스럽다.'

환삼덩굴_
다른 식물에게 위협적이며 인간에게 환대받지 못하는 환삼덩굴. 그렇다해도 늦여름에 피어난 연록의 수꽃은 사랑스럽습니다. 그대로의 자연의 모습이니까요.

칡_ 8월의 수리산 계곡에서 풍겨오는 칡꽃의 향기를 지금도 잊을 수 없습니다.

8월 초 병목안을 방문했던 기억이 생생합니다. 슬기봉으로 오르는 도중 비가 내리기 시작해 하산했습니다. 내려오는 길에서 만난 칡꽃. 그 향기를 지금도 잊을 수 없습니다. 사방팔방에 그 넓적한 잎으로 주변을 덮어버리는 위협적인 존재지만, 붉은 보라 꽃에서 풍기는 향기만큼은 일품입니다. 그 달콤하고 감미로움이라니~! 온 마음으로 사랑하고픈 여인의 향기가 이럴까 싶습니다. 그때 알았죠. 후각을 동원한 시각이 얼마나 강렬한가를. 발길을 멈추고 오래도록 향기에 취했습니다. 꽃이 크고 무리를 이루니 향기도 진하고 멀리 갑니다. 어디 향기뿐이겠습니까! 뿌리는 음주 후 차로 달여 마셔도 좋고, 여린 잎은 쌈을 싸 먹어도 좋습니다. 미워할 수만은 없는 녀석이죠.

이삭여뀌_ 꽃이 이삭처럼 성기게 핍니다. 8월에 온통 붉게 물들며 절정에 이릅니다.

성당과 성인의 고택을 거쳐 수리교를 지나면, 반음지에 이삭여뀌와 파리풀이 군락을 이루고 있습니다. 파리풀꽃은 9월 중순이 지나자 거의 모습을 감췄죠. 이삭여뀌의 꽃은 8, 9월에 온통 붉게 물들며 절정을 이루었죠. 길게(15~20cm 정도) 늘어뜨린 꽃대가 바람에 하늘거리는 모습은 꽤 낭만적입니다.

지금은 9월 하순입니다.

두 풀꽃이 모두 열매 맺기에 전념하고 있습니다.

7월 하순에 이곳을 방문했던 기억을 살려봅니다.

파리풀꽃_ 꽃대 줄기 따라 연보라 꽃이 줄지어 피어납니다.

줄지어 피어난 파리풀꽃,
나비들이 춤을 춥니다.
나풀나풀~ 나풀나풀~
꽃 하나하나에 입맞춤하느라,
나비의 사랑은 계속됩니다.
나풀나풀~ 나풀나풀~
나비의 날갯짓 따라
파리한 풀꽃에 눈이 갑니다.
자꾸만 눈이 갑니다.
여리여리한 풀꽃,
파리풀꽃!

파리풀과 나비_ 작고 무수한 파리풀꽃 찾아 쉴 새 없이 나풀대는 흰나비.

9월 하순, 서양등골나물꽃이 만발하였습니다. 노란 짚신나물과 붉은 물봉선과 어울려 가을꽃 잔치를 벌였습니다. 그도 10월이 되면 하얀 갓털을 수북이 얹고서 새로운 삶을 찾아 먼 여정을 떠나겠죠?

이질풀은 산림욕장 인근에 있는 주차장 맞은편에서 군락을 이루었습니다. 임도와 산기슭 사이에서도 자주 발견됩니다. 7월 하순 때보다 꽃이 많이 줄었지만, 여전히 연한 보랏빛을 띤 흰 꽃이 여기저기 보석처럼 빛납니다.

내려오는 길, 다시 성인의 고택에 다다릅니다. 바위 담장 위에 푸른 듯 연보라 꽃이 보입니다.

올라갈 때 보지 못하던 꽃, 배초향입니다.

단풍나무 아래서 큰 다발을 이루고 피었습니다. 보라 꽃대에 가만히 코를 들이대면 은은하고 달달한 향기가 그윽합니다. 들깨처럼 고소한 향이지만 더욱 은은하고 감미롭게 느껴지죠. 토종 허브라 그렇겠거니 생각하면 그다운 정답입니다.

향기도 그러하지만, 연한 보랏빛 꽃대가 유난히 마음을 끕니다. 배초향이란 어감도 좋습니다. 선조들은 얼마나 향기로운 꽃이면 식물에 '—향'을 달아 주었을까요! 잎과 꽃, 그리고 향기가 모두 하나가 되어 숨은 매력을 한껏 간직한 친구입니다.

서양등골나물_ 북미가 원산지입니다. 9월 중·하순에 꽃이 만발합니다.

이질풀_ 꽃잎에 보라색 밀선이 5줄입니다.

오늘은 9월 25일. 아침에 올랐지만 벌써 해가 기웁니다. 병목안을 들락거리다 보니 여름이 가고 가을이 성큼 다가왔네요. 수암천 골짜기를 따라 풀꽃의 생태와 환경, 그리고 생장 과정을 담는 여정은 행복한 나날이었습니다. 덕분에 길목마다 피어난 풀꽃과도 친숙해졌죠.

오늘 밤 잠자리에선, 수암 골짜기 풀꽃들을 하나하나 불러보렵니다. 밤하늘에 총총한 별 헤듯이 …….

물봉선, 배초향, 벌개미취, 서양등골나물, 이삭여뀌, 이질풀, 좀깨잎나무, 칡, 큰뱀무, 털별꽃아재비, 파리풀…….

수리산 수암 계곡에서 만난 주요 풀꽃

개망초, 개여뀌, 고마리, 꼭두서니, 노랑물봉선, 누린내풀, 눈괴불주머니, 단풍잎돼지풀, 달맞이꽃, 닭의장풀, 물봉선, 배초향, 벌개미취, 사데풀, 사위질빵, 산박하, 서양등골나물, 애기똥풀, 왕고들빼기, 이삭여뀌, 이질풀, 익모초, 좀깨잎나무, 주름잎, 진득찰, 질경이, 짚신나물, 참취, 칡, 큰뱀무, 털별꽃아재비, 파리풀, 피나물, 환삼덩굴 (34종)

[관찰기간 : 2020.07.26~09.25]

수암봉 계곡

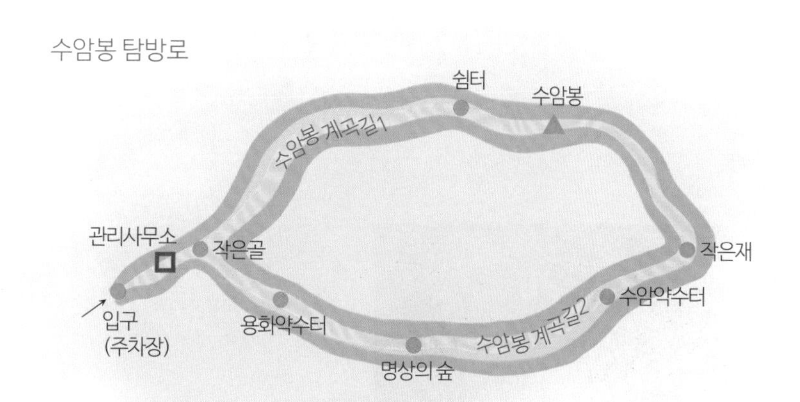

수리산 수암봉을 오르는 계곡에 섰습니다.
계곡은 온갖 생명을 품습니다.
산마루나 산비탈보다 바람이 세지 않고 토양이 비옥한 덕분이죠.
무엇보다 수분이 풍부하고 주변에 키 큰 관목이 적어 따스한 햇볕을 충분히 받을 수 있습니다.
풀꽃에게는 꽃 피우기 최적의 장소가 아닐 수 없습니다.
제 생각엔 물소리도 한몫하는 듯합니다. 그들의 생장에 건강한 촉진제이죠.
우리도 계곡 물소리와 같은 자연의 소리를 들으면 몸과 마음의 순환이 원활해지잖아요?

피나물_ 수리산 수암봉 계곡을 덮은 노란 꽃, 피나물.

4월 초의 수암봉 계곡은 온통 노란 물결입니다. 만발한 피나물꽃으로 뒤덮였습니다. 꽃잎 4장이 열 십자('+') 모양으로 달렸습니다. 줄기를 잘라보면 붉은 유액이 나와 '피-'란 이름을 얻게 되었죠. 꽃 모양과 색깔로 보면 매미꽃과 애기똥풀도 피나물과 비슷합니다. 모두 양귀비과에 속하죠.
피나물이 중부 이북의 산지에서 자라는 것과 달리, 매미꽃은 남부 지방의 산지에서만 자랍니다. 그러고 보면 지난 2018년 선암사에서 큰굴목재로 오르는 숲길이 생각납니다. 계곡 옆 숲길을 따라 노란 매미꽃이 길 따라 피어났었죠. 초여름 싱그러움을 더해주던 동행자였습니다. 피나물은 5월경까지 꽃이 피었다가 흔적도 없이 사라지지만, 매미꽃은 이때부터 한창입니다.

고개를 이리저리 돌리며 살펴보니 군데군데 현호색과 천남성이 보입니다.

현호색.
'거'라고 불리는 가늘고 긴 꽃부리가 뒤쪽으로 뻗어 있는 모습이 인상적입니다. 꽃잎의 앞부분을 상하로 벌리고 있어, 마치 새끼 새가 먹이를 달라고 입을 벌린 듯 앙증맞습니다. 실제로 속명 'Corydalis'는 '뿔종다리(crested lark)'[참고-브리테니카 사전]라는 의미이니, 제 상상이 무리는 아닌 듯싶습니다. 하늘색 혹은 분홍색이 '거' 부분의 연한 색조와 어울려 오묘한 감을 자아냅니다.

현호색_ 꽃잎을 위아래로 활짝 벌린 모습이, 마치 새끼 새가 먹이를 달라고 입을 벌리고 있는 듯합니다.

천남성.
전국의 산속 습기가 많은 곳에서 잘 자라는 유독성 식물입니다. 꽃모양이 좁고 긴 깔때기처럼 생겨 특이하죠. 꽃받침에 해당하는 포(苞)가 생존에 맞게 진화한 모습입니다. 포 안에는 곤봉 모양의 수술 혹은 암술이 달려 있습니다. 파리 같은 곤충을 유혹하여 꽃가루받이합니다.
저 위로 산기슭을 따라 등산로를 오가는 사람들의 소리가 간간이 희미하게 들립니다. 하지만 이곳 계곡은 고요하기만 합니다.

언젠가 섬진강의 어느 다원(茶園)에서 하룻밤을 묵을 때 주인과 대화한 기억이 납니다. 여행길을 묻길래 섬진강변을 걷고 있노라고 대답하니까, 주인은 "아! 그러면 강으로 내려가 백사장을 따라 걸어보세요."하고 권하였습니다. 다음 날 아침 그의 말대로 강둑 아래 모래사장을 걸어보았습니다.

천남성_ 전국의 산속 습기가 많은 곳에서 잘 자라는 유독성 식물입니다.

강 건너, 산은 더욱 높아 보이고 커 보였습니다. 강물은 바로 눈앞에서 꿀럭거리며 다가오는 듯했죠. 뭐랄까 강산(江山) 가운데 푹 파묻히는 느낌이었습니다. 자연에 대한 몰입감이 훨씬 깊어 편안하고 열린 기분이었죠.

지금의 계곡이 딱 그런 느낌입니다. 여러분도 산행할 때면 가끔씩 계곡에 내려와 몸을 맡기시고 사색을 즐겨 보시기 바랍니다.

지금은 졸졸거리는 물소리에 꽃물결과 어울려 마음이 풍요롭습니다. 번잡스런 세상사를 모두 잊을 수 있으니 무릉도원이 따로 없습니다. 앉은 김에 자리를 잡고 한동안 명상에 잠겼습니다.

수암봉은 해발 398m 밖에 되지 않지만, 정상 부근은 경사가 가파릅니다. 바위 절벽을 오르노라면 제대로 산행하는 맛이 납니다.

개별꽃_ 숲길 가에 하얀 '별꽃'이 무리 지어 살랑살랑 흔드는 모습이 참으로 사랑스럽습니다.

하산 길은 태을봉 방면으로 가다 다시 수암약수터로 돌아 내려가는 순환코스입니다. 남서 사면이라 오후들어 햇볕이 풍부하고 길 따라 다양한 풀꽃이 피었습니다. 특히 개별꽃은 산행하는 내내 동행해 준 고마운 친구입니다. 숲길 가에 군락을 이루고 바람이 불 때마다 하얀 얼굴을 살랑살랑 흔드는 모습이 참 귀엽습니다. '개-'라는 접두어가 붙어 어쩐지 '별꽃'보다 덜 예쁠 것 같지만 조금도 그렇지 않습니다. 암술을 호위하는 10여 개의 수술이 있고, 그 끝에 짙은 자주색 꽃가루가 하얀 꽃잎 위에서 선명하게 반짝이죠.
수암봉에서 주차장 가는 도중에 수암약수터가 있습니다. 가파른 계단이 끝나고 경사가 완만할 즈음에 나타납니다. 이곳이 안락하기는 풀꽃도 마찬가지인가 봅니다. 약수터 주변 계곡으로 발을 돌리면 푸른 현호색이 여기저기 군락을 이루고 있죠. 적당한 햇볕과 바람, 그리고 영양과 수분이 함유된 토양 덕분에 그들의 보금자리가 되었죠. 군데군데 천남성도 보입니다. 싹 틔우고 얼마 되지 않은 녀석은 포를 중심으로 잎이 포개진 채 칭칭 감겨있는 모습이 신기하기만 합니다.
선괭이눈도 계곡 근처 여기저기에 뭉텅이를 이루며 노란 꽃망울을 터뜨렸습니다. 계곡물을 가두어 두느라 쌓은 돌담에도 피었습니다. 돌담의 초록 이끼 위에 피어난 노란 꽃이 돋보입니다. 선괭이눈은 여기 수암봉 계곡처럼 산속 습지를 좋아합니다.

선괭이눈.
열매 맺은 모습이 고양이 눈을 닮아 '-괭이눈'의 명칭을 얻었습니다. 노란 꽃이 올망졸망 모여 있는 모습이 정말 사랑스럽습니다. 꽃 주변의 잎도 꽃을 따라 노란 형광색을 띠어, 꽃말 그대로 '골짜기의 황금'으로 여기저기서 빛납니다.

선괭이눈_ 줄기 끝 중앙에 꽃이 모여납니다. 꽃 주변에 떠받들 듯 옆으로 뻗은 노란 잎은 꽃이 아니라 잎입니다. 꽃을 크게 보이게 하여 나비와 벌을 유혹하도록 진화했습니다.

빗살현호색_ 잎에는 짙은 청녹 바탕에 밝은 쑥색이 부채살처럼 펴져 있습니다.

하산 중에 만난 현호색은 또 다른 모습입니다. 잎에는 짙은 청록 바탕에 밝은 쑥색이 부챗살처럼 펴져 있습니다. 빗살현호색입니다. 꽃도 분홍과 연보라가 잘 어우러져 곱습니다. 계곡에서 보았던 좀현호색과 또 다른 느낌입니다. 계란형 잎에 하늘색 꽃을 피워 올린 좀현호색이 청초한 느낌이라면, 빗살현호색은 원숙미가 느껴집니다.

오솔길에서 약간 떨어진 기슭에는 다섯 장의 연분홍 꽃잎을 달고 줄줄이 꽃을 피운 줄딸기, 하얀 솜털의 줄기를 벌써 20cm 넘게 올리고 그 끝에 노란 꽃을 달고 있는 애기똥풀도 보입니다.

양지바른 길옆에는 작은 보라꽃을 다발로 피운 제비꽃이 보입니다. 햇볕이 잘 드는 산기슭이나 들판에서 잘 자라죠. 개방화로 타가수분을 할 뿐 아니라, 폐쇄화로 자가수분도 하여 번식력이 뛰어납니다. 덕분에 전국의 길가 어디서나 쉽게 만날 수 있습니다. 하얀 남산제비꽃도 간간이 보입니다.

양지꽃_ 햇빛을 품은 땅이면 어디서나 노란 꽃망울을 터뜨리는 양지꽃.

양지하면 양지꽃을 빼놓을 수 없습니다. 햇빛을 품은 땅이면 어디든 찾아가서 노란 꽃을 피웁니다. 5장의 꽃잎을 뭉텅이로 피웁니다. 산괴불주머니는 지난 2주간 꽃이 만발하여 전성기를 보내더니 이제 조금씩 쇠해 갑니다.

용화약수터에 이르면 수암봉을 거의 벗어난 셈이죠. 여기서부터 주차장까진 사람들의 발길이 잦은 구간입니다. 들판의 길가에서도 흔히 볼 수 있는 꽃마리, 광대나물, 갈퀴덩굴, 그리고 별꽃 무리를 볼 수 있습니다. 특히 하늘색의 꽃마리꽃은 너무 작아 확대해서 보아야 합니다. 네 장의 하늘색 꽃잎 가운데 노란 꽃술을 달고 있는 모습은, 풀꽃을 진정 사랑하는 자에게만 허락된 아름다움입니다.
사랑하면 보이고 보이면 느끼게 되나니~.
눈부신 봄날입니다.

수리산 수암봉 계곡에서 만난 주요 풀꽃

갈퀴덩굴, 개별꽃, 꽃마리, 광대나물, 남산제비꽃, 별꽃, 빗살현호색, 산괴불주머니, 선괭이눈, 양지꽃, 애기똥풀, 제비꽃, 좀현호색, 줄딸기, 천남성, 피나물 (16종)

[탐방일 : 2021.04.08.]

제2장 천마산 팔현계곡의 봄꽃

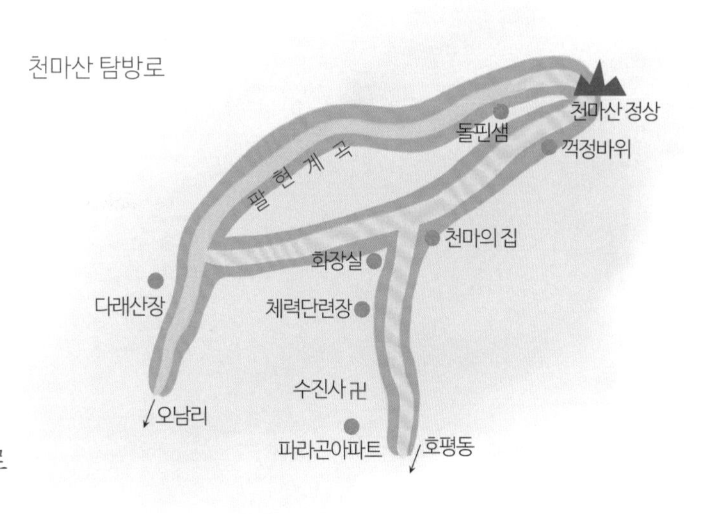

4월의 첫날,

천마산 계곡 초입에 섰습니다.

바로 눈앞에 우뚝 선 천마산 너머로

아침 해가 밝습니다.

이제 막 가지와 잎을 틔우는

찔레꽃 여린 새싹에 이슬이 방울방울 맺혔습니다.

저 아래 계곡까지 아직 햇빛이 닿지 않은 아침입니다.

비껴드는 햇살 아래 계곡을 타고 흘러내리는 물소리가 맑습니다.

산새들도 제철인 양 지저귐이 잦습니다.

멀지 않아 번식을 앞둔 녀석들의 먹이 사냥과 짝을 찾는 소리가

계곡에 울려 퍼집니다.

투명한 아침 햇살,

맑은 계곡 물소리,

사이사이 울리는 산새의 지저귐.

빛과 소리가 만들어 내는 3중주입니다.

문득 세계 3대 테너가 떠오릅니다.
루치아노 파바로티, 플라치도 도밍고, 그리고 호세 카레라스.
그들의 풍부하고도 유려(流麗)한 하모니가
천마산 기슭의 빛과 소리를 타고 흐릅니다.

3중창으로 부르는 그들의 '오 솔레 미오'.
고음(高音)과 미성(美聲)을 오가는 파바로티,
탄력적이고 낭만적인 음을 자랑하는 도밍고,
그리고 맑고 섬세한 카레라스의 음성까지.
완벽한 어울림이 햇살을 타고 흐르다 계곡 속으로 사라집니다.

****

계곡을 타고 호평 탐방로를 오릅니다.
북서 방면의 계곡 길이라 햇살이 비껴져 들어옵니다. 계곡의 응달진 곳에는
아직 잔설이 남았습니다. 그래도 나뭇가지마다 물은 오르고 봄기운은 완연합니다.
낙엽과 바위투성이 계곡, 놀랍게도 하늘을 닮은 꽃이 보입니다. 점현호색입니다.
반음지와 습지를 좋아하는 현호색으로선 이쪽 북사면은 궁합이 잘 맞는 곳이죠.

점현호색_ 다른 현호색과 큰 차이가 없으나 잎에 하얀 반점이 알알이 박혀 얻은 이름입니다.

점현호색.

다른 현호색과 큰 차이가 없으나 잎에 하얀 반점이 알알이 박혔습니다. 천마산에선 흔하지만, 경기도와 강원도에서는 일부 지역에서나 볼 수 있습니다. 강원도 두문동재에 가면 경기도에서 보기 힘든 갈퀴현호색이 있듯이, 지역마다 특징적인 현호색이 분포합니다.

큰개별꽃_ 산지의 나무 밑 반그늘에서 별처럼 반짝이는 꽃, 큰개별꽃.

직박구리_ 회색의 몸에 귀깃이 밤색인 점이 특징입니다.

현호색 주위로는 큰개별꽃도 한창입니다.

하얀 별이 무리 지어 반짝이는 가운데, 푸른 현호색이 돋보이는 장면입니다.

점현호색과 큰개별꽃은 이곳 천마산 북사면의 독보적인 존재입니다. 한두 곳에 한정된 것이 아니라, 천마의 집을 오르는 내내 따스한 길동무였습니다.

임도(林道)와 만난 후, 바로 위 삼거리에서 휴식합니다. 아침 숲 공기도 상쾌하지만, 산새의 지저귐은 머리를 맑게 해줍니다. 참새처럼 작은 녀석이 어느새 벤치 가까운 발치에 내려앉아 종종걸음치고 있습니다. 끊임없이 이리저리 자리를 옮기며 먹이를 찾습니다. 청회색의 깃털을 가진 작은 새, 동고비입니다. 인간의 쉼터 주위에 터를 잡고 있어서 그런지 가까이 다가오는 듯하지만, 조금도 주위의 경계를 게을리하지 않습니다. 이 녀석에게 눈이 팔려있는 사이 어디선가 다른 울음소리가 들려옵니다. 고개를 들어 살펴보니 직박구리입니다. 온통 회색의 몸에 귀깃이 밤색인 점이 특징이죠. 끊임없이 움직이는 동고비와 달리 직박구리는 꽤 높은 가지를 오가며 지저귀고 있습니다. 직박구리가 메조소프라노로 약간은 길게 음을 이어주면, 동고비는 짧고 높은 울음으로 장단을 맞춥니다. 벤치 양쪽에서 들려오는 새들의 2중창에 마음마저 맑아집니다.

노랑제비꽃_ 삭막한 수암산 산기슭에 화사하게 핀 노랑제비꽃.

삼거리를 휘돌아 천마산 정상으로 향합니다. 산등성이 남사면 기슭엔 노랑제비꽃이 피었습니다. 대부분 꽃을 피우고 얼마 지나지 않은 어린 모습입니다. 산기슭 햇볕 가득한 양지를 만나면 흔히 볼 수 있습니다. 번식력이 좋아서 넓게 무리 지어 피어나죠. 덕분에 삭막한 산기슭이 화사합니다.

곧이어 급한 경사길이 정상까지 내내 이어집니다. 임꺽정이 은거하였다는 꺽정 바위. 한 무리가 요새로 삼기에 좋을 정도로 꽤 험한 바위 산길입니다. 정상에 다다르니 벌써 정오가 지났습니다. 양지바른 바위 밑에 자리를 잡고 김밥과 약밥으로 빈속을 채웠습니다.

다음 코스는 돌핀샘을 경유하여 천상의 화원이라 부르는 팔현계곡입니다. 산 정상에서 돌핀샘, 그리고 돌핀샘에서 약 200m 아래로는 급경사여서 한발 한발 조심스럽습니다. 그리고 다시 경사가 완만해지기 시작하는 지점부터 야생화의 향연이 시작됩니다. 이른 봄 깊은 산중에 이런 예쁜 꽃이 줄지어 피었으니 보고 보아도 놀랍고 신기합니다.
호평 등산로에서 본 점현호색과 큰개별꽃은 물론, 큰괭이밥, 얼레지, 꿩의바람꽃, 만주바람꽃, 미치광이풀, 금괭이눈, 노루귀, 복수초, 산괴불주머니, 그리고 피나물을 만났습니다(아쉽게도 처녀치마는 만나지 못하였습니다).

큰괭이밥.

괭이밥은 잎이 나오고 꽃이 피지만, 큰괭이밥은 반대입니다. 꽃이 먼저 피죠. 지금이 그 시작입니다. 계곡과 바위 밑, 반 그늘 습한 곳에서 다섯 꽃잎을 가진 흰 꽃이 피어나죠. 하얀 바탕에 빨간 줄무늬가 인상적입니다. 벌꿀을 유도하는 밀선(蜜線)입니다.

얼레지_ 늘씬한 꽃대에 화려한 분홍꽃이 유혹적입니다.

얼레지.

넓고 길쭉한 잎. 갈색과 녹색이 서로 얼룩지듯 어우러진 모습입니다. 여기저기 홑잎을 틔웠지만 꽃을 피우진 못했습니다. 쌍잎을 틔워야만 꽃을 피울 수 있거든요. 그러기까지 7년의 세월을 견뎌야 합니다. 햇볕이 들면, 꽃잎을 활짝 뒤로 젖혀 자줏빛 화려함을 뽐냅니다. 그 자태와 색채가 어울려 더없이 유혹적이죠. 6장의 꽃잎 안쪽 밑부분에 그려진 'W' 무늬가 있어 꽃 속의 꽃을 보는 듯합니다.

꿩의바람꽃.

꽃받침은 9장에서 14장에 이릅니다.

바람이 잦아든 한낮인데도 가녀리게 떨림을 보여줍니다. 연약하고 가느다란 대공 끝에서 세 줄기로 갈라져 잎을 만들고 중앙에 꽃줄기를 올려 하얀 꽃받침을 활짝 펼쳤습니다. 그 중앙의 정점에 무수한 꽃술을 달았습니다. 다른 꽃들도 그렇지만 생식 작용을 담당한 꽃술의 존재가 얼마나 고고(高高)한지 여실히 보여주는 배치입니다.

꿩의바람꽃_ 봄볕을 가득 안고서 꿩의바람꽃이 만발했습니다.

만주바람꽃_ 은은하면서도 단아한 느낌을 주는 만주바람꽃.

만주바람꽃.

중국 만주(滿洲)에서 처음 발견되어 붙여진 이름입니다. 꿩의바람꽃이나 너도바람꽃이 하양인 데 비해, 만주바람꽃은 연노랑 꽃잎입니다. 은은하면서 단아한 기품을 지녔습니다.

미치광이풀.

독성이 매우 강해 잘못 먹으면 미치광이가 된다고 하여 붙여진 이름입니다. 노란색과 자주색 꽃이 피는데, 노란색은 희귀합니다. 팔현계곡 상류에는 미치광이풀 천지입니다. 모두 자주색 꽃입니다. 어쩌면 노랑꽃이 있을지도 모르죠. 자주 바탕에 하얀 그물무늬가 인상적이죠. 그 속에 암술을 가운데 두고 5개의 수술이 선명합니다.

미치광이풀_ 독성이 매우 강해 잘못 먹으면 미치광이가 된다고 하여 얻은 이름입니다.

금괭이눈.

익은 열매의 모습이 괭이의 눈동자를 닮아 붙여진 이름입니다. 천마산에 많이 자생하고 있어 '천마괭이눈'이라고도 합니다. 꽃대 끝에 꽃싸개잎이 꽃을 받들 듯이 활짝 펼쳐져 있습니다. 그리고 중앙에는 길이 2~3mm의 꽃받침 4장이 사방(四方)에서 꽃술을 둘러싸고 있습니다. 꽃싸개잎, 꽃받침, 그리고 꽃술이 모두 노란 황금색이죠.

금괭이눈_ 천마산에 많이 자생하고 있어 '천마괭이눈'이라고도 합니다.

노루귀.

대부분 흰색이고 가끔 청색 노루귀가 보입니다. 돌산도에서 보았던 노루귀보다 대체로 크기가 좀 더 큽니다. 그도 그럴 것이, 돌산도에서 본 노루귀는 2월 하순이었으니까요.

노루귀_ 낙엽 속에서 피어난 청색 노루귀.

복수초는 수가 많진 않지만, 꽃과 잎이 한창입니다. 이제 막 피어나는 어린 꽃도 보입니다. 피나물은 어쩌다 보입니다. 양지 가득한 계곡가에서 두세 포기 보았을 뿐이죠. 산괴불주머니는 이제 막 피어나고 있습니다. 4월 중순이면 꽃이 한창일 듯합니다.

복수초_ 봄을 부르는 꽃, 복수초.

팔현계곡을 약 3km 정도 내려오면 좌측으로 다시 호평 방면으로 오르는 분기점이 나옵니다. 여기에서 다시 약 3km를 가면 오전에 동고비와 직박구리와 놀던 쉼터에 다다릅니다.
호평 방면으로 오르는 분기점에서 얼레지 군락을 만났습니다. 팔현계곡과 달리, 산기슭을 타고 넓게 펴져 군락을 이루었습니다. 봐도 봐도 새롭고 사랑스러워 자꾸 사진에 담게 됩니다.
쉼터에 이르는 오솔길은 쭉쭉 뻗은 낙엽송과 잣나무 숲입니다. 지금은 햇볕이 기슭에까지 가득하여 따스합니다. 가는 길에 아름드리 잣나무가 길을 막고 넘어져 있습니다. 넘어진 김에 쉬어간다고 나무 기둥에 몸을 누입니다.
높이 솟은 낙엽송들은 이제 막 새순이 돋고 있습니다. 파란 하늘은 그들의 배경이 되어 눈을 시원하게 해줍니다. 새소리도 들리지 않는 적막함이 저를 저 깊은 심연(深淵)으로 불러들입니다. 그러고 보니 이곳을 오르는 내내 아무도 만나지 못했습니다.
고요한 심산(深山)의 가르침은 침묵 속 명상입니다. 잠시 몸의 노곤함도 잊고 눈을 감습니다. 숲속 쉼표의 시간입니다.
천마산의 햇님도 잠시 쉬어갑니다.

* * * * * * *

2주만에 다시 팔현계곡의 초입에 들었습니다.

팔현계곡!
천마산 정상(해발 812m) 부근에서 발원하여 오남저수지에 이르는 계곡입니다.
팔현리를 지나기 때문에 '팔현—'이란 이름이 붙여졌습니다. 서울 근교의 사람들에겐 퇴계원과 진건을 거쳐 돌아가야 닿을 수 있습니다. 그 때문에 천마산을 찾는 사람들은 팔현계곡보다는 호평동에서 오르는 탐방로를 택하죠. 탐방로 초입까지 버스 노선이 있고 공영주차장까지 갖추어져 있어 여러모로 접근이 수월하지요.
그러나 풀꽃 탐방객은 애써 팔현계곡을 고집합니다. 천마산의 다른 탐방로보다 다양한 풀꽃을 관찰할 수 있는 최적의 코스이기 때문입니다. 덕분에 천마산 정상에 이르는 약 3.4km의 팔현계곡은 탐방객들에게 야생화의 천국으로 잘 알려져 있습니다. 풀꽃 동호인들이 주로 이용하는 계곡이라 풀꽃이 비교적 잘 보존되어 있습니다. 천마산을 두 번째 방문한 저도 팔현계곡을 찾아들었습니다.

엊그제 내린 비로 계곡물이 제법 불었습니다. 아침의 한기(寒氣)가 남았지만, 코끝에 와닿는 숲 공기가 더없이 상쾌합니다.
4월 중순, 계곡의 봄은 한층 풍성해졌습니다.
계곡을 오르는 오솔길엔 연분홍 복사꽃과 노랑 개나리가 흐드러지게 피었습니다. 천마산을 넘어 온 아침햇살에 화사한 꽃이 눈부십니다. 파란 하늘을 배경으로 현란한 꽃의 향연입니다. 그 꽃길을 걸으니 꽃 대궐에 드는 주인공처럼 황홀합니다. 나무든 풀이든 생애의 전성기는 찰나이기에 이토록 아름다운 건 아닐는지요.
나무들은 저마다 연록의 잎으로 단장하고 아침 햇살을 마중합니다. 이런 봄날 누구의 말대로 '집콕' 하고 있으면 자연에 죄짓는 행위라지요?

계곡을 따라 만물이 꼬물~ 꾸물~ 생동합니다. 단풍취는 엊그제 잎을 틔웠는지 햇빛이 닿지 않아도 반들거립니다. 관중은 고사리손처럼 동글게 말아 쥔 모습이 참 사랑스럽습니다. 대사초는 여기 삐죽 저기 삐죽, 뾰족한 어린잎을 내밀었습니다.

관중_ 고사리손처럼 둥글게 말아 쥔 모습이 사랑스럽습니다.

진범_ 진범의 새싹.

멸가치_ 멸가치의 새싹.

지난번 방문 때 하나둘 싹을 틔우던 멸가치는 제법 컸습니다. 숲길을 따라 끝없이 이어집니다. 손바닥을 활짝 펼치고 봄볕을 만끽하고 있는 녀석은 진범입니다. 지금은 멸가치나 진범 모두 땅에 낮게 드리워 싹을 틔우고 있지만, 가을이 오는 길목에 들어서면 1m에 가까운 키를 올리며 흰 꽃을 피워 낼 것입니다. 흰진범의 예쁜 오리주둥이가 주렁주렁 매달린 가을날을 상상만 해도 즐겁습니다.

일부 그늘진 곳에서는 족도리풀이 1~2장의 널따란 잎을 펼치고 '나 좀 봐요'라고 손짓합니다. 사실 이 녀석은 자신의 발치에 조그만 방울꽃을 숨기고 있거든요. 미치광이풀은 2주 전의 전성기를 지나 열매를 맺기 시작하네요.

족도리풀_ 잎줄기 끝 뿌리 근처에서 꽃을 피웁니다. 땅을 기어 다니는 곤충에 의해 수분이 이루어집니다.

족도리풀.
꽃이 족두리* 모양을 닮아 얻은 이름입니다. 숲속 계곡 가 반그늘에서 자랍니다. 특이하게도, 꽃이 잎줄기 끝 뿌리 근처에서 핍니다. 심장형의 넓은 잎을 뻗으면 아래에 핀 꽃이 가려져 사람들의 눈에 잘 보이지 않습니다. 보통의 꽃들과 달리, 땅을 기어 다니는 곤충에 의해 수분을 합니다.

계곡을 따라 걷다 보면, 천마산 주인공이 누구인지 금방 알게 됩니다. 바로 피나물이죠.
4월 초에 왔을 때, 드물게 새싹만 보였던 사실을 기억하지요?
지금은 비탈진 양지 기슭에 끝도 없이 노란 물결입니다.
'허~, 이런 조화가 있나!'
바위 턱에 닿아 하얗게 부서지는 시원한 물소리.
그 소리에 장단 맞추듯 한들거리며 희희낙락하는 녀석들이 신기로울 따름입니다.
벚꽃잎이 숲길을 따라 어지럽게 흩어져 있습니다. 엊그제 비바람으로 대부분 꽃잎을 떨구었습니다. 이젠 잎을 더욱 키워 햇빛을 듬뿍 받아낼 겁니다. 그들이 만들어 낸 영양분으로 열매를 튼실히 키워 가겠죠. 세월 따라 피고, 지고, 열매를 맺는 자연의 순리가 한 치의 오차 없이 진행됩니다.
풀꽃의 변화는 계곡 중턱을 오르며 확연해집니다. 너도바람꽃, 꿩의바람꽃, 만주바람꽃, 복수초, 그리고 노루귀의 꽃은 거의 자취를 감추었습니다. 그들은 영하에 근접하는 밤의 추위를 견디며 꽃을 피워낸 봄의 전령사였죠.
가녀리지만 용감하게 봄을 열었던 주인공들!
나뭇잎이 트기 전에 자신들의 세상을 열었던 개척자들!
정작 따뜻해진 4월 중순이 넘어서자, 그들은 무대에서 내려와 다음 세대를 준비합니다.
최선(最善)의 생명력으로 꽃을 피우고 아름답게 퇴장했습니다.
현호색 역시 전성기를 지난 모습이지만, 새롭게 싹을 틔워 꽃을 피우는 친구도 보입니다.
댓잎현호색도 보입니다. 현호색 잎이 피침형의 댓잎을 닮아 얻은 이름입니다. 산괴불주머니는
노란 괴불의 주둥이에 살짝 초록선을 보이며 싱싱함을 자랑하고 있습니다.
숲길 따라 뾰족한 잎을 올리고, 그사이에 노란 꽃을 드러낸 금붓꽃도 보입니다. 응달진 모퉁이에서 온통 이끼를 뒤집어쓴 바위에 점점이 애기괭이눈이 푸른 잎을 틔우고 있습니다. 바위틈에서 흘러나오는 샘물이 바위 등을 타고 빗물 내리듯 흐릅니다.

족두리: 국어사전에는 '족두리'가 표준어이지만, 국가 표준 식물명은 '족도리풀'입니다.

금붓꽃_ '황금색의 붓꽃'에서 얻은 이름입니다. 붓꽃의 약 1/3~1/2 크기에 불과합니다.

금붓꽃.
'황금색의 붓꽃'에서 얻은 이름입니다. 작지만 이름처럼 찬란합니다. 붓꽃의 약 1/3~1/2 크기에 불과합니다. '애기노랑붓꽃'이라는 예쁜 별칭도 갖고 있죠. 붓꽃과는 주걱모양의 외화피(外花皮)에 빗살무늬가 있는 것이 특징입니다. 노랑붓꽃이 한 꽃대에서 2개의 꽃이 차례대로 피는 것과 달리, 금붓꽃은 한 줄기에 1개의 꽃이 핍니다.

애기괭이눈.
습지의 바위 틈새나 이끼 낀 바위 위에서 볼 수 있습니다. 금괭이눈과 달리 꽃술 주변의 잎이 노랗게 변하지 않습니다. 잎이 줄기 끝에 모여 나는 것이 특징이죠.

너도바람꽃은 열매 주머니를 사방으로 활짝 펼치며 영글어가고 있습니다. 얼레지도 꽃이 이지러지거나 열매를 맺기 시작합니다. 열매 끝에 기다란 암술과 아직 이별하지 못하고 있네요.

군데군데 점현호색과 금괭이눈은 성성하여 반갑기 그지없습니다. 옛 임을 만난듯이 말입니다. 2주 전의 모습을 여전히 볼 수 있는 까닭입니다. 큰개별꽃도 많이 줄었지만, 활짝 핀 모습이 보입니다. 다시 계곡 초입으로 돌아오는 길목에서 참꽃마리를 만났습니다. 파란 꽃잎의 중심에 노란 꽃술이 여간 사랑스럽지 않습니다.

애기괭이눈_ 천마산 기슭의 습한 바위틈에서 자라는 애기괭이눈.

너도바람꽃_ 4월 중순, 열매주머니가 열리며 영근 씨가 보입니다.

얼레지_ 얼레지 열매에 암술꽃이 아직 붙어 있습니다.

참꽃마리_ 꽃마리와 달리 참꽃마리는 꽃차례가 말려 있지 않습니다. 꽃마리 꽃의 색깔과 모양이 비슷하지만, 크기는 약 5배 큽니다.

참꽃마리.

꽃마리와 달리, 참꽃마리는 꽃차례가 말려 있지 않습니다. 꽃마리꽃의 색깔과 모양이 비슷하지만, 참꽃마리꽃이 약 5배 정도 큽니다. 또한, 꽃마리는 비교적 건조한 들이나 길가에서 잘 자라나지만, 참꽃마리는 습한 숲이나 들에서 자랍니다.

팔현리에서 돌핀샘까지 약 십 리에 이르는 계곡 길에서 만난 무수한 풀꽃들. 그들은 자연의 섭리에 따라 주어진 환경에 적응하며 잎을 틔우고 꽃을 피웠습니다. 이번 방문에선, 계곡을 온통 노랗게 물들인 피나물꽃이 오래 기억에 남을 것 같습니다. 다음 방문에는 어느 친구가 주인공으로 등장할지 벌써 기다려집니다.

＊＊＊＊＊＊＊

드디어 팔현계곡에 5월이 찾아왔습니다.
이번엔 어떤 생태 변화를 보일지 몹시 궁금해집니다.
4월 첫 방문 때에는 봄의 전령사들이 한창이었죠. 예컨대, 꿩의바람꽃, 너도바람꽃, 만주바람꽃, 노루귀, 얼레지, 그리고 현호색 등 가녀린 친구들의 잔치였잖아요? 작고 연약한 대신, 누구보다 일찍이 꽃을 피워 자신들의 세상을 누렸던 그들이 벌써 그리워집니다.
4월 중순에 접어들어선, 잎과 꽃이 비교적 큰 피나물, 족도리풀, 그리고 산괴불주머니와 같은 풀꽃들이 주종을 이루었습니다. 기온도 아침, 저녁으로 8℃ 내외, 한낮에는 20℃ 내외로 오르고, 볕도 제법 따스해졌죠. 이들이 3월~4월 초순 때의 전령사들보다 잎도 넓고 키도 더 커진 것은 어찌 보면 당연한 자연현상입니다.
그러니, 제가 '드디어 5월'을 기다리는 마음이 어떻겠습니까? 궁금하다 못해 설렘이 앞섭니다.
엊그제 비가 내리고 기온도 많이 올랐습니다. 나무들은 잎을 한층 풍성하게 두르고 아침 햇살을 맞이합니다. 나뭇잎이 바람에 일렁일 때마다 햇살도 덩달아 춤을 춥니다. 숲속 아침의 맑은 공기, 계곡 물소리, 그리고 산새들의 지저귐이 더욱 싱그럽습니다.
이제는 제법 익숙해진 오솔길을 걷습니다.
먼저 마중 나온 친구는, 수풀 사이로 보라 꽃을 내민 벌깨덩굴입니다. 지난 방문에서도 한두 송이 보였지만, 이번엔 자주 눈에 띕니다. 이제 막 전성기에 접어들었습니다.

벌깨덩굴.

전국의 산 그늘에서 볼 수 있는 꿀풀과 여러해살이풀. '벌깨—'는 '벌판'에 나는 풀꽃으로, '깨'처럼 작은 열매를 맺어서 붙여진 이름입니다. '—덩굴'인 것은, 꽃이 진 다음 옆으로 줄기를 뻗어 마디에서 뿌리가 내리기 때문이죠. 층층이 마주난 잎의 겨드랑이마다 1~2송이씩 보라색의 꽃이 핍니다. 꽃의 아랫입술은 흰색 바탕에 자주색 무늬의 반점과 흰털이 대칭으로 배열되어 있습니다. 마치 나비가 꽃의 아랫부분에 사뿐히 내려앉은 형상입니다.

벌깨덩굴_ 층층이 마주난 잎의 겨드랑이마다 1~2송이씩 보라색의 꽃이 핍니다.

지난번 탐방에서 피나물꽃이 계곡을 노랗게 물들였던 걸 기억하시죠? 이번 탐방의 숲길에선 누가 주인공이 될까요?

바로~

미나리냉이입니다!

숲길 4월의 노랑 물결은 온데간데없이 사라지고, 계곡을 하얀 미나리냉이꽃으로 수놓았습니다. 마치 마법의 계곡을 걷는 듯합니다. 무릎 정도의 키 위에 하얀 십자꽃을 가득히 달고 아침 햇빛을 즐깁니다. 꽃모양이 비슷한 는쟁이냉이도 여기저기 보입니다. 미나리냉이와 는쟁이냉이는 잎 모양은 달라도, 꽃의 색깔과 모양이 비슷한 십자화과입니다.

하얀 십자화의 행렬!

5월의 상쾌함을 더해주는 친구들입니다.

미나리냉이.

그늘진 숲 계곡에서 자랍니다. 잎자루가 길고 3~7장의 작은 깃꼴겹잎을 갖습니다. 줄기 끝에 뭉텅이로 탐스러운 꽃을 피워냅니다.

미나리냉이_ 그늘진 숲 계곡에서 자랍니다. 잎자루가 길고 3~7장의 작은 잎으로 이루어진 깃꼴겹잎을 가졌습니다.

는쟁이냉이.
산의 계곡 주변에서 자랍니다. 키가 50cm 정도로 미나리냉이와 비슷합니다. 줄기에 난 잎은 어긋나고, 주걱을 닮았다 하여 '주걱냉이'라고도 합니다.
미나리냉이나 는쟁이냉이의 어린 순은 식용합니다.

흰 꽃이 핀 계곡을 오르다 보니 어느새 산 중턱에 이르렀습니다. 반 그늘진 곳에서 온통 이끼투성이의 바위를 만났습니다. 뭔가 보물을 숨기고 있을 것 같은 예감이 듭니다. 바위 모퉁이를 돌아드니, 과연 촛불처럼 하얗게 빛나는 친구를 발견했습니다. 아침 햇살을 받아 더욱 영롱합니다. 바로 노루삼입니다!

는쟁이냉이_ 줄기에 난 잎은 어긋나고 주걱을 닮았다 하여 '주걱냉이'라고도 합니다.

노루삼.
키가 60~70cm에 이릅니다. 미나리냉이나 는쟁이냉이보다 좀 더 크죠. 잎은 겹잎이며 2~4회 3갈래로 갈라집니다. 곧추선 꽃대 끝에 흰 꽃이 오밀조밀하게 모여 피었습니다. 햇빛을 받아 밝게 빛납니다. 그의 자태에 걸맞게 이쪽저쪽에서 셔터를 눌렀습니다.

노루삼_ 잎은 깃꼴겹잎이며 2~4회 3갈래로 갈라집니다. 곧추선 꽃대 끝에 꽃이 촘촘이 피었습니다.

지난번에 이어 족도리풀꽃은 여전합니다.
땅 가까이에서 단단한 통꽃을 붙들고 있어서 그런지 개화기간이 비교적 오래갑니다.

단풍취는 전보다 더욱 잎을 키웠고 개체 수도 많이졌습니다.
삿갓나물은 이미 열매를 맺었습니다. 얼레지의 열매는 더욱 영글어 커졌습니다.
너도바람꽃은 열매를 이미 땅에 뿌리고 껍데기만 허공에 남았습니다.
지난번 끝없이 노란 물결을 보여주었던 피나물꽃은 간간이 보일 뿐입니다.

너도바람꽃_ 열매를 모두 땅에 뿌리고 껍데기만 남았습니다.

진범은 다섯 손가락을 활짝 펼친 듯한 잎이 더욱 넓어지고 잎맥 따라 흰 반점이 더욱 선명합니다. 양지꽃은 열매를 맺으면서 여름을 대비하기 위함인지 전보다 훨씬 큰 새 잎이 돋았습니다. 다섯 잎을 우산처럼 펼친 도깨비부채도 싹을 틔워 커가고 있습니다. 큰괭이밥은 긴 촛대와 같은 열매를 하늘로 뻗었습니다.

진범_
5월 초, 잎이 더욱 넓어지고 잎맥 따라 흰 반점이 선명합니다.

여기저기에 애기난초가 줄기를 비스듬히 누이고 한창 꽃을 피우고 있습니다. 계곡을 돌아가는 기슭에는 대사초가 뾰족뾰족 잎을 올려 군락을 이루었습니다. 물기를 머금은 이끼 낀 바위에선 애기괭이눈이 줄기를 한창 올리고 있고요. 졸방제비꽃은 줄기를 쑤~욱 올려 꽃을 피웠습니다.

아! 모두가 또 하나의 계절을 맞이하느라 분주합니다. 아이러니하게도 제 마음은 그들 덕분에 여유롭고 넉넉해졌습니다. 그들의 싱싱한 생기 덕분에 가슴이 활짝 열립니다.

돌아오는 길에 다시 하얀 미나리냉이꽃의 환송을 받습니다. 꽃대 끝에 송이송이 하얀 꽃송이가 바람 따라 한들거립니다.

그 바람 따라 제 마음도 환하고 밝아집니다.

애기난초_ 5월 초, 줄기를 비스듬히 누이고 한창 꽃을 피우고 있습니다.

천마산 팔현계곡 탐방에서 만난 주요 풀꽃

개별꽃, 꿩의바람꽃, 금괭이눈, 금붓꽃, 노랑제비꽃, 노루귀, 노루삼, 는쟁이냉이, 단풍취, 대사초, 댓잎현호색, 만주바람꽃, 멸가치, 미나리냉이, 미치광이풀, 벌깨덩굴, 복수초, 산괴불주머니, 삿갓나물, 애기괭이눈, 애기난초, 얼레지, 점현호색, 족도리풀, 진범, 참꽃마리, 큰괭이밥, 피나물 (28종)

[탐방기간 : 2021.04.01.~05.22]

제4부 도시속풀꽃

신대호수

광교산 매봉에서 시작되는 물줄기는 광교마을에서 시작하여 신대호수에 이릅니다. 저는 광교마을에서 시냇가를 따라 신대호수를 오가며 10년 넘게 산책을 즐기고 있습니다. 용인시 상현동과 수원시 광교동을 관통하는 시내의 수변(水邊)에는 많은 풀꽃이 자라고 있습니다. 통상 잡초라고 부르는 풀꽃입니다. 어디를 가나 너무도 흔히 볼 수 있는 풀일 뿐 아니라, 농부들에겐 골칫거리이기도 한 존재입니다. 그러니 대부분 사람에게서 외면당하는 식물이기도 합니다. 하지만 다른 관점에서 보면 잡초는 지구를 구하는 일등 공신이기도 합니다. 세상에 존재하는 생명의 대부분은 식물이고, 다시 식물 대부분은 이 잡초가 차지하고 있으니까요. 그런 의미에서 잡초에게 억울한 측면이 있습니다. 저는 '잡초'를 '도시 속 풀꽃'이라 부르겠습니다. 수없이 오가는 도시의 시냇가 산책길. 그곳에서 놓쳤던 잡초의 비밀을 도시 속 풀꽃의 사계에서 풀어보고자 합니다.

제 1장 신대호수에 이르는 시냇가의 사계

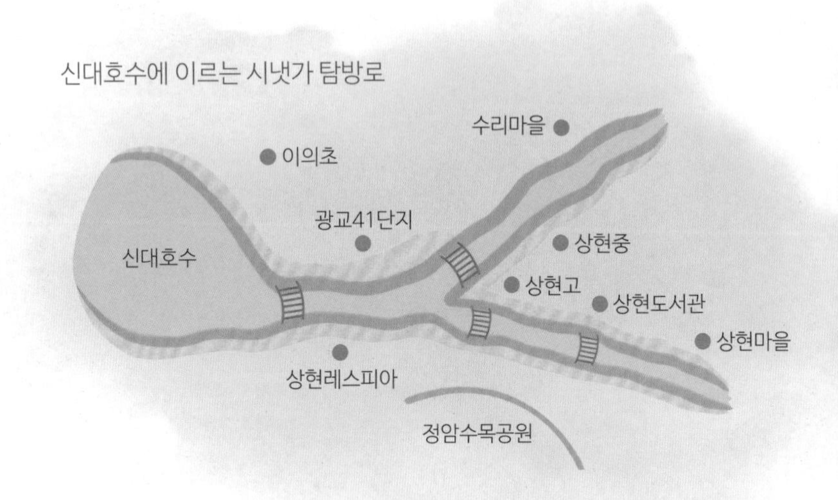

겨울나기

〈1〉 나무의 겨울나기

겨울의 시냇가는 여전히 을씨년스럽습니다. 색이 바랜 누런 풀덤불과 달뿌리풀 사이로 휑한 바람이 차갑습니다. 길을 따라 늘어선 벚나무는 오래전 잎을 떨구고 앙상한 가지뿐입니다. 그나마 상수리나무는 아직 탈색된 갈색 잎을 붙들고 지난가을의 흔적을 보여줄 뿐입니다. 어쩌면 초록 잎의 생기를 다시는 얻지 못할 것 같죠.

겨울이 가까워지면, 일조량이 많이 줍니다. 햇빛의 강도도 현격히 줄어들죠. 이는 식물의 광합성작용의 효율성이 떨어진다는 의미죠.

나무뿌리로선, 가을 이후 줄어든 강수량 때문에 무한정 수분을 대줄 수도 없습니다. 더구나 날로 급강하하는 기온 때문에, 동사(凍死)를 막기 위해 지상의 잎과 가지로 보내는 수분을 최소로 줄여야 합니다. 결국, 나무는 잎으로 가는 수분을 차단하기로 합니다. 이 역할을 담당하는 곳이 잎과 줄기 사이에 있는 '떨켜'[이층(離層)]입니다.

떨켜_ 잎과 가지 사이의 떨켜(둥근 원 내). 일조량이 현격히 줄고 겨울이 다가오면, 떨켜에서 수분 공급이 차단됩니다.

수분이 차단된 잎에선, 남은 수분으로 광합성 활동을 할 수밖에 없습니다. 하지만, 광합성은 어려워지고 이윽고 당이 줄어들면서 안토시아닌 분비가 촉진됩니다. 안토시아닌은 붉은 색소를 띠고 있죠. 잎의 안토시아닌 분비는 동사를 막고 최후까지 살아남기 위한 몸부림입니다. 비록 우리 인간은 단풍이라는 찰나의 아름다움을 즐기지만……. 자기 몸의 일부를 잘라내는 나무의 눈물겨운 최후 결정은, 우리가 배울 과학의 메커니즘입니다.

〈2〉 풀꽃의 지혜

풀의 겨울나기도 이와 크게 다르지 않습니다.

한해살이건 여러해살이건 간에, 겨울에 남은 지상의 풀잎은 동사(凍死)할 게 뻔하니까요. 풀의 줄기 역시 목질화되어 있지 않기 때문에, 잎뿐 아니라 줄기까지도 수분이 끊겨 뿌리로부터 결별합니다. 우리가 보기엔 냉혹하지만, 이 또한 자연의 순리입니다. 나뭇잎과 풀은 썩어 뭇 식물의 거름과 영양이 되겠죠.

풀은 지상에서 사라지지만, 모두가 절멸하는 건 아닙니다.

나무에 비해 오래 살지도 못하고, 크게 자랄 수도 없으며, 바람에 이리저리 흔들리는 연약한 존재가 어떤 강점을 가졌을까요?

두해살이풀을 잘 관찰해보면, 그만의 멋진 전략이 숨어있습니다.

두해살이는 한해살이와 달리, 여름에 씨앗을 뿌리고 싹이 나면 가을을 거쳐 뿌리잎을 가진 채로 겨울을 납니다. 봄에 싹이 트고 여름에 자라 가을에 열매 맺는 한해살이와 다르죠?

두해살이풀은, 가을에 틔운 싹을 겨울이 오면 잎을 하늘로 향하고 최대한 땅에 밀착시킵니다. 이를 위해 뿌리를 중심으로 잎을 사방으로 뻗는 방사형(放射型)을 취했습니다. 이는 햇볕 받는 면적을 극대화하고, 땅의 온기를 이용하는 풀의 지혜가 숨이 있죠. 땅속은 수년간 잎과 뿌리가 썩어 박테리아 활동이 왕성합니다. 덕분에 부엽토에선 지열(地熱)이 발생합니다. 그러니까, 두해살이풀은, 땅과 햇볕의 온기를 최대한 활용하여 영하의 추운 겨울을 극복하는 놀라운 능력의 소유자입니다.

그러면 왜 두해살이풀은 안정적인 한해살이풀과 달리 혹한기에 뿌리잎을 갖고 월동을 하는 모험을 택했을까요?

아시다시피 두해살이풀은 여러해살이풀에 비해 작고 연약한 존재입니다. 그들을 생각나는 대로 열거해보면, 큰개불알풀, 꽃다지, 냉이, 꽃마리, 달맞이꽃, 개망초 등등입니다. 이들이 봄에 새로 싹을 틔워 여름에 성장하려면 주변의 장애물로 인해 어려움을 겪을 겁니다. 키 큰 나무의 잎에 가리거나 무성한 수풀에 가려 크지도 못하고 죽어버릴지 모르죠.
그래서, 그들은 뿌리잎을 미리 틔웠다가 이를 발판으로 봄이 오면 뿌리줄기를 밀어올려 봄과 여름에 꽃을 피우는 방법을 택했죠. 물론, 뿌리잎이 햇볕과 지열을 이용해 겨울을 난다 해도 혹독한 겨울에 모두가 살아남는다는 보장은 없습니다. 그들은 혹한기를 넘기기 위해 광합성작용을 최소화하고, 동사를 막기 위해 안토시아닌을 일부 분비합니다. 그래서 겨울을 나는 풀잎이 불그죽죽해 보이죠. 앞에서 언급한 바와 같이, 나무가 월동하기 위해 잎으로 가는 수분 공급을 차단함으로써 나타나는 현상과 유사합니다.
양지에서 온몸으로 월동하는 풀꽃을 보면, 저도 가슴 깊은 곳에서부터 생명의 온기가 퍼져오는 듯합니다. 생존을 위해 주변 환경에 적응하고 최선을 다해 살아남으려는 그들이 눈물겹도록 소중해집니다.
2월의 추위에도 뿌리와 뿌리잎의 생명 활동은 계속됩니다. 겨울을 품은 생명의 원천이자, 풀꽃의 지혜입니다.

봄이 왔어요!

〈1〉 봄을 부르는 풍경

겨울의 끝자락, 2월 하순입니다. 이때면 봄이 오는 모습을 '찾을 수' 있습니다. 제가 '찾을 수' 있다 함은, 무심코 지나치면 간과(看過)하게 된다는 의미입니다. 이제 저와 함께 2월의 봄이 오는 풍경을 살펴볼까요?

2월의 봄은 두해살이풀에서 시작합니다. 인고의 시간으로 동안거(冬安居)를 보낸 투지는, 2월 하순에 접어들어 빛나기 시작합니다. 제일 먼저 눈에 띄는 친구는 큰개불알풀입니다. 2월이 오면 길가, 둔덕, 바위틈, 혹은 움푹 파인 양지에서 꼬물꼬물 무더기로 싹을 틔웁니다. 큰개불알풀은 혼자 싹을 틔우는 법이 없습니다. 서로가 서로에게 온기를 보듬어주는 동행자이기 때문이죠. 자신의 잎은 물론 서로의 잎을 밀착하여 한기를 밀어내고 온기를 나누는 모습이 사랑스럽습니다.

큰개불알풀_ 겨울이 끝나기도 전인 2월 하순에 꽃을 피워 '봄까치꽃'이란 별명을 얻었습니다. 밤이 되면 영상과 영하를 오르내리는 차가운 기온 때문에 드문드문 조심스럽게 피어난 모습.

이러한 생존력 덕분에 큰개불알풀은 전국의 어디서나 두해살이풀 중에 가장 먼저 꽃을 피웁니다. 일부 식물학자들은 이들을 '봄까치꽃'이라 부르기도 합니다. '반가운 봄소식을 알리는 까치와도 같은 꽃' 정도의 의미죠. 몇 밀리에 불과하지만, 푸르스름한 꽃잎을 펼친 모습이 어찌 그리 반가운지요. 아직 밤이면 영상과 영하를 오르내리는 기온 때문에 드문드문 조심스럽게 피어납니다. 꽃잎의 끝을 약간 오므리어 온기를 최대한 붙잡으려 합니다. 찬 바람을 막아주는 낙엽 사이와 바위 틈바구니에서 피어납니다.

산책하다 길가를 유심히 관찰하면, 활짝 핀 꽃처럼 잎을 둥그렇게 펼친 친구를 만납니다. 뿌리잎을 방사형으로 펼쳐, 겨울나기를 하는 두해살이풀. 달맞이꽃입니다.

방사형은 두해살이풀이 겨울 동안 햇볕과 지열을 최대한 활용하기에 적합한 형태라 말씀드렸습니다. 달맞이꽃 뿌리는 민들레처럼 중심 뿌리가 길고 굵직하죠. 이제 곧 따스한 봄이 오면 튼실한 뿌리줄기를 밀어 올릴 겁니다. 영하의 추위에도 자신의 몸을 단단히 보호하느라 잎이 불그죽죽합니다. 광합성작용을 최소화하고 일부 안토시아닌을 분비하여 얼지 않도록 챙긴 덕분임을 아시겠죠?

덕분에, 여름이면 웬만한 사람의 가슴 높이에 이르도록 왕성하게 자랍니다. 그리고 잎의 겨드랑이에 노란 꽃을 눈부시게 피워내어 박각시나방을 유혹하겠죠. 그러기까지 반년 가까운 날들을 쉬지 않고 일할 겁니다.

달맞이꽃_ 햇볕과 지열을 이용해 겨울을 나는 두해살이풀. 겨울에 동사를 막기 위해 안토시아닌을 분비하기 때문에 잎이 붉습니다.

다음은 꽃다지입니다.

2월엔 아직 꽃을 피우지 않지만, 잎과 줄기는 하얀 솜털로 덮였습니다. 마치 희뿌연 초록꽃이 뭉쳐 피어난 듯 귀엽습니다. 큰개불알풀만큼 커다란 군락을 만들지 못해도 그들이 추위를 잘 견디는 것은 몸 전체를 두른 솜털 덕분입니다. 든든한 보온 외투이기도 하고, 수분을 붙잡아두기에도 유용하죠. 여리고 작은 연약함 대신에 치밀한 생존 장치를 갖춘 셈이죠.

꽃다지_ 3월이 오기 바쁘게 노란 꽃망울을 터뜨렸습니다. 잎과 꽃줄기에 솜털을 가득 달고 겨울을 이겨낸 덕분이죠.

그들도 3월이 오기 바쁘게 노란 꽃망울을 앙증맞게 터뜨렸습니다. 새끼 새가 입을 벌리듯 동그랗게 둘러싼 초록 잎의 호위를 받으며 피었습니다. 곧 꽃등에를 불러들여 수분이 이루어질 겁니다. 등에는, 아직 기온 낮은 이즈음에도 활동이 비교적 원활하여 꽃다지를 찾는 주 고객이죠. 더구나 등에는 노란색을 좋아합니다. 결국, 꽃다지는 등에에게 최적화된 꽃입니다. 이른 봄, 몇 cm밖에 되지 않은 작은 몸체이지만, 멋지게 진화한 덕분에 누구의 간섭도 받지 않고 봄볕을 만끽합니다.

두해살이풀 중에 빼놓을 수 없는 친구는 뭐니 뭐니해도 냉이입니다. 달맞이꽃처럼 방사형으로 잎을 땅에 바짝 붙여 겨울을 납니다. 아시다시피 잎의 결각이 커서 달맞이꽃보다 냉해에 훨씬 잘 견딥니다. 그는 무리를 이루건 이루지 않건, 햇볕이 잘 드는 비옥한 토양이면 잘 자랍니다. 그리 굵진 않지만, 중심 뿌리가 잘 발달 되어 작으면서도 튼실한 꽃이 핍니다.

냉이_ 달맞이꽃처럼 방사형으로 잎을 땅에 밀착시켜 겨울을 납니다. 비옥한 토양에서 잘 자라고 냉해에 강합니다.

냉이의 향긋한 내음이 코에 스쳐오는 듯합니다. 불현듯, 누이 뒤를 졸졸 따라다니며 대바구니 끼고 냉이 캐던 시절이 떠오릅니다. 캐온 냉이는 어머니가 손수 담근 된장을 만나 된장 냉이국으로 밥상에 올랐죠. 향긋함과 구수함이 참 잘 어울린 자연의 맛이었습니다. 지금 와 생각해보면, 단백질과 비타민이 풍부하여 영양도 만점이었죠. 아! 어머니가 끓여주시던 냉잇국이 그립습니다.

이 외에도 개망초, 꽃마리 등 많은 풀이 겨울을 받아내고 봄에 일어서는 두해살이풀입니다. 2월에서 3월로 넘어가는 들목엔, 그들이 있어 생명의 기운을 얻고 용기를 얻습니다.

쫄쫄쫄~.
시냇물 소리가 이른 봄 생기를 더합니다. 냇가 버들강아지는 마침내 거무죽죽한 껍질을 벗었습니다. 연초록 옷으로 갈아입고 봄맞이에 한창이죠. 하얀 솜털 위에 노란 꽃이 점점이 박혔습니다.
아! 누가 이 길목에서 여전히 황량하다 하나요?
지금, 몸을 낮추고 귀 기울여 보세요. 시냇가 꼬마 초록이의 소곤대는 속삭임이 들리지 않나요?
봄은, 연약하지만 긴 겨울을 인내한 자에게 보내는 무량한 축복입니다.

〈2〉 봄에 초록을 더하다

어느 날이나 기온의 변화가 있기 마련이지만, 3월이 되면 기온은 하루가 다르게 오릅니다. 3월 초, 낮 기온이 10℃를 오르내리더니 중순에는 15℃를 오르내립니다. 하루의 최저 기온도 웬만하면 영하로 떨어지지 않습니다.

이때쯤이면, 봄 마중을 나온 풀꽃들은 광합성작용을 늘리며 초록빛을 더하고 웅크렸던 꽃잎을 활짝 펼칩니다. 또한 꽃의 개체 수도 현저하게 늘어납니다. 2월부터 봄 마중을 나왔던 큰개불알풀꽃이 그렇습니다. 이제 더는 낙엽이나 바위 사이에 의지해 조심스레 꽃을 피우던 모습이 아닙니다. 누구라 할 것 없이 저마다 파란 꽃잎을 활짝 열었습니다. 길섶 바닥에 푸른 은하수 길이 열렸습니다. 이즈음이면 그 존재를 모르던 길손들도 한 번쯤 고개를 숙이고 감탄하며 묻습니다.
"이 앙증맞은 꽃, 이름이 뭐죠?"

둔덕과 길 사이에서 초록 잎을 키워가던 서양민들레는 드디어 꽃망울을 달았습니다. 초록의 꽃받침에 단단히 둘러싸인 채 내일이면 말 그대로 꽃망울을 터뜨릴 만반의 준비를 마쳤습니다. 아직 0℃를 오르내리는 밤 기온을 의식해서인지 아직 땅에 낮게 드리운 채로 말입니다.

큰개불알풀_
풀밭에 파란 은하수 길이 열렸습니다. 4월 초 만개한 큰개불알풀꽃입니다.(좌)

서양민들레_
꽃대를 올리지 않은 채 꽃봉오리를 맺었습니다. 3월 중이라 아직 밤의 최저 기온이 낮은 탓입니다.(우)

애기똥풀은 꽤 긴 솜털을 수북이 달고서 돌돌 말은 뿌리줄기를 뻗어 올리기 직전입니다. 마치 높이 뛰어오르기 위해 몸을 잔뜩 웅크린 자세입니다. 소리쟁이도 이젠 불그죽죽한 티가 완전히 빠지고 초록 생기가 가득한 잎을 힘차게 뻗었습니다. 제비꽃은 이미 양지에서 자신의 소박한 영역을 확보하고 그 특유의 진한 보라 꽃을 피워, 지나는 이들의 향수를 달래줍니다. 3월 하순에 접어들어 낮 기온이 20℃에 다다르면 봄 잔치는 비로소 무르익습니다. 꽃마리는 돌돌 말았던 꽃줄기를 서서히 펴가며 하늘을 닮은 꽃밭을 만듭니다. 아주 작지만, 함께 모여 무수히 피고 지는 꽃 잔치는 그칠 줄을 모릅니다.

애기똥풀 새순_ 온몸에 솜털을 두르고 새순을 올립니다.

꽃다지_ 3월 하순, 양지에서 자라던 꽃다지가 만개하였습니다. 이때면 꽃다지뿐만 아니라, 냉이와 같은 십자화과꽃이 만발합니다.

큰개불알풀에 이어 봄의 문을 열었던 꽃다지도 이즈음엔 온통 노란 꽃밭입니다. 하얀 냉이꽃도 그들 주변에서 무리 지어 피어나 변죽을 칩니다. 이때를 놓칠세라, 등에뿐 아니라 꿀벌이 모여들어 제법 들썩이며 야단이죠. 하얀 냉이꽃과 노란 꽃다지가 어울린 모습은, 왠지 봄의 서정적 울림을 가장 잘 전해주는 듯싶습니다. 조상들의 배고픔을 달래주면서도 봄의 희망을 가슴 깊이 함께했던 풀꽃이기 때문 아닐까요? 4월의 문턱에 들어서는 이즈음, 가슴 가득 생명의 기쁨이 번져옵니다.

〈3〉 봄 소나타

베토벤의 바이올린 소나타 제5번, 일명 '봄 소나타'를 들어본 적이 있는지요? 피아노와 바이올린이 주고받는 경쾌하고 감미로운 선율을 접하면, 이에 매료되지 않을 사람이 없을 듯싶습니다. 베토벤이 경제적으로도 여유롭고, 이성과의 사랑에도 무르익어갈 때 작곡하였다는 5번 소나타. 부드러우면서도 낭만적 색채가 풍기고, 아울러 밝고 경쾌한 기운이 솟아납니다.

후대 사람에 의해 '봄 소나타'라는 별명을 얻었다는데, 이는 생동감과 활기가 넘치는 데서 비롯되지 않았을까요? 몇 번을 반복해 듣노라면, 투명하게 부서지는 시냇물, 부드러운 산들바람, 그 바람에 나부끼는 봄꽃과 참 잘 어울립니다.

4월 하순에서 5월 초순, 시냇가의 비탈엔 노란 꽃밭 천지입니다. 애기똥풀꽃입니다. 지난가을 산국이 노란 꽃 천지를 벌였던 바로 그 자리입니다. 계절이 자연의 손을 빌려 마술을 부린 듯합니다. 애기똥풀은 지난해, 뿌리에 영양을 축적하고 겨울을 보낸 덕분에, 다른 봄풀 못지않게 일찍 꽃을 피웠습니다. 2월부터 뿌리잎에 하얀 솜털을 가득 달고 부지런히 꽃대를 키웠거든요.

애기똥풀_ 5월 초순, 시냇가에 만개한 애기똥풀꽃. 2월 하순부터 부지런히 싹을 틔워 꽃을 피우고 열매를 맺습니다.

그의 활기찬 생명력은 여기에서 끝나지 않습니다. 한쪽에서 열매를 맺으면, 또 다른 쪽에선 새롭게 피어나기를 반복합니다. 그렇게 긴 여름을 지나 가을까지 꽃이 피고 열매 맺기를 이어갑니다. 덕분에 전국 어디든 그의 사랑스러운 모습을 감상할 수 있습니다.

시냇물 옆 비탈을 따라 물이 오른 애기똥풀, 어디선가 미풍이 불어옵니다. 노랑 꽃이 고개 숙여 살랑댑니다. 물결치듯 구르듯 피아노 선율은 그들을 감싸고 흐르자, 이어 바이올린이 이들을 이끌어 올립니다.
이즈음 봄꽃 무리를 연상할 때, 이 꽃 또한 빼놓을 수 없죠.
하늘을 닮은 꽃, 꽃마리입니다.
2월 하순이면 바위틈이나 양지바른 둔덕에 동그란 잎을 다투듯이 틔웁니다. 이어 3월을 맞기 바쁘게 꽃대를 뻗습니다. 꽃대 끝이 말려 있어 '꽃말이'라고 부르며, 여기에서 '꽃마리'라는 예쁜 이름표를 달았습니다. 꽃대의 아래에 있는 꽃이 열매를 맺기 시작하면, 그 위에 있는 꽃이 피어납니다. 말려 있는 꽃대가 천천히 펴지면서 한 송이 한 송이씩 연이어 피어나죠. 그 덕분에 그 작은 하늘 꽃마리를 오래오래 감상할 수 있습니다. 여름이 한창인 7월까지 말이죠. 피고 지기를 반복하며 자신의 작고 연약한 약점을 잘 극복했습니다.

꽃마리_ 꽃대 끝이 돌돌 말려 있어 '꽃말이'입니다. 말린 꽃대가 펴지면서 일정한 시차를 두고 꽃이 피어납니다.

말린 꽃대를 조금씩 풀면서 꽃을 피우는 꽃마리. 앙증맞게 말린 꽃대가 풀리며 한 송이씩 피어날 때마다, 봄소나타의 경쾌한 선율이 구르듯 통통 튀어 오르는 듯합니다.
마지막으로 서양민들레입니다.
3월이 오면 불그죽죽하던 잎을 벗고 초록이 가득한 뿌리잎을 사방으로 뻗습니다. 민들레의 중심 뿌리가 굵고 깊어 겨우내 영양을 잘 저장한 덕분입니다. 초봄을 맞아 꽃망울을 터트리나 싶더니 3월 하순 어느덧 열매를 맺었습니다. 긴 대공의 끝에 지구를 닮은 하얀 솜털공, 금방이라도 비상할 듯합니다. 그 옆에선 꽃봉오리를 터트리고 피어오르는 꽃이 보입니다. 부지런히 꽃을 피우고 열매 맺는 그를 보노라면, 어느 날 봄이 홀연히 떠날까 조바심이 날 지경입니다.
서양민들레는 벌과 나비의 힘을 빌지 않아도 꽃송이 자체에서 자가 수정하기도 합니다. 꽃이 다 벌어지지 않고서도 자신의 수술과 암술이 수정합니다. 이런 꽃을 폐쇄화(閉鎖花)라 합니다. 자가이든 타가이든 어떤 방식의 수정으로도 번식을 멈추지 않습니다. 도시의 시멘트 바닥이나 아스팔트 틈새라도 있다면 비집고 꽃을 피웁니다. 덕분에 노란 서양민들레꽃이 피어난 모습은 어디에서나 익숙한 풍경이 되었죠.

민들레 홀씨_ 3월 중에 꽃봉오리 맺혔던 모습을 기억하시나요? 봄이 한창인 5월 초순에 벌써 민들레는 홀씨를 날립니다. 가을이 끝나기까지 다시 꽃을 피우고 열매를 맺으며 그의 세상을 이어갈 겁니다.

곧 하얀 공에서 홀씨 하나하나 이별을 맞을 시간입니다. 가녀린 깃털에 의지해 홀씨가 바람을 타고 흐릅니다. 정처 없이 떠나는 여행에 봄바람이 그와 동행합니다. 놓을 듯 잡을 듯 이어지는 흐름에는 실바람의 사랑이 실려 있습니다. 삭막한 도시 공간에서 이렇게 애잔한 비행을 볼 수 있음이 참 다행이다 싶습니다. 여기에는 끊어질 듯 이어지는 바이올린 선율이 어울릴 듯합니다. 햇빛에 반짝이며 고요히 흐르는 시냇물은 피아노가 그야말로 어루만지듯 받쳐주고요. 저는 그들 앞에서 흰 뭉게구름 떠가듯 마음을 띄워 보내렵니다.
아! 4월과 5월의 시냇가 정경(情景)!
'봄 소나타'에 실려, 풀꽃 사랑이 흐릅니다.

〈1〉 여름을 맞습니다

5월과 6월에 접어들면 누구라 할 것 없이 풀꽃들은 앞다투어 줄기를 올리고 잎을 펼칩니다. 번식을 위해 한시도 쉴 틈이 없습니다. 결실로 이어지려면 누구보다 더 높이 더 멀리 자신의 몸을 키워야 합니다. 5월은 여름 풀꽃들이 자신의 터를 굳히는 시발점이기에 하루하루가 치열하죠. 더구나 6월이면 압도적인 기세로 몰려올 덩굴식물들의 습격에도 대비해야 합니다. 여름이 오기 전, 뭇 풀꽃이 겪어야 할 과정입니다.
5월의 시냇가를 걷노라면 가장 먼저 눈에 띄는 풀꽃은?
개망초입니다.
길을 따라 끝없이 이어져 있죠. 몇 갈래 갈라진 줄기 끝마다 빠짐없이 계란꽃을 가득 피워냅니다. 한 송이 꽃에 백여 개의 씨앗을 품습니다. 영근 씨앗은 갓털에 실려 산지사방으로 날아갑니다. 인해전술식 번식이죠. 몇 알의 씨앗이 전부인 다른 풀꽃에 비해, 개망초는 가장 효율적으로 진화했습니다. 국화과 대부분이 그렇죠.
이렇게 전국 어디에서나 흔한 풀꽃이지만, 여전히 아름답고 사랑스럽습니다.

개망초_ 전국 길가 어디서나 볼 수 있는 개망초. 하얀 꽃에서 풍기는 은은한 향기가 그윽합니다.

개망초꽃이 이어진 인적 드문 시냇가. 가던 걸음을 멈추고 눈을 감아 보세요. 그리고 코에 집중해 보세요. 은은하고 달큰한 향기가 느껴지나요? 놀랍게도 그 꽃이 얼마나 향기로운지 아는 사람은 그리 많지 않습니다. 발 닿는 곳마다 피어 그 소중함이 잘 느껴지지 않은 탓인가 봅니다.

수적으로는 개망초에 비교할 바가 아니지만, 이 친구들도 빼놓을 수 없죠.

서양벌노랑이입니다. 덩굴식물들의 무서운 기세에도 굴하지 않고 이미 꽤 넓은 영토에 군락을 이루었습니다. 벌과 나비가 날아들어 그들의 꽃 잔치를 더욱 빛나게 합니다. 칡과 환삼덩굴도 그들의 기세에 비켜나는 듯합니다. 그렇게 그들은 8월이 다 가도록 여름 내내 피어납니다.

서양벌노랑이_ 사초와 덩굴식물의 기세에도 굴하지 않고 노랑 꽃무리를 이룬 서양벌노랑이.

식물 중에는 동종(同種)은 서로에게 양보하고 살 길을 틔워 주지만, 이종(異種)이 접근하면 배척하고 퇴치하려는 유전자가 있습니다. 약한 식물들일수록 군락을 이루는 것은 그 때문입니다. 서양벌노랑이 군집은 생존의 문제입니다.
잎이 서양벌노랑이와 비슷한 친구가 또 있습니다.
자주개자리입니다.

이들도 5월이 되면 보라 꽃 뭉텅이를 탐스럽게 피워냅니다. 벌노랑이만큼은 아니어도 군락을 이루어 꽃을 피웁니다. 하얗고 노란 꽃 일색인 봄과 여름의 길목에서 보기 드문 보라꽃이죠. 꽃에 별로 관심이 없던 길손도 한 번쯤 걸음을 멈추고 눈길을 주기 마련입니다. 어쩌면 가을 분위기에서나 볼 수 있는 보라 꽃이기 때문인지도 모르겠습니다.

자주개자리_ 여름엔 나비가 좋아하는 하양과 노랑꽃이 많잖아요? 보라꽃은 드물죠. 자주개자리가 여름에 더욱 사랑스러운 까닭입니다.

자주개자리_ 울릉도에서 본 자주개자리. 시간이 흐르면서 연초록에서 연보라를 거쳐 보라 꽃으로 성숙합니다.(좌)
박주가리_ 덩굴식물답게 그도 여름의 상징입니다.(중)
전동싸리_ 줄기를 따라 노란 꽃을 촘촘히 달았습니다.(우)

올 유월에 울릉도에서도 자주개자리를 만났던 기억이 납니다. 신대호수 시냇가의 꽃보다 꽃 뭉텅이가 좀 더 크고 탐스러웠습니다. 꽃이 연초록에서 연보라로 거쳐 가는 모습을 볼 수 있었습니다. 7월이 되면 짙은 보라 꽃으로 다가오겠죠? 그들이 바람과 한데 어울려 나부끼는 모습이 참 조화롭습니다.

산책길과 시냇가의 경계 철책엔 어느새 박주가리가 담을 타고 올라 덩굴손을 삐죽이 내밀었습니다. 그는 나팔꽃이 오를 자리를 선점하여 여름 채비를 마친 듯합니다. 햇볕이 좀 더 뜨거워지기 시작하는 6월 하순이면, 환삼덩굴과 칡의 무서운 기세가 시작될 테니 한 박자 먼저 선수를 친 셈입니다.
수리마을과 상현마을에서 시작된 두 시내가 합쳐지는 삼각지 근처에 이르자 눈에 띄는 풀꽃이 있습니다. 전동싸리입니다.
그동안 무수하게 오가면서도 무심코 지나쳤습니다. 두세 그루가 비탈 저 아래 떨어져 핀 까닭인가 봅니다. 사방에 맘껏 가지를 뻗고, 그 가지마다 노란 꽃을 촘촘히 달았습니다. 그들은 '뭐 서둘 게 있느냐!'는 듯, 느긋하게 늦봄의 햇살을 즐깁니다. 꽃잎이 위아래로 갈라친 채 살짝 벌어진 모습이 개구쟁이 새끼오리의 주둥이를 닮았습니다.
전동싸리처럼 개체 수가 적은 데도 유난히 눈에 띄는 친구가 있습니다. 패랭이입니다.

패랭이_ 분홍 꽃잎이 화려하고 강렬합니다.

5장의 꽃잎 끝이 톱니 모양을 하고 있죠. 진분홍 꽃은 작지만 화려하고 강렬하여, 지나는 길손의 눈길을 잡기에 충분하죠. 물론 흰 꽃도 보입니다. 풀꽃들이 저마다 우악스럽게 뻗어내는 풀덤불 속에서도 호리호리한 몸매를 뽐냅니다.

억센 사초 풀숲에서 층층이 연한 분홍 꽃을 피워낸 친구도 있습니다.
석잠풀입니다.

석잠풀_ 거친 야초 덤불에서도 굳건한 모습으로 자란 석잠풀.

전국의 들판이나 냇가에서 잘 자라나, 도심에서 흔하게 볼 수 있는 풀꽃은 아닙니다. 아래위로 연분홍 꽃잎을 활짝 벌리고 벌과 나비를 유혹하는 이 친구가 어쩐지 약간은 외로워 보입니다. 그것은 거친 야초 세상에 몇 없는 꿀풀과 친구들이기 때문이죠. 그러나, 줄기의 단면이 네모인 검갈색 줄기의 굳셈은 여느 풀꽃 못지않습니다. 거친 생존의 경쟁에서 다른 풀꽃들과 당당히 겨뤄냈기에 더욱 자랑스럽습니다.

수십 번을 오가는 길목이어도 도시에서는 좀처럼 찾아볼 수 있는 야생화가 있습니다.
쥐손이풀입니다.
지난해에 이 풀꽃을 발견하고 반가움이 컸습니다. 상현레스피아 옆 시냇가, 환삼덩굴에 치이면서도 몇 송이 꽃을 피워냈거든요. 연한 보라 꽃잎에 3줄의 밀선이 선명합니다, 손바닥 모양의 깊게 갈라진 잎, 분명히 쥐손이풀이었죠. 하지만, 그곳엔 이미 칡과 환삼덩굴의 기세가 압도하고 있어 위태로운 지경입니다.

쥐손이풀_
7월 중순, 환삼덩굴과 칡의 기세에도 불구하고, 탐스럽게 꽃을 피운 쥐손이풀.

자연의 순리에 맡겨야겠지만, 안타까운 마음에 칡과 환삼덩굴을 치워주었습니다. 당분간은 이곳을 야외 정원으로 삼을까 합니다. 도심에서 쥐손이풀과의 만남은 조금이라도 종의 다양성을 엿볼 수 있어 기쁩니다.

상현도서관 가까운 시냇가, 싸리나무에 가려 잘 보이지 않아서 수풀을 헤치다 우연히 마주하게 된 꽃. 범부채입니다.

범부채_ 꽃잎에 짙은 반점과 부채 모양의 잎에서 '범부채'란 이름을 얻었습니다.

붓꽃 잎을 닮은 넓고 끝이 뾰족한 잎을 부채처럼 펼친 모양입니다. 그리고 중심 잎의 꼭대기에 뻗은 꽃대는 두 갈래로 갈라지고, 다시 두세 갈래로 갈라지며 그 정점에 6장의 주황 꽃잎을 활짝 펼쳤습니다. 부채 형상으로 펼쳐진 잎에, 꽃잎 위 붉은 반점이 찍혀있어 '범부채'라는 이름을 얻었나 봅니다. 예기치 않게 풀숲에서 찾은 의외의 보석에, 기쁨과 설렘이 교차합니다. 풀꽃 탐방은 이런 맛에 점점 빠져드나 봅니다.

누구보다 일찍 파란 꽃을 피워 사람들에게 따뜻함을 선사했던 큰개불알풀꽃, 기억하시죠? 이 친구들은 6월 초인 지금도 여전히 군데군데 파란 눈망울을 반짝이고 있습니다. 참 대견합니다. 역시 '봄' 내내 함께 한 이 친구들은 '봄까치꽃'을 넘어 '봄사랑'이란 애칭을 붙여주고 싶습니다.

이렇게 여름의 문턱에서 한창 꽃을 피우며 뽐내는 친구들이 있는가 하면, 봄이 한창 무르익고 나서야 느긋하게 깨어나는 친구들도 참 많습니다. 대부분은 가을꽃으로 자리매김한 친구들입니다.

왕고들빼기, 고마리, 여뀌, 단풍잎돼지풀, 뚱딴지 등등입니다.

물론 개쑥부쟁이나 벌개미취, 그리고 산국 같은 들국화류는 전형적인 가을꽃이지요.

시냇가 습지에 창(槍)을 닮은 잎을 무수히 토해내고 있는 고마리. 여름의 홍수와 태풍을 이겨내고 대단위 군락을 이루었습니다. 가을이면 하얀 꽃봉오리 끝에 뽀오얀 분홍빛으로 치장하고 벌과 나비를 유혹할 녀석들을 생각만 해도 설렙니다.

왕고들빼기_ 깊게 박힌 뿌리에 가득한 영양을 밑거름 삼아 왕성하게 자랍니다.

지금은 수풀 속에서 다른 풀들과 키재기를 하고 있지만, 서서히 위세를 드러내는 왕고들빼기. 깊게 박힌 뿌리에 가득한 영양을 밑거름 삼아 왕성하게 커갑니다. 단풍잎돼지풀도 이에 뒤지지 않습니다. 전투적 상징인 양 삼지창을 사방에 뻗어 확연히 존재를 드러냅니다. 새빛초에서 상현고 부근 구역에서 만난 뚱딴지도 무럭무럭 잘 자랍니다.

자연을 유심히 관찰하다 보면, 그 속에 숨겨진 풀꽃 이야기가 있습니다. 그것을 찾아 나가는 과정 자체가 기쁨이지요. 어느 여름날, 여러분이 노랑꽃이 만발한 서양벌노랑이 군락을 지난다고 가정해 보지요. 그때, 잠깐 걸음을 멈추고 그들의 은밀한 이야기를 찾아보면 어떨까요?

서양벌노랑이/노랑나비_
8월 중순, 노랑 꽃밭에 노랑나비가 여기저기서 나풀거립니다.

8월 한낮, 서양벌노랑이는 노랑꽃 뭉텅이를 풍성하게 피웠습니다. 누가 원예 작업을 한 듯 넓고 화사한 노란 꽃밭이 만들어졌습니다. 이러니 벌이든 나비이든 모여들지 않겠습니까! 요즘처럼 많이 날아든 노랑나비를 본 적이 없습니다. 한 꽃밭에 노랑나비 대여섯 마리가 나풀거리며 꿀을 빠느라 분주합니다. 도심에서 보기 힘든 장면이죠. 이에 질세라 꿀벌들도 주둥이를 들이대고 닫힌 꽃잎을 벌리느라 버둥거리는 모습이 여기저기 보입니다.

벌노랑이는 꽃잎이 좌우로 닫혀있고 그 속에 꿀이 있습니다. 벌과 나비는 꽃잎을 좌우로 벌려야 꿀을 얻을 수 있죠. 꽃잎을 벌리느라 버둥거리는 사이에 꽃술에 꽃가루를 묻혀 수분이 이루어집니다. 덕분에 한 꽃에 머무는 시간이 좀 됩니다. 사진 찍을 시간을 내어주는 셈이죠.

싸리꽃_ 나비가 싸리꽃에 머무는 시간은 불과 2초. 꽃을 옮기며 순간순간 그 긴 빨대를 어찌 그리 꿀샘에 정확히 꽂는지 신기하기만 합니다.

꽃 잔치에 싸리꽃도 뒤지지 않습니다. 7월에 접어든 어느 여름날, 하얀 나비 두세 마리가 서로 숨바꼭질하듯 앞서거니 뒤서거니 싸리꽃에서 노닙니다. 이때다 싶어 사진에 담으려고 앵글을 맞추려 하자 이내 다른 꽃으로 날아갑니다. 가만히 살펴보니 한 꽃에 머무르는 시간이 2초를 넘기지 않습니다. 나비는 순간순간 날갯짓하면서 어떻게 그 긴 주둥이를 꿀샘에 정확히 꽂을 수 있는지 경이롭습니다.

나비의 순간 이동은, 싸리 꽃샘이 얕고 꿀의 양이 미미한 까닭입니다. 싸리꽃 입장에선 무수한 꽃송이를 피워내려면 에너지를 최소화해야 하기에 꿀을 낭비할 수 없었겠죠. 꿀은 적지만 화려한 진분홍 꽃의 유혹을 이기지 못하고 이 꽃에서 저 꽃으로 나풀대는 나비의 춤. 싸리의 유혹과 나비의 희유(嬉遊) 속에 여름이 무르익습니다.

오늘도 신대호수에 이르는 시냇가에는 건강을 챙기느라 산책하는 분들의 발걸음이 분주합니다. 그래도 가끔은 걸음을 멈추고 계절 따라 자라나는 풀과 꽃, 벌과 나비, 시냇물, 그리고 바람에 이렇게 말을 건네면 어떨까요?

"알게 모르게 우리의 심신을 살찌우는 진정한 주인공이 너희들이구나!"

〈2〉 냇가의 습지식물

거침없는 물살!

7월의 장마로 시냇물이 불어나 초록 풀 사이를 마구 헤집고 흐릅니다. 이제 한창 성장기에 들어선 달뿌리풀도 그 기세에 눌리어 몸을 누이고 순응합니다. 겨우 머리만을 내밀고 있을 뿐입니다.

그 모습은 선명하면서도 강렬한 옛 기억이죠. 붉은 황토물의 드센 기세 말입니다. 아름드리 거목은 말할 것 없이 소와 돼지 같은 가축도 거침없이 삼켜버렸던 마을 밖 모습이었습니다. 불어난 벌건 물이 마침내 샛강을 이루며 구경하는 우리마저 삼켜버릴 듯한 무서움이었죠.

고마리와 개여뀌_ 시냇가를 따라 습지에 군락을 형성했습니다.

8월 초순의 아침. 그곳엔 언제 그랬냐는 듯 고마리와 개여뀌가 다시 몸을 일으켰습니다. 엊그제와 전혀 딴판입니다. 언제 장마에 시달렸냐는 듯이……. 그들은 이미 습지의 환경을 몸으로 체득했습니다. 거친 바람, 드센 물살에 순응하면서 다시 일어서는 법을 배운 지 오래죠. 개체의 우수한 생존력뿐 아니라 군집 생활을 통해 외부의 공격을 거뜬히 막아냅니다. 장마가 휩쓸고 지나간 지 2~3일, 그들은 무리를 이루며 다시 일어섰습니다. 습지식물답게 언제나 그들의 영역은 확고합니다.

시내 한편에서는 계절의 변화를 벌써 감지했다는 듯 하얀 꽃을 피우기 시작합니다. 습지면 거의 어디서나 보이는 풀꽃, 개여뀌. 강한 번식력 덕분인지 시냇물에 바짝 붙어서 그들만의 영역을 구축했습니다. 심지어 시내에 모래톱이 형성되면 냇가가 아닌 시내 한복판에도 자리를 잡는 과감함을 보입니다. 그렇다고 그들이 인간에게 해를 입히는 법은 없습니다. 오히려 탁한 물을 걸러주고 오염된 수질을 개선 시켜줍니다.

개여뀌_ 10월 초, 만개한 개여뀌. 탁한 물을 걸러주고 오염된 수질을 개선 시켜줍니다.

이런 면에서 보면 고마리도 비슷합니다. 개여뀌처럼 수백 그루가 무리 지어 서식하는 습지성 식물이며 오염된 물을 정화 시켜줍니다. 어디 그뿐입니까! 5조각의 하얀 꽃받침(꽃잎처럼 생겼지만, 실은 꽃받침)을 정갈하게 피워내는 모습은 고결하기까지 합니다. 좀 떨어져 보면, 하얀 메밀꽃이 무수히 피어난 듯합니다. 저수지, 호수, 그리고 도랑이나 시냇가에 이르면 어김없이 피워내는 흰 고마리꽃! 역시 가을 길목에서 맞는 시냇가의 진객(珍客)답습니다. 군집 생활을 하며 바람과 물의 저항을 극복하고 피워낸 지혜를 배웁니다.

개여뀌와 고마리는 10월이면 하얀 꽃이 절정을 이룹니다. 시내 위 다리에서 그들을 바라보면, 마치 초겨울 서리를 맞은 듯, 살짝 하얗게 뒤덮인 여뀌밭이 묘한 계절 감각을 일깨웁니다.

시냇가의 풀 이야기에 이 친구도 빠지지 않죠.

달뿌리풀 말입니다.

달뿌리풀은 냇가의 모래땅에서 무리 지어 자랍니다. 그들의 뿌리는 망처럼 서로서로 연결되어 있습니다. 이는 거친 물살에도 휩쓸려 내려가지 않고 잘 버틸 수 있게 진화한 결과입니다.

대개 사람들은 달뿌리풀과 갈대를 구분하기 힘들어합니다. 모두 습지식물이고 전체 모양이 엇비슷하기 때문이죠. 하지만 자세히 살펴보면 몇 가지 차이를 확인할 수 있습니다.

한 가지 분명한 차이는 뿌리에 있습니다. 갈대는 뿌리를 땅속으로 뻗고, 달뿌리풀은 땅위를 기면서 뻗습니다. 또한 줄기를 싸고 있는 잎자루를 살펴보면, 갈대는 녹색이고 달뿌리풀은 대체로 자색을 띕니다. 물론 이삭과 서식지 측면에서도 구분할 수 있습니다. 갈대의 꽃은 촘촘하고 뭉텅이 져서 피는 한편, 달뿌리풀은 갈대보다 성기게 피어납니다. 갈대는 갯가, 호수, 그리고 강가에 주로 서식하고, 달뿌리풀은 주로 냇가에서 자랍니다.

갈대/달뿌리풀_ 갈대(좌)의 잎자루는 녹색이나, 달뿌리풀(우) 잎자루 상부는 대체로 자색을 띱니다. 갈대는 잎과 잎자루의 경계에 긴 털이 있습니다.

갈대와 달뿌리풀.
그들의 서식 환경이 시냇가이건 호숫가이건 그들의 생명력에 주목하지 않을 수 없습니다.
비바람이 끊이지 않고 물의 저항 또한 만만치 않은 곳에서도 어떻게 그 가냘픈 몸매로 늘씬함을 자랑할 수 있을까요? 그들의 진화는 어디까지일까요? 먼저 줄기를 살펴보면 속이 비었습니다. 다른 식물에 비해 성장 속도를 몇 배 높여주는 비결입니다. 다음, 줄기의 중간중간에 마디를 두었습니다. 바람과 물의 저항에 순응하며 꺾이지 않는 이유입니다. 유연한 몸은 바람에 순응하며 언제든지 몸을 뉘었다가 다시 일어섭니다. 마치 오뚜기처럼! 허허실실이라고나 할까요. 1~3m나 되는 키를 키워낼 수 있었던 놀라운 비결입니다.
자신을 비우고 주변 환경에 순응하면서 타의 추종을 불허하는 성장을 이뤄낸 갈대와 달뿌리풀! 단연 그들이 돋보이는 이유입니다. 별것 아닌 비판에도 발끈하는 우리가 부끄러워집니다. 바람에 이는 달뿌리풀의 서걱거림은 우리에게 이렇게 속삭이는 듯합니다.
'그대들이여, 흔들릴지언정 꺾이지 마라. 몸을 굽힐지언정 굴(屈)하지 마라!'

〈3〉 시냇가의 생태계

시냇가의 생태계_ 습지에는 달뿌리풀, 고마리, 그리고 개여뀌가 자라고, 비탈에는 덩굴식물이 주종을 이룹니다.

여름 내내 시냇가를 관찰해보면 재미있는 현상을 찾아볼 수 있습니다. 앞에서도 보았듯이, 시냇물 바로 옆에는 습지식물이 자리하죠. 그러면, 하천과 인도 사이의 비탈엔 주로 어떤 식물이 자랄까요? 바로 덩굴식물입니다. 환삼덩굴, 칡, 그리고 새팥 등이 서로 얽히고설키며 세력을 넓히고 있죠. 어떤 곳에서는 온통 환삼덩굴, 몇 걸음 옮기면 칡 세상입니다. 또 얼마만큼 가면 놀랍게도 새팥이 환삼덩굴과 칡을 멀리하며 자신들의 군락을 형성하고 있습니다.

쥐꼬리망초_ 환삼덩굴을 피해 길가에 그들의 군락(사진의 중심 아래)을 형성했습니다.

길가에는 질경이, 쥐꼬리망초와 같이 키 작은 녀석들이 자라고, 덩굴식물과 이들 사이에는 닭의장풀과 개망초가 무리를 이룹니다. 그러고 보면 아무데서나 잘 자라나는 잡초라고 치부할 일이 아닙니다. 잘 살펴보면, 그들의 영역과 생존 방식에 일정한 질서가 있음을 알 수 있습니다.

덩굴식물의 제왕은 역시 칡입니다. 그가 먼저 그 넓디넓은 잎을 펼쳐 들고 영역 확장에 나서면 아무도 쉽사리 당해낼 수 없습니다. 그 밑에선 햇빛 자체를 구경할 수 없기 때문이죠. 물론 잎과 잎 사이의 틈을 비집고 생존하는 녀석들 또한 부지기수이기는 합니다. 예컨대, 닭의장풀이나 개망초는 칡보다 일찍 자라서 칡잎의 사이사이에서 꽃을 피우고 열매를 맺습니다. 7월(2020년) 내내 장마기를 겪은 탓인지 여느 해와 달리 칡이 영 맥을 못 춥니다. 아무리 제왕이라 해도 환삼덩굴의 거친 가시와 왕성한 번식력 또한 무시할 수 없음인지, 그를 피해 벌판이나 시냇가 비탈보다 수직으로 선 나무를 타고 올라가 군데군데 나무를 온통 뒤덮었습니다. 이 부분은 단연 최고입니다. 그는 손을 뻗으면 7~8m도 너끈히 닿을 수 있는 친구니까요.

닭의장풀_ 환삼덩굴이 뒤덮힌 비탈에서도 닭의장풀은 여기저기에 파란 꽃을 피웠습니다(아래는 확대 사진).

햇빛이 부족하면 힘을 쓰지 못하는 칡의 치명적 약점을 누가 놓칠까요? 장마 기간 칡의 성장이 주춤한 사이, 새팥과 환삼덩굴, 그리고 나팔꽃이 영역 확장에 나섰습니다. 그들 역시 모두 햇빛을 좋아하는 양지식물이지만, 무리로 대항하는 녀석들에겐 칡도 어쩌지 못하는 모양입니다. 지난 7월은 내내 장마기가 이어지더니 8월 들어서는 태풍이 몰아닥쳤습니다. 그리곤 며칠이 지났을까요? 시냇가를 산책하던 저는 놀라움을 금치 못했습니다. 하천의 수량이 줄자, 흙모래가 쌓인 곳에 환삼덩굴이 가득합니다. 달뿌리풀은 군데군데 힘겹게 몸을 지탱하고 있을 뿐입니다. 두 식물이 모두 막 성장기에 접어들었지만, 오히려 달뿌리풀이 힘을 쓰지 못하는 형국입니다. 환삼덩굴이 그의 줄기를 말고 옥죄며 올라가는 무모함(?)도 서슴지 않습니다. 물가마저 거침없이 영역을 확장하는 그 녀석은 가히 정벌왕, 광개토대왕을 닮았습니다. 드센 가시로 무장한 덩굴손은 전후좌우 걸리는 것이면 무엇이든 감고 오르고 상대를 조입니다. 그들의 영역은 물가와 비탈, 들판을 가리지 않습니다. 공사장의 척박한 땅도 얼마간 방치하면 어김없이 이 녀석들 차지입니다. 가공할 번식력이죠. 햇빛이 쨍쨍하면 더욱 왕성하겠지만, 그렇지 못해도 지칠 줄 모르는 질긴 친구입니다.

물가뿐 아니라 비탈과 벌판에선 어떨까요? 환삼덩굴은 이미 서양벌노랑이, 새팥, 그리고 나팔꽃의 영토를 정벌(征伐)하고 자신의 병사들로 채웠습니다. 다행히 서양벌노랑이는 일찌감치 봄에서 여름에 이르기까지 노랑꽃을 잔뜩 피워대며 전성기를 맘껏 누리고 난 뒤입니다. 그는 이미 가을에 들어가며 결실을 맺었습니다.

새팥과 돌콩은 자신들끼리 군집을 이루고 세를 형성하여 외부의 침입을 최소화합니다. 환삼덩굴과 칡에 비해 상대적으로 작고 약한 대신에 그들의 응집력은 뛰어납니다. 덕분에 생장력이 왕성한 8~9월에 그들만의 군락을 이루고 꽃을 피워 열매를 맺었습니다. 콩과식물의 특성상 꼬투리가 거무스름하게 탈색되어가는 모습을 보면 가을이 무르익어감을 알 수 있습니다.

늦여름(8월 하순)과 초가을(9월 초순)에 접어들면 자신들도 덩굴식물임을 일깨워주는 친구들이 있습니다. 나팔꽃과 둥근잎유홍초가 바로 그들이죠. 아침이면 여기저기에 보라와 주황 나팔을 활짝 열고 벌과 나비를 유혹합니다. 햇빛이 강하지 않은 아침 시간, 다른 식물들의 광합성작용이 활발하지 않은 틈을 타서 자신들을 내보이며 튀는 녀석들, 메꽃과의 아침 잔치 같습니다.

돌콩_ 돌콩은 칡과 환삼덩굴만큼 강하지 않지만, 응집력 덕분에 비탈에서 그들의 세상을 지켰습니다.

아침 산책 중에 풀숲에서, 심지어 길을 따라 설치해 놓은 철제 담장에, 그들이 수놓은 나팔꽃의 향연은 아련하게 동심을 자극합니다. 동창이 밝을 무렵, 어머니가 깨우기도 전에 졸린 눈을 비비고 일어납니다. 다른 친구보다 먼저 일어나야 하는 이유가 있죠. 철사를 둥글게 하여 대나무에 매단 잠자리채, 거기에 거미줄을 묻혀놔야 하기 때문입니다. 동네 구석구석을 돌며, 거미줄에 맺힌 이슬이 채 사라지기도 전 거미줄을 수거합니다. 그럴 때마다 눈을 돌리면, 길모퉁이에서 환하게 벙그러져 사랑을 전해주던 꽃, 나팔꽃!

나팔꽃_ 여름날 아침, 활짝 핀 나팔꽃.

보라 나팔꽃이 진한 향수(鄕愁)를 불러일으키는 과거라면, 둥근잎유홍초는 현재입니다. 과거의 추억은 없지만 보는 이의 눈길을 강하게 끌죠. 시냇가 곳곳에서 자신을 보아달라고 작은 고개를 빼꼼히 내미는 귀여운 녀석. 나팔꽃과 메꽃에 비해서 1/5~1/4의 크기에 불과합니다. 하트 모양의 둥근 잎 또한 사랑스럽습니다.

둥근잎유홍초_ 작지만 강하면서도 선연한 아름다움을 간직한 꽃, 둥근잎유홍초.

둥근잎유홍초는 작은 꽃이지만 개화 시기가 길어 여름에서 늦가을까지 꽃을 피웁니다. 생장력도 강하여 며칠만 지나면 주변을 온통 붉은 꽃으로 수놓습니다. 생각해보세요. 여린 듯 가는 덩굴줄기에서 키워낸 하트를 닮은 둥근 잎, 아주 붉지도 않으면서 초록과 대조를 이루는 주황의 앙증맞은 나팔, 어느 벌이 이 유혹을 뿌리칠까요! 작지만 강하면서도 선연(鮮姸)한 아름다움을 간직한 꽃, 둥근잎유홍초!

단풍이 들기 전, 자칫 초록 일색으로 단조롭기 쉬운 10월 초순. 바쁘더라도 조금은 시간을 내어 아침 호숫길을 걸어보세요. 분홍, 보라, 그리고 주황으로 단장하고 나팔을 활짝 벌려 당신을 설레게 해줄 연인들, 그들을 만날 시간입니다.

비탈길에서 살짝 벗어나 길가 가까운 쪽으로 눈을 돌리면 닭의장풀[달개비] 몇몇이 무리 지어 있습니다. 이 녀석의 존재감도 결코, 만만치 않습니다. 7월 여름, 왕성한 생장력으로 덩굴들의 손이 허술한 틈과 틈새에 어김없이 쪽빛 꽃잎을 피워내고야 맙니다(물론 하늘색 꽃잎도 있고 흰색에 가까운 꽃잎도 있습니다).

닭의장풀은 덩굴들의 전장(戰場)도 불사하고 자라는 강한 생존력을 지녔습니다. 사실 그는 시냇가 외에도 낮은 산비탈, 들판 등을 가리지 않고 자랍니다. 줄기와 줄기 사이 마디에서 줄기 뿌리를 내어 끊임없이 번식합니다. 심지어 건물을 짓느라 온통 흙과 자갈뿐인 공사장 주변에서도 바랭이의 영역을 비집고 자신들의 군락을 도모할 정도로 영토 확장력이 강합니다. 흙이 있는 곳이면 어디든 마다하지 않죠. 이러한 놀라운 번식력 덕분에 그는 전국 거의 어디서나 만나볼 수 있습니다. 비록 흔히 보는 닭의장풀이지만, 꽃의 생김새는 독특합니다. 반달 모양의 총포가 갈라지면서 위로는 파란 꽃잎 두 장을 숫공작의 깃처럼 펼치고, 아래로는 반투명 하얀 꽃잎이 노란 수술과 암술을 받치고 있습니다. 도도함마저 엿보입니다. 삭막한 덩굴식물의 비탈에서 파란 사파이어처럼 빛납니다. 반달 모양의 특이성과 노랑 파랑의 선명한 대비가 강렬합니다. 이 작은 화려함과 아름다움에 자꾸만 눈이 갑니다. 7월 하순에

닭의장풀_ 반달 모양의 총포가 갈라지면서 위로는 파란 꽃잎 두 장, 아래로는 반투명 하얀 꽃잎이 노란 꽃술을 받치고 있습니다.

서 8,9월에 이르기까지 내내 여기저기에서 반짝거립니다. 잡아당기면 쉽게 꺾어지는 그 연약함에도 어찌 그리 번식력이 좋은지 불가사의라 할 정도입니다. 그래서 더욱 빛나는 녀석들인지도 모릅니다. 덩굴손이 미치지 않고 비교적 햇빛 받기 수월한 인도 가까운 곳에는 쥐꼬리망초가 간간이 무리를 지어 핍니다. 키는 불과 20cm 내외입니다. 꽃은 확대경을 들이대야 겨우 관찰할 수 있습니다. 연약하고 작은 풀꽃들의 상당수가 그렇듯 줄기에는 몇 개의 골이 수직으로 나 있습니다. 파르테논 신전의 기둥에 골이 나 있는 모습을 연상하면 됩니다. 작고 가는 가지지만 부러지지 않고 생장을 촉진하는 효과가 있죠. 비록 꽃대는 짧고 작지만 줄기의 중심에 굳건하게 서 있습니다. 작고 여리기에 자신을 과신하지 않고 낮은 곳에서 부지런히 꽃을 피우고 열매를 맺습니다. 마치 그것이 자신의 분수이고 지족의 결과라는 듯…….

쥐꼬리망초_ 작지만 굳건한 중심 꽃대에서 부지런히 꽃을 피웁니다.

어디에나 가리지를 않고 피워대는 개망초에 비하면 이 녀석의 영역은 소박합니다. 그래서 환삼덩굴의 살수가 미치지 않는 곳에서, 심지어 새팥도 다가오지 않는 곳에서 그들의 세계를 조용히 지켜나갑니다. 언제 침탈당할지 모르는 위기 속에서……. 그러기에 이 분홍의 쥐꼬리망초를 볼 때면 늘상 애틋합니다. 작고 가녀린 모습 탓이겠죠.

가을을 보냅니다

〈1〉 걸으며 비로소 보이는 것들, 그리고 어울림

생명을 가진 존재는 끊임없이 주변 여건에 맞게 적응해 나갑니다. 좀 더 나은 환경에서 충분한 영양을 취하며 순간순간을 이어가기 위해 자신의 생명력을 유감없이 발휘합니다.
풀꽃도 예외는 아닙니다. 어찌 보면 그 어떤 생명보다 치열한 경쟁과 부대낌을 겪으며 살아나가야 합니다. 생각해보세요. 나무들은 커가며 적당한 간격을 유지하며 자랍니다. 상당 부분은 조림(造林)이라는 이유로 인간에 의해 인위적으로 분배되어 식재됩니다. 그럼으로써 그들의 안정적 생장 유지를 보장받습니다. 일부 가지가 희생될지언정 전체가 위협받지는 않습니다. 그런데 야생 화초의 사정은 어떠합니까? 대부분이 20~30cm의 고만고만한 키의 풀에겐, 태어난 곳이 곧 목숨을 건 생존 터입니다. 자신의 영역은 고사하고 싹을 틔워 새싹이 자라나기도 전에 햇볕 한 번 제대로 쏘이지 못하고 죽게 될 판이죠.
그래도 그렇게 걱정할 것만도 아닙니다. 그들만의 생존 전략이 숨어있기 때문입니다. 자신이 태어날 조건이 되지 않으면 그들은 씨앗 자체로 2~3년을 기다리기도 합니다. 적절한 조건이 만들어질 때까지……. 그렇지 않고 태어났다면 그들은 자신들만의 생존 방식으로 거친 환경을 극복해 나갑니다. 예컨대 덩굴식물들 속에서 태어난 개망초나 닭의장풀은 환삼덩굴이나 칡덩굴이 몇 m씩 뻗어 사방을 덮어버리기 전에 빨리 자신의 키를 키웁니다. 칡은 6월 하순에서 7·8월, 그리고 환삼덩굴은 이보다 늦게 성숙기에 들어갑니다. 개망초와 닭의장풀은 이들보다 먼저 싹을 틔우고 줄기를 뻗어 올립니다. 곧게 뻗은 개망초의 줄기나, 수분이 많이 함유된 닭의장풀 줄기는 모두 최단기에 키 높이를 극대화하여 생존을 도모합니다.

수평으로 뻗어나가는 덩굴식물 사이를 비집고, 속성으로 성장하여 꽃을 피우고 열매를 맺는 그들의 생존력이 경이롭습니다. 그래서 그런지 환삼덩굴이나 칡덩굴이 뒤덮인 밭에서 오롯이 피어난 파란 닭의장풀꽃이나 하얀 개망초꽃을 보면, 그들이 그렇게 장해 보일 수 없습니다. 야생 세계의 참 모습을 보는 듯합니다.

하천 변에는 여러 종류의 풀이 서로 어울리며 살아가는 모습을 쉽게 관찰할 수 있습니다. 물론 인간이 보기에 그렇다는 것입니다. 각자의 영역이 정해지지 않은 그들에게 어울림이란 옆의 식물을 이용하는 한 방편이 되겠지만……. 그래도 그들은, 치열한 경쟁 속에서도 자연의 섭리와 원칙을 따릅니다. 그들이 만들어 내는 일종의 조화와 어울림입니다. 그 결과로 인간의 눈에 비치는 모습도 자연입니다.

뚱딴지 나팔꽃(?)_ 나팔꽃이 뚱딴지 줄기를 타고 올라 꽃을 피웠습니다.

시냇가를 걷다 보면 뚱딴지나, 또 이보다 더 크게 몸집을 불려가는 단풍잎돼지풀을 쉽게 만날 수 있습니다. 8월 하순부터 10월 초순까지 이들을 살펴보면, 심심치 않게 때로는 보라꽃, 때로는 붉은꽃을 달고 있습니다(?). 신기한 눈으로 가까이 다가가면, 나팔꽃과 둥근잎유홍초가 그들 줄기를 감고 올라가 피운 꽃입니다. 그렇게 그들은 메꽃과의 집이 되어주고 버팀목이 됩니다. 이 모습을 볼 때면 마치 이렇게 말하고 있는 듯합니다. "나는 줄기도 튼튼하고 힘이 왕성하니 너희의 보금자리가 되어줄게." 뭐 이런 식이죠. 얼마나 보기 좋습니까! 메꽃과는 그들에게 의지하면서도 별로 해를 입히지 않고 공생하듯이 조화롭습니다. 우리에겐 뚱딴지와 돼지풀의 새로운 꽃(?)을 감상할 수 있으니 또 하나의 즐거움이 아니고 무엇이겠습니까!
어울림 속에는 자기들끼리 협력하는 녀석들의 모습도 눈에 띕니다. 덩굴식물 중에 새팥과 돌콩은 비교적 덩치가 작고 여립니다. 물론 칡이나 환삼덩굴 등에 비해 그렇다는 말입니다. 처음 덩굴손을 뻗는 줄기는 정말 여리여리하지요. 덩치 큰 녀석들, 혹은 다른 험악한 녀석들의 그늘에서 맥을 못 추기 마련이죠. 그래서 그들이 택한 생존 방식이 협력입니다. 그들끼리의 덩굴손이 만나 새끼 꼬듯이 덩굴손을 꼬아 제법 굵어진 새 손을 만듭니다. 이젠 좌우로, 공중으로 자신의 몸을 곧추세울 수 있습니다. 웬만한 바람에도 견딜 힘을 갖추게 되었죠. 그들은 온몸으로 말합니다.
'흩어지면 죽고 뭉치면 산다!'

〈2〉 가을을 맞는 들국화, 가을을 타는 싸리, 그리고 수크령

가을이 한창이면 천지사방에 들국화가 만발합니다. 개쑥부쟁이와 벌개미취는 여름 더위가 가시기도 전에 꽃이 피기 시작하여 가을 내내 전국의 산과 들을 수놓습니다. 가을에 그리는 임이라도 있는지, 연보라 향기를 은은히 풍기며 보는 이를 유혹합니다. 연보라는 그들 덕분에 더는 낯설지도 않고 그냥 수수하지도 않습니다. 뭐랄까요…? 미묘하다고 할까요? 파스텔 색조의 연보라는 은근하면서도 마음을 당기는 묘한 매력이 있습니다. 가을을 한발 앞서 맞이하고 가을이 떠남을 가장 아쉬워하는 들국화, 개쑥부쟁이와 벌개미취입니다.

산국_ 10월 하순, 산책길에 흐드러지게 피어난 산국.

11월이 가까워지면 들국화의 백미(白眉)인 산국이 흐드러지게 피어납니다. 시냇가를 따라 노~란 꽃길을 만들어주죠. 개쑥부쟁이에 이어 산국 향이 가득할 때면, 우리는 아쉬움에서 그들 주위를 맴돌곤 합니다. 가을볕과 산국 향의 속삭임 속에 시냇물도 쉬어가지요.

광교산에서 신대호수로 흐르는 물줄기는 작지만 두 지류(支流)가 있습니다. 매봉에서 상현마을로 흘러나가는 물줄기가 하나요, 다른 하나는 매봉의 서편 골짜기에서 시작하여 수리마을, 상현중학교 앞을 흘러갑니다. 두 줄기는 상현고등학교의 모퉁이에서 합류하여 신대호수로 흐릅니다. 두 줄기 모두 수량이 적어 인공적으로 순환시킨 물이 보태집니다. 하나는 상현마을에서, 다른 하나는 수리마을 상류 쪽에서 시작합니다.

수리마을로 가는 시내의 산책길은, 마을을 300~400m 지난 지점에서 길이 끊겼습니다. 사람들의 통행이 좀 뜸하죠. 10월 들어 가을이 한창일 때 그 고즈넉함을 즐기기 참 좋습니다. 본격적인 단풍이 오려면 2주가량은 더 있어야 하건만 싸리는 뭐가 그리 성급한지 온통 노랗게 물들었습니다. 주변의 초록과 대비되어 더욱 돋보입니다. 길을 따라 이어진 수크령도 결실을 준비합니다. 수북한 털 사이사이에 갈색의 거무튀튀한 열매가 알알이 맺혔습니다. 곧 독립할 태세입니다. 수북한 털 속에 감춰진 수크령 이삭, 그리고 노랗게 물드는 싸리, 이들이 있어 도시의 가을이 살아납니다.

개쑥부쟁이_
덤불과 그늘을 피해 인도로 나와 꽃을 피웠습니다.

개망초_ 길바닥에 쓰러져도 소담스러운 계란꽃을 피운 것은 강인함일까요, 간절함일까요?

수리마을 길을 걷는 중간중간에 연보라 개쑥부쟁이꽃, 노오란 달맞이꽃, 하얀 개망초꽃이 과감하게(?) 길에 누워 일광욕을 즐깁니다. 길 위에 꽃이 연이어 깔린 모습이라니! 덕분에 눈이 호사합니다. 보기 드문 광경이죠. 그들에겐 햇빛이 절실하여 위험을 무릅쓰고 인도로 나온 것이겠지만……. 어쨌든 사람들의 인적이 드물어 길 위에서 생존을 이어갑니다. 덕분에 산책길은 더욱 호젓하고 멋스럽습니다.

배초향_ 그윽한 향기만큼 이름도 예쁜 배초향.

수리마을 길의 끝 지점에 이르면, 배초향과 곰취가 우리를 반깁니다. 마치 아무도 자신들을 찾지 않아 많이 외로웠다는 듯 몸을 흔들어댑니다. 배초향은 들깨밭 가장자리에 몇 그루가 있고, 곰취는 약간 떨어진 비탈에서 꽃을 가득히 피워냈습니다. 배초향은 땅이 비옥하지 못한 탓인지 변두리에 밀려서 그런지 크다 만 녀석들 같아 안쓰럽습니다. 그래도 꽃대는 여전하여 그윽한 향을 전합니다.
가을이 깊어갑니다. 배초향 옆 들깻잎은 노랗게 물들며 결실을 재촉합니다. 모든 기운이 열매 맺기에 집중하고 있는 듯합니다.
서산 너머 햇살이 그들 위에서 잠시 쉬어갑니다.

〈3〉 나를 알아요?
_비밀스런 공간, 그리고 빛나는 순간

10년 넘게 신대호수에 이르는 길을 걷습니다. 매일 그렇고 그런 풀꽃 친구들을 만나죠. 그런데도 가끔은 눈에 띄지 않았던 친구들을 만나기도 합니다. 제가 무심해서이기도 하지만 그들이 은밀한 공간에 자리 잡고 있기 때문이기도 합니다.

먼저, 박주가리 얘기입니다.

박주가리 자체가 어렵게 볼 수 있는 식물은 아닙니다. 하지만 꽃은 사정이 다릅니다. 8월 늦게서야 피는 탓이기도 하지만 꽃이 작아서 놓치기 쉽습니다. 색깔 또한 별로 눈에 띄지 않습니다. 이미 다른 식물들이 무성해지는 상태에서 그 연분홍 털북숭이 꽃을 간과하지 않으려면? 물론 특별한 관심과 애정이 필요합니다. 또한, 박주가리는 띄엄띄엄 홀로 자라고 있어 가려진 탓도 있습니다. 무리를 지어 생장하는 덩굴식물의 세계에서 뛰쳐나온 이단아 같은 녀석이니까요. 잎겨드랑이에서 나온 꽃대에 매달린 꽃들. 분홍빛 꽃잎 안쪽에는 털이 수북합니다.

겨울 외투에 저 복슬복슬한 박주가리별을 달아주면 얼마나 사랑스러울까요! 세련되고 따스한 느낌도 더해질 듯합니다. 다른 덩굴 잎에 가려 주의 깊게 관찰해야만 보이는 연분홍 별꽃. 그가 말합니다.

"숨어있어도 나를 기억해 주세요~."

박주가리_ 겨울 외투에 저 복슬복슬한 박주가리별을 달아주면 얼마나 사랑스러울까요!

다음은 익모초 얘기입니다.

이 글을 읽는 독자라면 '익모초는 웬만한 곳에서도 눈에 띄는데…?'라며 의아해할 겁니다. 하지만, 적어도 신대호수 주변엔 보기 어렵다는 사실로 이해해주길 바랍니다.

수리마을에서 흘러오는 시내와 상현마을에서 흘러오는 시내가 만나는 지점의 모퉁이. 그 모퉁이에 익모초 두어 그루가 자랍니다(2022년 여름에는 여러 그루가 자라고 있습니다). 7월 말부터 꽃이 피기 시작합니다. 잎의 겨드랑이에서 일정한 간격으로 돌려 피어나죠. 층층이꽃처럼 위아래로 정연하게 피어납니다. 지금 9월에도 한쪽에선 꽃이 피고, 다른 한쪽에선 열매를 맺습니다. 잎줄기와 꽃대의 구분이 없어 한 몸으로 느껴집니다. 줄기와 잎 사이, 겨드랑이에 끼고 꽃을 사방으로 피우며 뽐냅니다. 마치 그는 이렇게 말하고 싶어 하는 듯합니다.
"내 새끼를 보듬고 잘 보호해야죠. 다음 세대를 위해서……."

익모초_ 잎의 겨드랑이마다 분홍 꽃을 층층이 피워냅니다.

이제 마침내 시내[川]를 벗어나 신대호수에 이릅니다. 광교산 자락에서 흘러내린 계곡물이 호수와 만나는 지점이죠. 이곳을 좀 더 지나 호숫가에서 은밀하게 조우하게 된 친구가 있습니다,
눈괴불주머니입니다. 인도와 호수 사이를 가르는 나무 담장, 그 경계를 넘어 아무도 다니지 않는 호젓한 풀밭 가 버드나무 그늘. 그곳에 다가갔을 때 눈에 확~ 들어온 친구입니다. 도감으로만 보다 그렇게 만나게 된 반가움이란~! 버드나무 아래 오롯이 그들만의 노란 꽃동산을 이루었습니다.

눈괴불주머니_ 신대호숫가 버드나무 아래서 그들의 군락을 이룬 눈괴불주머니.

처음엔 애기똥풀이겠거니 하고 가까이 다가갔습니다. 사실 애기똥풀이나 눈괴불주머니는 모두 겹잎이고 잎이 연녹색이죠. 꽃의 색깔 또한 노랗습니다. 적당히 햇볕과 그늘을 지향하는 점도 비슷하니까요.
인도에서도 좀 떨어져 있고 그 경계에 담장까지 막혀 있었으니 그 만남이 은밀할 수밖에요. 노란 괴불주머니를 옹기종기 꽃대에 달고 자기들만의 비밀 동산을 일구어낸 장한 녀석들! 광교 호수공원을 통틀어 유일하게(아마도 그럴 것입니다. 참고로 2021년 봄, 법원 청사 맞은편 호숫가에서 자주괴불주머니 군락을 발견했습니다) 남아있는 그들만의 에덴동산이 아닐까요? 그들은 저를 반길까요, 경계할까요? 혹시 금단의 열매를 훔치러 온 불청객으로 보지 않을지 모르겠습니다.
몇 발짝 풀밭으로 나오니 거기에도 어린 눈괴불주머니가 자랍니다. 그 양옆으로 그만한 칡덩굴도 뻗고 있고…. 아마 보름 전 풀베기를 마친 후 새로 자라난 녀석들인 것 같습니다. '어허! 어쩌나. 머지않아 괴불주머니는 칡덩굴에 둘러싸일 텐데….' 하지만 그 또한 자연의 순리입니다.
다시 신대호수에서 벗어나 연화장 가는 샛길에 들어섭니다. 사람들의 왕래가 뜸한 길입니다. 굴다리 주변이어서 반그늘이 지고 습해서 개여뀌와 고마리가 무리를 이루며 자랍니다.
한창 피어난 고마리꽃을 보면, 새하얀 얼굴에 분홍을 살짝 드리운 작은 아씨를 연상케 합니다. 화려하지도, 사치스럽지도 않은 모습입니다. 꽃 중심에는 연노랑 꿀샘이 자리하여 벌과 나비에게도 퍽 유혹적입니다.
아! 그 작디작은 꽃이라니~!

고마리_ 투명하고 맑은 고마리꽃.

개여뀌_ 9월 중순, 개여뀌꽃이 피어나는 모습.

그런데 꽃은 왜 그렇게 작을까요? '불과 몇 mm에 불과한 꽃을 달고 벌과 나비를 잘 불러들일 수 있을까요?' 궁금증을 넘어 염려스럽습니다. 가만히 생각해보면, 나름대로 진화한 결과입니다. 작은 꽃은 바람과 거친 환경에 잘 적응할 수 있으니까요. 물론 소비되는 에너지도 최소화할 수 있고요. 대신 그들은 무리를 이루어 생존을 도모하죠. 그만큼 벌과 나비가 모여드는 확률도 높아집니다.

신대호수로 이르는 길을 산책할 때면 매양 새롭습니다. 하루 중 아침, 점심, 그리고 저녁마다 자연이 보여주는 풍경이 시시각각으로 바뀌죠. 매일 일정한 시각에 산책하는 사람에게 "무슨 소리죠?"라고 의문을 던지겠지만, 자연은 마법처럼 변화합니다.

애기나팔꽃_ 나팔꽃 중 가장 작은 꽃, 하트 모양의 잎 사이에 하얀 별처럼 빛납니다.

아침 산책을 할 때면 메꽃과의 세상입니다.
하얀 애기나팔꽃, 붉은 유홍초, 분홍 메꽃, 그리고 진보라 나팔꽃에 이르기까지 나팔꽃 천지입니다. 인도와 시내 사이에 세워 놓은 울타리를 타고 곳곳에 보라꽃을 활짝 피우기도 하고, 싸리나무 덤불에 올라 여기저기 붉은 수를 놓기도 합니다. 이들의 여린 통꽃은 아침 이슬과 햇살을 받으며 그 싱그러움을 한층 더합니다.
어린 시절 아침 등굣길, 교정의 담장에서 만났던 나팔꽃. 그때 이 나팔꽃을 귀에 꽂고 깔깔대며 서로를 놀렸던 추억이 아련합니다. 반백 년 전의 기억입니다. 이들은 낮이 되면 언제 그랬냐는 듯이 자취를 감춥니다. 사실 꽃을 안으로 접어 잘 보이지 않는 것이지만…….
한낮의 공원 호수는 어떤가요?
동글동글한 연잎 사이사이에서 볼쏙볼쏙 고개를 내민 연꽃이 우리의 눈길을 사로잡지요. 하양과 분홍의 탐스러운 자태는 잔잔하고 푸른 호수를 배경으로 더없이 낭만적입니다.
그러나 해가 기울면 연꽃은 언제 그랬냐는 듯 모습을 감춥니다. 이상한 일이죠? 수련이 마법을 부린 걸까요?
아닙니다. 한낮이면 꽃잎을 열었다 저녁이면 오므리고 휴식에 들어갔기 때문입니다. 수련이 수련(睡蓮 : 잠자는 연)인 이유죠. 이렇게 3~4일을 반복합니다. 수련으로선 에너지를 절약하고 효율적 성장을 도모하기 위한 그만의 전략입니다. 수분이 이루어지지 않는 긴 밤에 계속 꽃을 피워 에너지를 소모할 이유가 없는 것이죠. 사실 수련뿐만 아니라 대부분 꽃이 밤에는 쉽니다. 꽃 본연의 소임에만 충실할 수 있도록 진화된 결과입니다.
오늘 저녁 산책에서 소담한 연꽃을 보지 못해 아쉬워하는 당신에게 그들은 속삭입니다.
"햇빛 가득한 호숫가에서 다시 만나요."

달맞이꽃_ 밤에 피는 달맞이꽃.

저녁이 되면 어떠한가요?
달맞이꽃이 움츠렸던 기지개를 켭니다. 박각시나방을 불러들일 시간이 다가오고 있습니다. 벌과 나비를 불러들이는데 많은 에너지를 소모하는 다른 식물들과 달리, 밤을 선택한 합리주의자! 야화(夜花)의 불리함을 극복하기 위해 생존력만큼은 남다릅니다. 들판이건 길가 비탈이건, 땅이 비옥하건 척박하건 가리지 않고 자라납니다. 비바람이 불어도 굳세게 줄기를 뻗어 올려 1m도 넘는 키를 자랑하기도 합니다.
밝은 햇빛을 거부하고 은은한 달빛 아래 유유히 독야청청한 밤의 여신, 달맞이꽃! 고독하지만 여유롭습니다. 팔월 한가위가 가깝습니다. 오늘 밤은 그를 맞으러 호수를 거닐까 합니다.

〈4〉 풀꽃의 갈무리

10월!

풀꽃이 지상의 삶을 갈무리할 시기입니다.

봄에 싹을 틔웠건, 여름에 싹을 틔웠건, 겨울이 오기 전에 열매를 맺고 씨앗을 세상에 보낼 시간입니다. 뿌리는 여전히 생명력을 유지할 테지만, 잎과 줄기를 비롯한 지상부의 모든 것은 남김없이 흙으로 돌아갈 겁니다. 그것이 풀이 혹한(酷寒)을 넘기는 생존 방식입니다.

겨울을 맞기 전 10월, 풀꽃에게 가장 숨 가쁜 달입니다. 여름내 잎을 무성히 달고 줄기를 뻗어 올린(줄기 식물인 경우) 풀꽃은 가을이 오기 전에, 혹은 가을이 오면서 꽃을 피웁니다. 그리고 마침내 본격적으로 열매를 맺습니다. 부지런히 꽃을 피우고 열매를 맺는 가장 중요한 시기, 바로 10월입니다. 가을 햇살과 바람이 마중 나와 그들의 갈무리에 사랑을 더합니다. 햇살은 지나치지도 모자라지도 않게, 바람은 세지도 약하지도 않게 그들을 어루만집니다. 지난 더위와 폭풍우와 인간의 모진 발길에도 굳세게 견디어낸 풀꽃에게 보내는 무량의 축복입니다.

10월이 여러해살이풀에게 갈무리의 시점이라면, 두해살이풀에겐 시작입니다. 꽃다지, 달맞이꽃, 그리고 냉이와 같은 풀꽃이 이에 해당합니다. 가을에 싹이 터서 겨울을 납니다. 추운 겨울을 넘겨야 합니다. 그래서 그들은 따뜻한 이웃을 가졌습니다. 대지와 햇볕입니다. 새싹은 식물이 끊임없이 나고 자라고 사그라드는 곳에서 태어납니다. 덕분에 박테리아가 이를 분해하는 과정에서 온열(溫熱)을 일으킵니다. 이에 더하여 햇볕이 더해집니다. 양지(陽地)는 바로 그들의 생명을 좌우하는 보금자리입니다. 햇볕과 지열(地熱)! 새싹은 뿌리잎을 사방에 펼쳐 땅바닥에 바짝 붙인 채 냉한(冷寒)을 견뎌낼 것입니다. 생명줄에 바짝 다가앉은 채 말입니다. 그리고 이듬해 보란 듯이 봄꽃을 피울 것입니다. 찬란한 봄꽃을!

이질풀 열매_ 씨방의 껍질이 갈라지며 도르르 말립니다. 이때 열매가 멀리 튕겨 나가 번식합니다.

10월이 진행되면, 풀꽃의 변화를 관찰할 수 있습니다.
먼저, 풀꽃의 잎입니다.
풀꽃은 줄기를 한껏 위로 뻗어 올려 꽃을 피웁니다. 그래야 햇빛을 만나고 벌과 나비를 불러들일 수 있습니다. 이를 위해 잎은 영양을 만들기 위해 안간힘을 씁니다. 꽃에 온 에너지를 집중해야 하기 때문입니다. 물론 풀꽃은 그 작업을 마친지 오래입니다. 뿌리잎(뿌리에서 나온 잎)은 소임을 다하고 이미 스러졌습니다. 열매를 맺은 후, 줄기잎(줄기에서 나온 잎)도 아래부터 서서히 쇠하기 시작합니다. 11월이 다가온다는 의미입니다. 이때, 열매를 맺고 뿌리에 영양을 축적하는 월동 준비도 서서히 진행됩니다. 이 모든 과정이 한 치의 오차 없이 진행됩니다.

억새_ 10월 말, 누렇게 물든 단풍. 풀꽃의 잎도 나무잎처럼 예쁜 단풍이 듭니다.

풀꽃의 잎도 나무처럼 예쁜 단풍이 듭니다. 단풍나무처럼 울긋불긋하지 않아도 노랗게, 혹은 검붉게 물듭니다. 그 짧은 찰나의 빛남에 머리가 숙연해집니다.
다음은 줄기입니다.
식물의 잎은 광합성작용을 통해 영양을 만들죠. 뿌리는 땅속의 수분과 무기물을 흡수하고요. 그럼 줄기는? 영양과 수분의 통로이죠. 꽃이 피고 수정을 거쳐 열매를 맺기까지 한 몸으로 연결해주는 줄기! 비바람이 몰아치면 쓰러지다가도 다시 일어섭니다. 그가 바로 생명의 중심임을 잊지 않고 있죠.
가을이 깊어지면, 씨앗은 자신을 키운 모체를 떠납니다. 바람이나 물에, 혹은 사람이나 짐승에 실려. 마침내 줄기는 소임을 다한 듯 퇴색하여 거무죽죽해집니다. 숭고한 생명의 질서입니다.

10월의 어느 날, 용인의 한 습지공원을 걸었던 기억을 떠올려봅니다.
누가 그랬는지 부들의 꽃대를 꺾어 연못 옆 풀밭에 버렸습니다. 아마 호기심에서 땄을 것입니다. 소시지같이 생긴 덩어리가 눈길을 끄니까요. 그 소시지는 암꽃의 열매에 해당합니다. 그 열매를 딴 누구는 그냥 궁금증이 발동했기 때문이었겠지만, 부들에게는 35만의 자식을 껴안은 생명체입니다. 원주시 인구(2020년 현재)에 해당하는 어마어마한 수의 씨앗이 그 꽃대에 빽빽이 들어차 있죠. 수꽃으로부터 꽃가루를 받고 열매를 맺은 결과입니다.

수꽃은 꽃대의 위에, 암꽃은 아래에 위치합니다. 수꽃이 먼저 피어나 한창 다른 암꽃과 수분이 진행되고 나면, 그때서야 그 꽃대의 암꽃이 피어납니다. 서로 다른 꽃대와 수분[타가수분]이 이루어지도록 하는 부들의 메커니즘입니다. 자가수분을 피함으로써 생존력과 번식력을 높이기 위한 생존 전략이죠. 그러기에 그들은 늘 군락을 이루고 삽니다. 바람에 의한 수분 가능성을 높이기 위해서입니다. 풍매화(風媒花)의 특징이죠.
저는 버려져 있는 부들 꽃대를 주워 손가락으로 열매 덩어리를 가만히 헤집어봅니다. 압축된 내부에서 팽창되어 나오듯이 어느새 커다란 솜뭉치로 부풀어 오릅니다. 그 작은 공간에서 자꾸 삐져나오는 갓털! 마침내 바람이 불면서 그들은 산지사방(散之四方)으로 흩날립니다. 갓털 부들이 밀집한 연못가로 흩날립니다.
아! 씨앗들의 독립, 눈부신 비상(飛翔)입니다!
그 많은 비바람과 땡볕을 받으며 마침내 이뤄낸 새 생명의 단초(端初)가 눈앞에 가득 날립니다.
10월은 그렇게 갈무리의 정점(頂点)이요, 탄생의 시점(始點)입니다!
모든 풀꽃이 이 순간을 위하여 살았습니다. 비바람에 휘달리며 눕고 일어서기를 반복했습니다. 때로는 인간의 발자국에 밟히기도 하고 일부는 곤충과 짐승에 뜯기기도 했죠. 그 모든 역경을 헤치고 마침내 열매를 맺고 씨앗을 세상에 보냅니다.
찬란(燦爛)한 순간입니다.

부들_ 꽃대에 촘촘히 맺힌 솜털 씨앗이 터져 나온 모습. 갓털은 멀리까지 바람에 날려 번식을 도모합니다.

〈5〉 만추지정(晩秋之情)

이제, 산책로를 따라가며 10월에 들어선 변화를 차분하게 관찰해봅니다.
먼저 전혀 예상치 못한 광경이 눈에 들어옵니다. 아마 풀숲에서 길바닥으로 튕겨져 나와 싹튼 모양입니다. 쥐꼬리망초가 거의 바닥에 붙어 꽃을 피웠습니다. 마치 인간에게 들키고 싶지 않은 녀석처럼 인도와 길섶의 경계에서 낮게 자라고 있습니다. 일반적으로 쥐꼬리망초는 한 꽃대에서 1~2송이의 꽃이 돌려가며 피고 지기를 반복합니다. 그런데 이 녀석은 아주 작은 꽃대에 무려 4~5송이의 꽃을 달고 결실을 재촉하고 있는 것이 아닙니까! 때가 10월 초순을 넘긴 시점이니 늦깎이의 절박함일 겁니다. 갈 길은 멀고 마음은 급합니다. 그래도 기필코 열매를 맺겠죠? 이미 꽃을 만발시켰고 뿌리잎도 생기가 가득하니 말입니다. 가끔 늦게 태어난 녀석들이 도발하는(?) 무모한 일탈(逸脫)에 안타까움보다 그 절절함과 강인한 생명력에 감탄할 따름입니다. 그도 결국 생명의 순환이라는 거대한 자연의 섭리에 어엿하게 동참할 것입니다.
신대호수로 이어지는 시냇가 초입의 담장에는 새팥 덩굴이 잎의 겨드랑이마다 거무스름한 꼬투리를 서너 개씩 달고서 이미 갈무리에 들어갔습니다. 몇몇은 꼬투리를 비비 틀어 자신의 2세를 주변에 튕겨 보냈습니다. 그 옆에 담쟁이덩굴은 담장의 기둥을 온통 감싸 안고 만추(晩秋)의 햇살을 즐기고 있습니다. 인공물에 얹혀진 풀꽃은 자연스러움과 친근감을 안겨줍니다. 지난 9월 내내 즐거움을 안겨주었던, 담장의 싱그러운 보라 나팔꽃 또한 그러하였죠. 지금은 새팥 꼬투리와 얽혀서 동그란 열매를 주렁주렁 달고 흐뭇해하고 있습니다.
"나도 기대 이상의 갈무리를 마쳤노라!"

시냇가 고마리가 그 푸르디푸른 전성기가 언제였냐는 듯 잎이 노랗게 물들고 줄기는 붉은색을 더욱 선명히 드러냅니다. 2주 전만 해도 그 자리에서 흰빰검둥오리들이 날아와 푸른 잎과 하얀 꽃을 따먹고 있었죠. 짧은 다리를 뒤뚱거리며 고개를 늘어뜨려 2~3번 입질을 하고 나면, 시내로 내려가 시냇물을 마시곤 했죠. 인간의 생애(生涯) 주기에서 풀꽃의 순환으로 눈을 돌리면, 그 변화의 속도를 좇느라

고마리_ 10월 하순, 고마리의 갈무리. 잎은 노랗고 줄기는 빨갛게 물듭니다.

하루가 바쁩니다. 또 그만큼 설레는 맘으로 내일이 기다려지기도 하죠.
개여뀌는 꽃의 발화와 지속 기간이 비교적 깁니다. 9월에 피기 시작한 꽃은 10월 하순에도 꽃을 피우며 벌들을 유혹합니다. 물론 물가에서 벗어난 큰개여뀌는 벌써 갈무리에 들어가긴 했지만……

길을 따라 일정한 폭으로 길섶을 벌초한 곳에는 비둘기 몇 마리가 풀꽃 나락을 쪼아 먹기에 여념이 없습니다. 사람이 다가가도 아랑곳하지 않습니다. 길지 않은 오후의 가을 햇살이 그들의 온몸에 다가와 앉습니다. 풀꽃 열매와 따스한 가을 햇볕은 그들의 건강을 지켜줄 것입니다. 조금 있으면 물가로 내려가 검둥오리들과 시냇물을 나누어 마시겠죠.
시냇가를 조금 더 걸어가면 상현도서관으로 건너가는 목교에 이릅니다. 그 귀퉁이에서 줄줄이 꽃을 피우던 박주가리는 여전히 연분홍 털꽃을 달고 있습니다. 지난번 벌초를 당해 몸의 일부를 잃었지만, 여전히 잘 버티고 있습니다. 식물의 모듈성(modularity)은 동물이 흉내낼 수 없는 우월적 특징입니다. 뿌리 한쪽만 살아있어도 온몸을 재생시킬 수 있는 놀라운 생명력을 지녔죠. 인간과 동물은 흉내조차 낼 수 없습니다!

비둘기_
비둘기 몇 마리가 풀꽃 나락을 쪼아먹고 있습니다. 풀밭에 햇볕이 따스합니다.

도서관을 바라보면서 목교 우측 귀퉁이에 박주가리가 있다면, 좌측에는 긴뚝갈 두 그루가 자랐습니다. 마타리처럼 줄기 끝 꼭대기에 노란 꽃뭉치가 가득했죠. 10월 10일 전후 얘기입니다. 주변에 별 경쟁자가 없는 가운데 느긋하게 꽃 뭉텅이를 선보인 운 좋은 녀석들이었죠.
앗! 그런데 그것도 잠깐이었습니다. 호사다마(好事多魔)라 했던가요. 사흘 후에 다시 이곳을 찾았을 때 그들은 흔적도 없이 사라져 버렸습니다. 길가에 핀 죄로 사정없이 벌초의 대상이 되었던 모양입니다. 이 도시는 벌초에 왜 그리 부지런한지 모르겠습니다. 덕분에 긴뚝갈에 대한 관심과 관찰은 여기서 중단되었습니다(그후 2021년에도 피어나지 않았습니다). 오호통재라!

긴뚝갈_
10월 초순, 늘씬한 꽃대 끝에 연노랑 꽃이 활짝 피었습니다.

담쟁이덩굴_ 10월 중순, 담쟁이덩굴의 잎에 단풍이 들었습니다. 초록에서 노랑 빨강에 이르기까지 다채롭습니다.

이제 다리를 건너 상현고등학교의 돌담에 이릅니다. 150m쯤 이어지는 돌담에서 담쟁이덩굴이 발갛게 가을을 탑니다. 그들의 덩굴손이 뻗으면서 담장 꼭대기까지 이른 지 오래입니다. 초록에서 노랑 빨강에 이르기까지 다채롭습니다. 그뿐 아니라, 줄기가 만들어 내는 동선(動線)과 다양한 크기의 잎이 생동감과 율동미를 보여줍니다. 잎의 색과 면의 다양성, 그리고 줄기의 기하학적 선이 만들어 내는 조화가 예술입니다. 하얀 돌담의 인공물에 더해진 자연미(自然美)! 하지만 잎은 열흘을 넘기지 못하고 땅으로 돌아가겠죠. 그래서 더욱 처연(凄然)한 아름다움으로 다가오는지 모르겠습니다.

10월 말에 이르면, 대부분 풀꽃은 갈무리를 더욱 서두릅니다. 아침저녁으로 5℃ 안팎으로 떨어지는 한기(寒氣)가 남의 일이 아닙니다. 지상의 잎과 줄기는 자신의 모두를 바쳐 가일층 열매 맺기에 매진했습니다. 이제는 형형색색의 꽃도 열매에게 자리를 내어줍니다.

환삼덩굴_ 가을이 깊어가면, 환삼덩굴의 수꽃은 덩굴을 허공에 치켜들고 무수한 꽃가루를 흩뿌립니다. 근처에 있는 암꽃을 찾아 수분이 이루어집니다.

여름과 가을 내내 그 무성하고 거침없던 환삼덩굴도 예외가 아닙니다. 덩굴손을 치켜들고 무수한 꽃가루를 흩뿌리던 수꽃도, 녹분홍 꽃(비록 자세히 관찰해야만 보이는 것이지만)이 언제였냐는 듯 검갈색으로 퇴색했습니다. 그 아래, 암꽃은 열매를 맺고 벌써 거무죽죽합니다. 세월은 거대한 순환의 원동력입니다. 인간의 생로병사처럼, 풀꽃들도 태어나 잎과 줄기를 올리고 꽃을 피워 열매를 맺고 다시 땅으로 돌아갑니다. 생명의 순환은 자연의 섭리입니다. 다만 느리고 빠름이 있을 뿐입니다.

쇠별꽃_ 11월 초순, 환삼덩굴이 쇠해진 틈을 타 쇠별꽃이 피었습니다. 연약한 풀꽃의 놀라운 생명력입니다.

환삼덩굴이 쇠해진 틈을 타 쇠별꽃이 피었습니다. 그들은 추운 겨울 대부분이 누렇게 시들겠지만, 일부는 땅에 바짝 엎드리어 햇볕과 지열로 겨울을 나겠죠. 작은 꽃잎 5장을 10장으로 보이게 하여 수풀 속에서도 하얗게 반짝이는 별, 쇠별꽃! 계절이 늦어도 틈이 있으면 자신을 피워내는 놀라운 생명력입니다.

이즈음, 시냇가를 걷다 보면 심심치 않게 가막사리와 도깨비바늘이 보입니다. 여름부터 10월이 되어서도 노란 꽃을 피우던 녀석이, 하순에 접어들면서 본격적으로 바늘 씨앗으로 변신하였습니다. 잎과 가지도 익어가며 검붉어 갑니다. 이제 사방에 자신의 존재를 알릴 시간입니다. 그는 자신의 영역을 넓히기 위하여 운반책(運搬責)을 고용했습니다. 사람과 짐승, 누구든 기다리기만 하면 됩니다.

도깨비바늘이나 가막사리는 우리에게 진한 향수(鄕愁)를 자극하죠. 추수가 끝난 꾸둑꾸둑한 논, 논둑마다 지천으로 피어 있는 도깨비바늘, 그 둘의 절묘한 궁합 덕분에 우리는 시간 가는 줄 모르고 신나게 뒹굴 수 있었습니다. 완전히 바늘 씨앗으로 퍼지기 전의 열매를 통째로 따서 상대방의 옷에 던져 맞히는 놀이. 던질 때마다 털옷에 척척 붙는 맛에 시간 가는 줄 몰랐죠. 자연이 선사한 멋진 장난감, 도깨비바늘!

비탈엔, 전에 보지 못하던 머위가 한창 잎을 펼치고 있습니다.

가막사리_
씨앗의 끝에 갈고리바늘이 있어 짐승의 털이나 사람의 옷에 달라붙어 멀리까지 번식을 도모합니다.

'어휴~, 철부지 같으니라구.' 그나저나 언제 꽃대를 올려 꽃을 피우고 열매를 맺으려나 자못, 내 마음마저 조급해집니다. 그래도 아직 10월 초순이니 겨울이 오기 전에 잎을 통해 잔뜩 뿌리에 영양을 축적하겠죠. 이듬해 봄이면 튼실한 꽃대를 올릴 기대에 차서 말입니다. 그런데 그 전에 사람들에게 쌈용으로 뜯기지나 않을는지……?
익모초는 한 꽃대에서도 한쪽에선 꽃을 피우고 다른 한쪽에선 열매를 맺고 있습니다. 최대한 정성을 기울여 다산(多産)을 이루겠다는 눈물겨운 현장입니다. 이러한 모습은 애기똥풀도 예외가 아닙니다. 나무 그늘 사이와 덩굴식물의 틈바구니에서 전혀 기죽지 않고 여전히 열매 맺기와 꽃피우기를 동시 상영 중입니다. 누구보다 장거리 이어달리기에 능한 녀석입니다.

왕고들빼기_ 10월이 끝나갈 무렵, 꽃 대신 솜털 씨앗 뭉치를 가득 안고 비상할 준비를 마쳤습니다.

왕고들빼기는 꽃 대신 갓털을 가득 달고서 비상할 준비를 마쳤습니다. 잎은 회백색과 보라색으로 물들어 그다운 멋진 단풍을 선보입니다. 돌소리쟁이의 잎도 따라서 붉게 물들며 가을을 타고 있습니다. 우리의 눈에는 단풍으로 아름다운 모습이지만, 식물의 잎은 마지막까지 생존하기 위한 애씀의 일환입니다. 늦가을이 되어 기온이 내려가고 낮의 길이가 짧아지면 뿌리는 잎으로 가는 수분 공급을 줄입니다. 잎은 수분 부족 및 추위로부터 잎을 지키기 위해 안토시아닌을 만듭니다. 단풍 든 잎이 붉게 보이는 이유를 앞에서 말씀드렸습니다.
따스한 가을 햇볕을 물가에서 즐기고 싶어 수풀을 헤치고 개울 한가운데로 내려갔습니다. 순간, 빨간 고추잠자리가 화들짝 놀라 자리를 옮깁니다. '아, 미안 미안~. 내가 너의 휴식을 방해했구나!' 시냇물 중간, 바위에 걸터앉습니다. 시냇가 물소리는 순식간에 나를 자연세(自然世)로 끌어들입니다. 바로 눈앞에선 달뿌리풀이 물방울을 맞으며 까닥거리고 있습니다. 그들은 지난 장마와 비바람에 수없이 자신을 뉘고 일어서기를 반복했죠. 몸은 굽었으나 마침내 상체를 일으켜 간난(艱難)의 세월을 이겨내었습니다. 이젠 수면 가까이에서 물거품을 즐기는 여유를 찾았습니다. 풍부한 가을 햇볕도 그들과 함께 놀아줍니다. 아! 달뿌리풀의 고진감래(苦盡甘來)가 깊습니다!
상현고 부근 시냇가 모퉁이에서 신대호수로 가는 목교를 건너 41단지 아파트 방향으로 향합니다. 여산교 다리 밑을 지나면 시내와 인도 사이에 흰말채나무가 무성합니다. 그 울타리 너머, 참새들의 짹짹거림이 요란합니다. 겁쟁이 참새들도 알고 있습니다. 생울타리 덕분에 자신들은 안전하다는 사실을 말입니다. 10～20 마리가 무리 지어 쉴 새 없이 짹짹거리며 부산스럽습니다. 자연이 베푼 풍부한 열매와 곡식, 그리고 따스한 햇볕과 최고의 은신처……. 이 가을이 온통 그 녀석들을 위한 축복의 시간이자 공간인 듯합니다. 인간이 애써 키운 볍씨나 곡식이 아닌, 자연의 열매에서 즐기니 얼마나 다행입니까! 인간과 사이좋게 어울릴 수 있으니 귀엽고 귀엽습니다. 짹짹거림도 하이든의 장난감 교향곡을 듣는 듯합니다. 널디 넓은 자연의 품 덕분입니다.

41단지에서 신대호수에 이르는 길까진 수크령이 길섶에 이어져, 그 어느 때보다 가을 정취를 물씬 풍깁니다. 벌초하는 일꾼도 수크령은 건드리지 않았습니다. 가을의 대표주자에게 주는 특혜입니다. 이미 짙은 자주색 이삭꽃이 피어 수분이 이루어지자, 어느 틈에 거무스름한 열매가 맺혔습니다. 그것도 1,2주 전의 얘기입니다. 이젠 씨앗을 감싼 열매가 하얗게 영글어 떠날 채비를 하고 있습니다.
10월이 넘어가며 기온이 하루가 다르게 뚝뚝 떨어집니다. 풀꽃들은 누구랄 것 없이 하나둘 대지의 품으로 돌아갑니다. 치열한 성취 뒤에 오는 헛헛함입니다.
그나저나 호숫가 버드나무 아래의 눈괴불주머니는 갈무리를 잘했는지 모르겠습니다. 자신들만의 노~란 낙원을 만들던 때가 어제 같은데 ……. 발길은 어느새 버드나무로 향합니다.
신대호수로 이르는 시냇가에 가을이 익어갑니다. 호숫가 건너 둔덕에는 온통 하얀 억새 물결입니다. 가을 햇살에 투영된 은빛 바람이 사방으로 날립니다.

수크령_
검은 자주색 꽃이삭이 수분을 마치면, 열매는 하얀 털을 뒤집어쓴 채 떠날 채비를 합니다.

저 아래 호수에서 먹이 사냥을 하던 어미 논병아리의 잰 울음이 귓가를 울립니다.
'삐리리리리……'.
중천을 넘긴 가을 해가 잠시 쉬어갑니다.
아! 눈부신 가을날입니다.

신대호수에 이르는 길에서 만난 주요 풀꽃

[1] 봄

갈퀴덩굴, 개구리자리, 개망초, 고들빼기, 꽃다지, 꽃마리, 괭이밥, 냉이(냉이, 말냉이), 노랑꽃창포, 단풍잎돼지풀, 달맞이꽃, 별꽃, 봄맞이꽃, 산딸기, 살갈퀴, 서양민들레, 서양벌노랑이, 소리쟁이, 쇠뜨기, 씀바귀(노랑선씀바귀, 흰씀바귀), 애기똥풀, 양지꽃, 원추리, 자주개자리, 자주괴불주머니, 전동싸리, 제비꽃, 종지나물, 지칭개, 찔레꽃, 콩제비꽃, 큰개불알풀 (32종)

[관찰기간 : 2021.03.06~06.08 / 12회]

[2] 여름

가시상추, 갈대, 강아지풀, 개망초, 개소시랑개비, 고들빼기, 고마리, 꼭두서니, 괭이밥, 금불초, 나팔꽃, 능소화, 단풍잎돼지풀, 달맞이꽃, 달뿌리풀, 닭의장풀, 담쟁이덩굴, 돌비름, 돌콩, 둥근잎유홍초, 뚱딴지, 마름, 머위, 미국자리공, 미나리, 바랭이, 박주가리, 방동사니, 뱀딸기, 범부채, 부처꽃, 붉은토끼풀, 붓꽃, 사광이아재비, 싸리, 산국, 산딸기, 새팥, 서양민들레, 서양벌노랑이, 석잠풀, 소리쟁이, 쇠뜨기, 수크령, 실새삼, 애기똥풀, 양지꽃, 어리연, 엉겅퀴, 왕고들빼기, 왕바랭이, 자주개자리, 전동싸리, 제비꽃, 좀비비추, 줄, 쥐꼬리망초, 쥐손이풀, 지칭개, 질경이, 찔레꽃, 참외, 칡, 큰개불알풀, 패랭이, 환삼덩굴, 황금달맞이꽃 (68종)

[관찰기간 : 2021.06.08~08.12 / 3회]

[3] 가을

가막사리, 갈대, 개망초, 개쑥부쟁이, 개여뀌, 고마리, 나팔꽃, 눈괴불주머니, 단풍잎돼지풀, 달맞이꽃, 닭의장풀, 돌콩, 둥근잎유홍초, 뚱딴지, 마름, 메꽃, 미국쑥부쟁이, 박주가리, 벌개미취, 싸리, 새팥, 서양벌노랑이, 수련, 수크령, 박주가리, 벌개미취, 새팥, 서양벌노랑이, 수련, 수크령, 싸리, 개쑥부쟁이, 애기나팔꽃, 애기똥풀, 어리연, 억새, 왕고들빼기, 이질풀, 익모초, 쥐꼬리망초, 칡, 패랭이, 환삼덩굴 (35종)

[관찰기간 : 2020.08.21~11.27 / 19회]

제5부 풀꽃사랑
돌산도

동강

강원도 영월과 정선을 관통하는 동강.
그곳엔 동강할미꽃이 뼝대 바위 절벽에서 자랍니다.
우리나라에서만 볼 수 있는 한국 특산식물이죠.

돌산도와 청산도. 모두 서울에서 천리를 넘게 달려,
남도 끝에서 다시 다리를 건너거나 배를 타야 닿을 수 있는 곳입니다.
남도(南道)의 끝, 남도(南島). 그곳에서 만난 야생화들.
노루귀, 복수초, 변산바람꽃, 개구리발톱, 수선화, 등대풀, 자운영, 부처손…….

동강과 남도의 아름다운 서정을 담아서 야생화의 설렘과 기다림을 노래해 보았습니다.

청산도

제 1장 동강에 살으리랏다

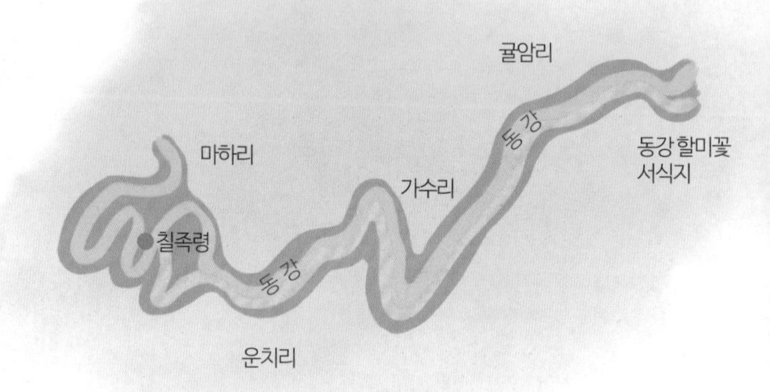

칠족령 노루귀

〈1〉 다시 봄입니다

한낮이 다가와도
몰아치는 삭풍은
얼음처럼 차갑습니다.

숱한 밤과 낮,
떠난 당신을 그리며
하루하루를 견디었습니다.

단풍과 신갈나무가
잎을 떨구어
살포시 이불이 되어주었죠.

마침내
동강물 풀리며
바위 부딪는 소리가 요란합니다.

계곡 따라 올라온 미풍에
직박구리는 바빠졌습니다.
푸르륵 날갯짓이 가볍습니다.

양지 녘 산기슭은
포실포실 물이 오르고
햇볕은 다가와 속삭입니다.

노란 생강꽃 사이로
빛살도 춤을 춥니다.
칠족령 오름에 생기가 돋습니다.

당신의 발자국이
산기슭 따라 오를 때면
무연히 숱한 숨 골랐습니다.

그리움은 인내가 되고
인내는 빛이 되어
당신을 맞습니다.

당신을 향해
가슴 가득 맞습니다.
화~안한 세상이 열립니다.

칠족령_ 인적이 드문 칠족령에 수북이 쌓인 낙엽.

〈2〉 당신과 함께

이제,
온몸을 열어 세상에 나왔습니다.
겨우내 마른 덧잎 속에서
숨죽이던 나날이 얼마였던지요.

빛이 스러지는 시간에도
다시 당신을 기다렸습니다.
마른 잎 부여잡고
꽃술 꼬~옥 안고 기다렸습니다.

또 캄캄한 밤이 오면
한기가 온몸을 감싸고 돌겠죠.
그래도 다시 올 당신이기에
흔들리는 밤을 견디어냅니다.

멀리 남쪽의 친구들은
하양 분홍으로 치장했지만,
난 파란 얼굴을 가졌습니다.
고개를 빼고 기다리느라 하늘을 닮았습니다.

당신의 기적일까,
이리저리 얼굴을 기웃거려 봅니다.
덩달아 햇님도
산기슭에 햇살을 펼칩니다.

아! 마침내,
당신이 바람을 타고 오네요.
나도 덩달아 바람을 탑니다.
당신과 함께 바람 타고 춤을 춥니다.

마침내, 꽃잎 활짝 열고
당신 따라 춤을 춥니다.

당신과 함께
바람 타고 춤을 춥니다.

노루귀_
칠족령에 피어난 노루귀는
대부분 청색 노루귀입니다.

동강할미꽃

〈1〉 뼝대에서 태어나다

고개를 들어야
하늘이 열리는 곳
영월 정선 동강입니다.

오대산에서 발원하여
백오십 리 산자락 타고
에움 강이 흐릅니다.

산굽이마다 휘도느라
산은 깎이고 깎이어
뼝대가 만들어졌습니다.

무수한 날 해와 달이 바뀌고
까마득한 절벽 틈새에서
마침내 세상에 나왔습니다.

동강 뼝대_ 산골 따라 동강이 휘돌아 흐르며 뼝대가 만들어졌습니다.

〈2〉 꽃을 피우다

새벽엔 이슬
한낮엔 햇볕
저녁엔 바람을 맞습니다.

차가운 밤
뒤척이다 잠이 깨면
돌단풍이 옆에서 손을 내밀어줍니다.

하얀 서릿발이
천지를 뒤덮어도
바위와 한 몸이 되어 일어섭니다.

돌단풍이
수백 날을 바위에 기대어
꽃을 피웠듯,

동강고랭이가
얼음덩어리를 생명의 힘으로 녹이고
꽃을 피웠듯,

된서리와 얼음 눈 녹이고
물 향기와 물소리 벗하며
낮게 흐르는 안개를 걷고 꽃을 피웠습니다.

동강고랭이_ 얼음덩어리를 생명의 힘으로 녹이고 마침내 이삭꽃을 피웠습니다

돌단풍_ 수백 날을 바위에 기대어 추위를 이기고 꽃을 피웠습니다.

저 아래 강섶에선
꽃다지 말냉이 민들레도
하양 노랑꽃을 흔들어 화답(花答)합니다.

강길 따라 동행하던
바람도 햇살도
부드럽게 다가와 애무합니다.

바위는 너른 어미의 품이 되어
따스한 가슴이 되고
사랑의 보금자리로 다가옵니다.

에움 강이 휘도는 길목
햇볕 가득한 뼝대 위에
동강의 생명이 세상을 열었습니다.

동강할미꽃_ 작년의 묵은 잎을 떨구고 화사하게 피어난 동강할미꽃.

동강할미꽃_ 바위 바람이 강물의 생명을 만나 바위 바람꽃이 탄생하였습니다.

〈3〉 동행

강마을 사람은
뻥대 위 생명을 닮았습니다.

강물에 의지하고
산기슭에 기대어 사니까요.

강마을 사람은
뻥대 위 생명을 닮았습니다.

바람이 부는대로 몸을 맡기고
햇볕이 주는 대로 거두니까요.

강마을 사람은
뻥대 위 생명을 닮았습니다.

고개 들어 하늘을 우러르고
가슴을 열어 흙을 보듬습니다.

뻥대 위의 생명은
바위와 한 몸이 되고,

강마을 사람은
강산과 한 몸이 되었습니다.

동강에서 만난 주요 풀꽃

꽃다지, 노루귀(청색), 돌단풍, 동강고랭이, 동강할미꽃, 말냉이, 민들레, 제비꽃, 회양목 (9종)

[탐방기간 : 2021.03.23~03.24]

제2장 돌산도 봄 마중

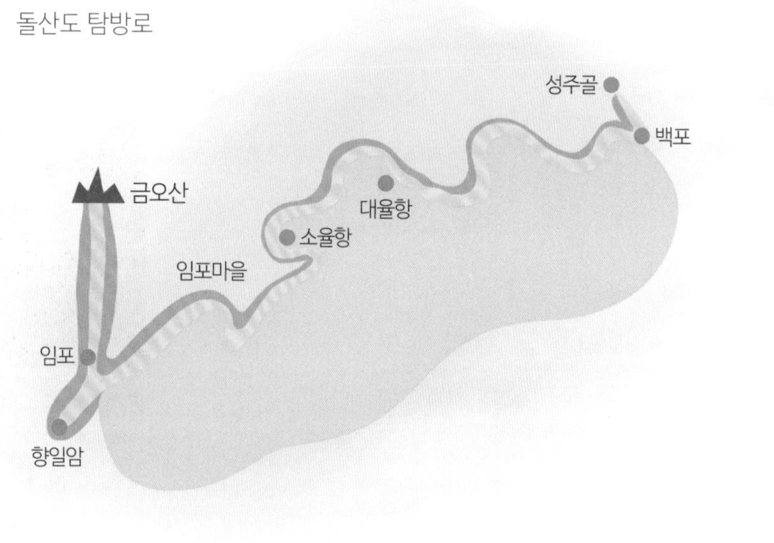

돌산도 탐방로

성주골
백포
금오산
대율항
소율항
임포마을
임포
향일암

성주골 가는 길

〈1〉 어딘가에 있을 당신

겨우내,
한땀 한땀 수놓았습니다.
어딘가 있을 당신을 위하여

마침내,
오늘 천 리를 달려왔습니다.
어딘가 있을 당신을 위하여

겨울이 끝나기도 전
그리움은 그렇게 설레임으로 물결쳤습니다.
어딘가 있을 당신이기에

〈2〉 파적(破寂)

백포에 다다르자
가슴이 뛰었습니다.
첫사랑의 다가섬이 이럴 테지요.

파란 큰개불알풀꽃
선홍빛 광대나물,
신작로 길섶까지 마중 나왔네요.
나직한 파도소리와 미풍에 겨워
살랑살랑 춤을 춥니다.
마실 나온 무당벌레는
꽃잎을 오가며 덩달아 신났습니다.

봄볕이 고요히 내려와 앉습니다.

순간,
윗마을 산기슭에서
경운기가 요란합니다.
아랑곳없이
농부는 밭을 오가며 봄을 뿌립니다.

파적(破寂)!

당신을 맞을 채비로
나그네 가슴도 뛥니다.

큰개불알풀_ 2월 하순, 돌산도 백포에 핀 큰개불알풀꽃.

광대나물_ 2월 하순, 돌산도 백포에 핀 광대나물꽃.

〈3〉 성주골

마을과 낮은 산을 끼고
골짜기를 따라 걷습니다.

밭의 경계마다
아담하게 쌓아 올린 돌담은
제주의 모습을 닮았습니다.
바다와 바람이 낳은 풍경입니다.

골짜기를 따라
푸른 삼나무가 시원합니다.
한창 고도를 올린 햇살은
후박나무 위에서
반짝입니다.

당신을 만나러 가는 산기슭,
매화밭으로 온통 하얗습니다.
그윽한 향은 골짜기에 그득하여
나그네를 휩싸고 돕니다.

어쩐지 그도 향기도
순백일 것 같습니다.

성주골 길목,
당신을 찾아갑니다.

성주골 돌담_ 밭의 경계마다 아담하게 쌓아올린 돌담은 제주의 모습을 닮았습니다.

매화밭_ 성주골에 흐드러지게 핀 매화.

〈4〉 성주골 복수초

농로를 걷다
이내 골짜기로 접어듭니다.
인적이 끊긴 숲길엔
산벚나무, 오리나무, 상수리나무가
칡덩굴에 어지럽게 얽혔습니다.

터널 같은 골짜기를 매의 눈으로 오릅니다.

그때,
몇 그루의 삼나무 밑에
금화(金花)가 번쩍 눈에 잡힙니다.

아! 당신이군요.
설한(雪寒)을 녹이고 다가온
바로 당신이군요.

연록의 모피로 귀하게 치장하고
몸을 곧추세운 고고(孤高)한
바로 당신이군요.

마침 햇살이 가득하여
활짝 핀 얼굴은
황금처럼 눈부십니다.

여전히 겨울인
주변의 삭막함이
당신으로 환합니다.

나그네는
형언할 수 없는 기쁨에
숨을 멈추고 엎드리어 당신을 맞습니다.

복수초_ 추운 겨울을 이겨내고 탐스럽게 피어난 복수초.

양지바른 골짜기
삭풍을 막아주는 삼나무
둥우리 바위, 나뭇등걸
알맞은 덤불
약간의 수분과
영양 가득한 토양…
이 모두가 당신의 동반자였군요.

얼음 땅을 녹이고
마침내 피어난 그대는
성주골의 사랑입니다.

차가움 속에 따스함
따스함 속에 지혜로움이
빛나는 당신입니다.
참으로 빛나는 당신입니다.

혹한(酷寒)을 딛고
싱싱한 초록옷과
빛나는 얼굴로 다가온 당신

당신이 있어 행복합니다.

복수초_ 2월 하순, 나뭇등걸과 바위 사이, 덤불에서 피어난 복수초.

〈5〉 성주골 노루귀

가시 박힌 찔레와 덤불을 헤치고
다시 당신을 찾습니다.

골짜기에는
발자국 소리가 또렷하고
가끔은,
어디선가
이름 모를 산새의
울음소리가 가깝습니다.

문득,
무성한 대나무숲에서
길은 흔적도 없어지고
황망한 마음에 갈 곳을 잃었습니다.

되돌아오는 숲길에
다시 적막이 감돕니다.

그러기를
한참,

오리나무와 상수리나무가 어우러진 길섶
당신을 찾았습니다!

가까이 다가가도
나무뿌리 사이에서
낙엽 이불 속에서
있는 듯 없는 듯
자리한 당신

노루귀_ 나무 뿌리 사이에서 살짝 고개를 내민 노루귀.

노루귀_ 보일 듯 말 듯 낙엽 속에서 피어오른 노루귀.

온몸을 낮추고
눈높이를 맞추고 나서야 비로소
당신은 몸을 살짝 흔들어 고개를 내밀었지요.
수줍은 듯 하양 분홍 얼굴이 발그레합니다.

솜털을 두른 가녀린 몸은
살랑거리는 바람에도
떨림이 연연(娟娟)했습니다.

보일 듯 말 듯
바위틈에서
낙엽 속에서
피어오른 당신,

노루귀_ 솜털을 두른 가녀린 몸은 살랑 바람에도 떨림이 연연합니다.

이제야 알겠습니다.

겨울이 있어 당신이 빛남을
이제야 알겠습니다.

무수히 흔들리며
피어난 작은 당신,
주체할 수 없는 환희이기에
그렇게 엎드리어 숨죽였습니다.
한참을 엎드리어 숨죽였습니다.

보일 듯 말 듯
바위틈
낙엽 속에서
피어오른 당신

당신이 있어 행복합니다.

향일암 변산바람꽃

〈1〉

밀어내도 밀어내도
밀려오는 그리움인지
지난밤은 한참이나 뒤척였습니다.

봄물 품은 해풍을 타고
어디선가 흔들리고 있을
당신을 만날 설렘 때문입니다.

금오산(金鰲山) 아래 망망대해를 안고
일심 정진한 원효를 닮으려 해도
바람에 일렁이는 파도가 자꾸 마음을 헤집습니다.

〈2〉

동이 트기 바쁘게 나선
향일암 비탈 숲길
이리저리 한참이나 헤매었습니다.

바위 옆 바삭한 낙엽 속에서
웅크렸던 노루귀가 살짝 고개를 흔들고
현호색은 옹기종기 초록잎 달고 무심합니다.

산기슭엔 새소리마저 여리고
낙엽 밟는 소리만 버석거릴 뿐
그 어디에 당신은 꼭꼭 숨어있군요.

변산바람꽃_ 향일암 뒤, 금오산 산기슭에서 만난 변산바람꽃. 펼쳐진 흰 꽃잎은 기실 꽃받침이고 꽃술 바깥을 두르고 있는 노란 깔때기 모양이 꽃잎입니다.

향일암 앞바다_ 금오산 향일암 앞바다.

〈3〉

마음을 비우고
다시 숲길로 나서니
이월에도 아침 햇볕이 제법 따사롭습니다.

거북등 타고 오르는 기슭엔
찔레가 연록의 새순을 피워올리고
봄풀은 아침 햇살에 겨워 싱그럽습니다.

저 아래 남해를 붉게 물들이며
찬란한 아침 해가 금오 자락에 닿으니
당신을 찾는 마음이 파도처럼 물결칩니다.

〈4〉

"여기 온통 하얀 꽃밭이네!"
바로 앞서가던 아내의 외침입니다.
순간, 가슴은 요동치고 걸음이 빨라집니다.

한 줄기 꽃대 끝에
하얀 꽃받침 한껏 벌리어
화~안하게 다가온 당신!

남풍과 파도에 비로소 몸을 일으켜
쑥빛 목도리 단아하게 두르고
찬란한 은빛으로 다가왔군요.

반도 끝 향일암
당신이 있어 행복합니다.

변산바람꽃_ 반그늘 숲 기슭에서 무리 지어 피었습니다.

돌산도에서 만난 주요 풀꽃

갓, 광대나물, 노루귀, 민들레, 변산바람꽃, 복수초, 양지꽃, 유채, 제비꽃, 좁쌀냉이, 큰개불알풀, 큰방가지똥 (12종)

[탐방기간 : 2021.02.23~02.25]

제 3장 청산도 사랑

청산도 탐방로

청산도 사랑

〈1〉 청산도에 가면

낮은 구릉,
그 위에 얹힌 집들이 옹기종기 모여 마을을 이루는 곳
높은 산은 멀찌감치서 배경이 되어주고
낮은 언덕은 마을을 감싸 안아 고즈넉합니다.
햇볕은 따스하고 지붕은 나지막하여
언덕은 너른 품입니다.
청산도에 가면
바람마저 포근합니다.

청산도 마을_ 높은 산은 멀찌감치서 배경이 되어주고 낮은 언덕은 마을을 감싸 안아 고즈넉합니다.

청산도에 가면
논밭 둑길을 걸어 보세요.
발이 닿는 둑길마다
섬마을 사람들의 애환이 느껴집니다.
돌에 돌을 얹어 돌둑이 이어진 길에는
그들의 땀과 노곤(勞困)이 얼룩져 있습니다.
구릉지 돌둑은 자연을 닮았습니다.
수분과 바람이 스며들고 나오며
생명을 키웁니다.
선조의 지혜가 바람이 되어 생명을 품습니다.
청산도의 바람을 품어주고 생명을 품습니다.
구불구불 논밭 둑길을 멀리서 바라보면
물결치는 청보리와 참 닮았습니다.
청산도에 가면
둑길도 청보리도 물결치듯 다가옵니다.

풀·꽃·길,
마을이 이어진 어디를 가도
길섶엔 어김없이
풀꽃이 어우러져 삽니다.
파란 큰개불알풀꽃 사이로
하얀 좁쌀냉이꽃이 무리 지어 살랑거리고
풀섶엔
빠~알간 광대나물꽃이
멋진 배경이 되어줍니다.

드문드문 풀이 성긴 곳이었던 자리엔
어느새 살갈퀴의 무성한 초록빛입니다.
청산도에 가면
봄꽃이 속삭이는 풀꽃길을 걸어보세요.

큰개불알풀 / 좁쌀냉이_ 파란 큰개불알풀과 하얀 좁쌀냉이가 무리 지어 살랑거립니다.

살갈퀴_

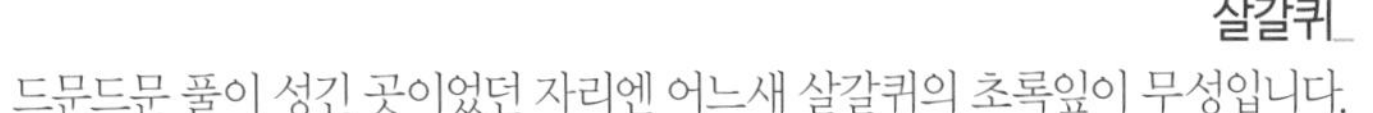
드문드문 풀이 성긴 곳이었던 자리엔 어느새 살갈퀴의 초록잎이 무성입니다.

〈2〉 논밭길 걷다

청산도 여행길에
논밭길을 걷습니다.

논밭길에선,
하얀 냉이꽃 노란 꽃다지가 무리 지어 놀고
한치 옆, 습한 논밭엔
초록빛 뚝새풀이 아우성입니다.
그 옛날 죽마고우와
뛰고 뒹굴던 푹신한 논밭입니다.

개구리자리_ 웅덩이 가장자리에 노랗게 핀 개구리자리꽃.

지난밤 내린 비로
수로 끝에 물웅덩이가 생겼습니다.
웅덩이 가장자리로
노~오란 개구리자리꽃이
이슬을 머금은 채
여기저기 벙글어져 있네요.
아침 햇살에 꽃잎이 반짝입니다.

봄이 오기 바쁘게 피어난 노란 민들레,
벌판의 칼바람을 견디느라
둑에 닿을 정도로 낮게 엎드리었습니다.
새끼 같은 파란 큰개불알풀꽃과 나란히 피어
벌과 나비를 부릅니다.
시샘하는 바람이
그들을 맴돌며 지나갑니다.

청산도 여행길,
나를 비우고
논밭길을 걷습니다.

민들레 / 큰개불알풀_ 민들레와 큰개불알풀이 나란히 피어 벌과 나비를 부릅니다.

〈3〉 상서마을 이야기길

도청항에서 마을 공영버스를 타면
15분 거리에 상서마을 돌담길이 있습니다.

마을 입구에선
사람 대신 바둑이가
꼬리를 흔들며 반갑게 맞아줍니다.

돌담에 피어난 별꽃이 햇빛과 속삭이다
딴청부리듯 고개를 살랑거립니다.

시간이 멎은 듯
고요한 돌담길입니다.

구불거리는 돌담길 따라
빛의 강이 흐릅니다.

여염집 앞마당엔 붉은 할미꽃이 한창이고
길섶 수선화는 수줍은 듯 길손을 반깁니다.

구불구불 이어진 돌담길,
모퉁이를 돌아서면
어메가 환하게 미소 지으며 반길 것 같습니다.

굴뚝에선 연기가 피어오르고
밥 먹으란 부름이 마음을 울립니다.

다듬이 방망이질 가락진 소리에 실려
개 짖는 소리 염소 울음도 울려오네요.

별꽃_ 돌담에 피어난 별꽃.

돌담길_ 구불거리는 돌담길 따라
빛의 강이 흐릅니다.

조금 더 올라 웃마을 우물가에 다가가면
머리 위로 물동이 나르던 순이가 보입니다.
석양에 발그레하여 자꾸만 아른거립니다.

양지바른 돌담엔
송악 덩굴이 바위와 얽히어 세월을 이야기하고
그 아래 길섶에선,
머위며 꽃다지며 봄 냉이는
저희끼리 어울려 이야기꽃을 피웁니다.

가을이면,
돌담 여기저기에서
덩굴 속 호박이 누렇게 익어가겠죠.

상서마을 돌담길엔
이야기가 흐릅니다.
고요히 흐르는 빛강 따라
옛이야기 소곤대며 흐릅니다.

돌담_ 양지바른 돌담엔 송악 덩굴이 바위를 두르며 세월을 이야기합니다.

보적산행

독살이 있는 도락리 해변을 걷습니다.

도락리해변_ 독살(사진의 우측 해변)이 있는 도락리해변.

둥근 해안에서 바다 쪽으로 말굽 모양 돌담을 쌓아 올린 독살.
조수 간만의 차에 의해 밀물 때 쓸려 들어온 물고기, 썰물 때 걸려들면 잡아들이는 원시적인 고기잡이 방법입니다. 해안에도 물고기가 많았던 옛날얘기이기도 합니다.
경사가 아주 완만한 해안에는 여러 풀꽃이 어울려 삽니다.

등대풀_ 가지가 갈라지는 부분에서 잎 5장이 어긋나 돌려납니다. 줄기 끝 꽃차례에 황록색꽃이 핍니다.

등대풀.
이 풀꽃을 보면 신라 시대 납작한 등잔 모양 토기가 연상됩니다. 커다란 둥근잎 안에 다시 세 갈래로 갈라진 작은 둥근 잎, 그 안에서 다시, 세 갈래로 갈라지고 안에는 황녹색 꽃이 피어납니다.

큰방가지똥_ 3월 중순, 큰방가지똥꽃. 민들레 꽃을 닮았습니다.

큰방가지똥.

독살 해변이 아니어도 전국 어디에서든 발견할 수 있는 억센 생명력을 자랑하는 녀석입니다. 노란꽃은 민들레꽃을 많이 닮았습니다. 국화과가 갖는 공통적인 모습이지요. 잎 가장자리를 가시로 무장했지만, 꽃만큼은 수수하고 사랑스럽습니다.

소리쟁이.

청산도, 아니 전국 어디에서도 보이는 흔하디흔한 풀입니다. 길섶이나 밭, 숲가를 가리지 않고 자랍니다. 겨우내 뿌리에 영양을 저장하고 있다 봄이 오기 무섭게 뿌리잎을 밀어 올립니다.

갓.

남해 어디를 가도 흔히 볼 수 있는 식물은 역시 야생 갓입니다. 길가뿐 아니라 숲 주변에서도 자주 볼 수 있습니다. 화사한 노랑꽃은 초록 산야와 푸른 바다를 배경으로 퍽 낭만적입니다. 갓꽃은 유채꽃과 함께 배추속 한 가족입니다. 네 장의 노란 꽃잎을 꽃대 끝에 다닥다닥 달고 있는 모습이 이 계통 식물의 특징입니다.

길가에 피어난 갓꽃을 제외하면, 해변의 대부분 풀꽃은 바닥에 납작 엎드리어 자랍니다. 끊이지 않고 세차게 밀어닥치는 바닷바람 탓이지요.

해변에는 100년은 족히 됨직한 해송 세 그루가 도락마을을 지켜주고 있습니다. 여름이면 마을 주민과 지나가는 길손에게 시원한 그늘을 제공하는 쉼터로 최적일 것 같습니다. 그뿐 아니라, 앞으로는 독살 해변, 뒤로는 한옥마을을 배경으로 멋진 풍경을 연출합니다. 주변 풍광과 어울리는 해송은 언제 보아도 감탄을 자아냅니다.

이제 도락리 해안을 뒤로 하고 서편제 언덕을 오릅니다.

갓꽃_ 3월 중순, 겨울을 넘긴 야생 갓꽃이 도락리 해변을 따라 흐드러지게 피었습니다.

봄동_ 겨울을 보낸 봄동의 노란 꽃밭. 제주도의 유채꽃밭을 연상시킵니다.

완만하면서도 낮게 드리운 언덕에는 노란 봄동꽃이 만발하여 향기가 그윽합니다. 지난가을 파종하여 싹이 나고 바닥에 바짝 엎드리어 겨울을 났습니다. 이른바 봄동입니다. 봄이 오기 바쁘게 꽃대를 밀어 올려 지금 이렇게 노~오란 꽃밭을 만들었군요. 그 위 언덕 밭에선 봄에 파종한 유채 싹이 하루가 다르게 커가고 있습니다. 4월이 되면 곧 청산도 언덕을 온통 화사하게 물들이며 상춘객들을 유혹하겠죠?

서울제비꽃_ 양날개를 활짝 벌린 꽃잎이 나비를 닮았습니다.

언덕을 오르는 양지 녘 돌담 사이에는 서울제비꽃이 앙증맞게 피었습니다. 양 날개를 활짝 벌린 꽃잎이 나비를 닮았습니다. 주변에 흰나비가 나풀나풀 날아다니니 더욱 조화롭습니다.

앗! 그런데 언덕길 한복판을 떠~억 버티고 있는 녀석?
오, 마이 갓!
검붉은 갓입니다.
시멘트길 틈 사이를 비집고 나와, 잎을 잔뜩 벌리고 호기롭게(?) 자라고 있습니다. 동남향의 호젓한 언덕길이니, 사람이 밟지만 않는다면 꽃대를 한껏 올리고 노란 향기를 풍길 겁니다.
언덕길 내내 길섶에 초록 풀꽃이 이어져 발길은 경쾌하고 가볍습니다.

갓_ 시멘트길 틈 사이를 비집고 길 한복판에서 호기롭게(?) 자랍니다.

언덕길_ 영화《서편제》의 배경지.

순간 나도 모르게 흥얼거려봅니다.

> 사람이 살면 몇백 년 사나
> 개똥 같은 세상이나마 둥글둥글 사세
> 문경새재는 웬 고갠가
> 구부야 구부구부가 눈물이 난다
> (중략)
> 아리아리랑 스리스리랑 아라리가 났네
> 아리랑 흠흠흠 아라리가 났네

이 따스하고 화창한 봄날에 웬 진도아리랑?
바로 이 언덕길이 영화 《서편제》의 배경지인 탓인가 봅니다.
아비, 딸, 그리고 아들 셋이 진도아리랑을 부르며 흐드러지게 춤사위를 벌이던 장면을 여러분도 기억하시나요? '추수를 끝낸 허허로운 언덕 벌판은 그들의 질정 없는 발길에 망망함을 더하는구나!' 하는 느낌을 지울 수 없었던 장면 말입니다.

수선화_ 노란 황금잔에 하얀 은 받침 모습이어서 '금잔은대(金盞銀臺)'라고도 합니다.

그들이 걸었던 길가에 수선화가 활짝 피었습니다.
가운데 꽃술을 감싸고 있는 노란 잔(盞)과 같은 꽃, 그리고 이를 둘러싸고 여섯 장의 하얀 꽃잎이 떠받치듯 펼쳐져 있습니다. 마치 금잔을 은대가 받치고 있는 형국이라, 일컬어 금잔은대(金盞銀臺)라고도 부릅니다. 겨울이 가기 전에 환하게 피어나, 봄을 기다리는 이들의 마음을 설레게 합니다.
수선화에 이어, 길섶에는 개양귀비, 산괴불주머니, 방가지똥이 한창 아침 햇살을 즐기고 있습니다. 아직 꽃은 피어나지 않았습니다. 산괴불주머니는 4월, 개양귀비는 5월이나 되어야 꽃이 필 겁니다. 밭에는 듬성듬성 노란 갓꽃이 고개를 내밀고 있고 주변엔 온통 하얀 냉이 꽃밭입니다.

송악_ 포도송이처럼 영근 열매를 주렁주렁 달았습니다.

길과 밭 사이 낮은 담에 붙어 자라는 송악 덩굴은, 지난 추운 겨울바람을 잘도 견디었습니다. 푸르죽죽한 묵은 잎을 달고 포도송이 같은 검은 열매를 주렁주렁 매달았습니다. 당리로 들어가는 맞은편 언덕에도 겨울을 이겨낸 마늘이 탐스럽게 커가고 있습니다. 이른 봄의 향연은 혹독한 겨울의 추위와 매서운 바람을 이겨낸 자들의 몫이기도 합니다.
이제 언덕길을 벗어나 벌판 길을 걷습니다.
지대가 낮아 습지가 형성되어 군데군데 물웅덩이가 보입니다. 습지 여기저기엔 뭉텅이로 자라는 개구리자리가 보입니다. 습지를 좋아하는 개구리가 활동하는 자리에 개구리자리가 자연스러워 보입니다. 미나리와 함께 습지식물입니다.
벌판엔, 갈대가 말 그대로 '갈/대/'(겨울을 지나며 잎과 이삭이 떨어진 갈색 줄기)가 되어 갈색 협곡이 형성되었습니다. 지나가는 이의 키보다 훨씬 큰 무수한 갈대가 숲을 이루어 딴 세상 같습니다.

부들_ 갓털을 달고 있는 부들. 겨울이 다 가도록 떠나지 못하고 있습니다.

멀지 않은 숲 가에선 종다리인지 직박구리인지 맑은 새소리가 가깝습니다. 간간이 보이는 부들은 열매 단 솜뭉치를 겨울이 다 가도록 떠나보내지 못하고 있군요. 미련 떠는 저의 모습을 닮은 듯하여 애잔합니다.

아! 세상에 우리 부부만 남겨진 듯합니다. 코로나19로 전 세계가 신음하는 이때 마스크 없이 자연을 만끽하는 호사라니 감읍할 따름입니다.

마침내 벌판이 끝나고 큰 수로를 만납니다. 구장리로 가는 한길이 가까워지고, 멀리 보적산은 아침 햇살을 등지고 듬직하게 솟아 있습니다. 수로 옆엔 큰개불알풀꽃과 광대나물꽃이 어울려 놀고 있는데 심술궂은 살갈퀴가 모두를 덮을 기세로 세력을 키워가고 있습니다. 낮이 길어지고 볕이 가까워진 탓입니다.

이른 봄에 피는 풀꽃들은 대부분 가냘프고 작은 몸집입니다. 짧은 기간 내에 꽃을 피우고 열매를 맺으려면 에너지를 최소화해야 하기 때문이죠. 덩굴 식물같이 생장이 왕성한 녀석들에 대비하기 위해서도 풀꽃들은 무리 지어 자라고 빨리 결실을 거두어야 하죠. 저희끼리 모여 부지런히 열매 맺는 그들에게서 삶의 지혜를 배웁니다.

보적산 턱밑 산장에 이르러 탐방로를 묻습니다. 다 왔다 싶은데, 이곳 등산로는 겨우내 발길이 뜸하여 수풀이 우거지고, 경사가 급하여 등산이 어려울 거라는군요. 하는 수 없이 발길을 되돌려 읍리 고인돌공원으로 우회하여 보적산 북쪽 사면을 오르기로 했습니다.

덕분에 공원으로 가는 논밭에서 연홍(軟紅)빛 자운영을 만났습니다.

자운영_ 논밭 뚝새풀과 어울려 피어난 자운영꽃.

자운영!
춘궁기가 닥치던 봄이면 피어났던 꽃.
이를 바라보는 배고픈 조상님들의 마음이 헤아려집니다. 선연(鮮姸)한 미(美)와 생존의 양극을 안고 핀, 애잔한 꽃이 아닐 수 없습니다. 곡우(穀雨) 무렵이면 시퍼런 쟁기 발에 뒤엎어질 그들의 운명을 농부들은 애써 외면해야 했을 테지요.
공원 정자에 엉덩이를 부리고 다리쉼을 합니다. 아내는 가던 길을 되돌아온 터라 맥이 빠지고 무척 피곤한가 봅니다. 어제 천 리 길을 달려온 탓도 큽니다. 엎어진 김에 쉬어간다고 간식거리를 내고 차를 마십니다.

기분 좋게 스치는 바람에 몸을 맡기는 그때, 여인들의 웃음소리와 재잘거림이 가깝습니다. 정자 뒤, 여인들의 유쾌한 소란입니다. 그네들은 구절초를 재배하는 밭에서 잡초를 뽑느라 손놀림이 바쁩니다. 싱싱하게 자라나는 구절초 싹만큼이나 그들의 잡담에도 생기와 희망이 묻어납니다. 아낙네들의 손놀림 덕분에 가을이면 이곳 읍리 공원 길섶마다 하얀 구절초꽃으로 환하겠죠?
읍리에서 청계리로 넘어 휘돌아가는 고개 턱에 노란 개나리꽃이 만발했습니다, 그 우측에 보적산을 오르는 이정표가 드디어 보이는군요.
'보적산 1.9km, 범바위 3.0km'.
산을 오르는 입구를 찾지 못하는 이에게 이정표는 사막의 오아시스입니다. 하마터면 지나칠뻔한 작은 입구였거든요.

김매는 여인들_ 구절초밭에서 잡초를 솎아내는 여인들. 그들의 재잘거림에 봄의 생기가 물씬합니다.

사스레피나무_ 남부지방에서 볼 수 있는 사스레피나무(수꽃).

마침내 한길을 벗어나 숲속 오솔길에 접어듭니다. 몇 발짝 들어서니 서늘한 기운이 온몸을 감싸고 돕니다. 좌우가 사스레피나무로 울창합니다. 작은 방울꽃이 가지에 다닥다닥 붙어 피었습니다. 상록수답게 잎이 두껍고 윤기가 나서 언뜻 보면 동백이 아닌가 착각할 듯도 합니다. 꽃에서 약간 시큼한 향이 나지만 그리 싫지는 않습니다. 이렇게 수백 그루가 숲길 따라 음영(陰影)을 드리운 길을 걷다니 색다른 경험입니다.
아! 그런데 이게 웬일입니까!
사스레피나무가 성겨지고 길이 넓어진 완만한 경사지에 이르니, 하얀 꽃밭이 좌~악 펼쳐져 있는 게 아닙니까! 순간 변산바람꽃이 이곳에서 자생하나 싶었습니다. 가까이 다가가니 남산제비꽃입니다. 웬만한 산지에서 발견할 수 있는 꽃이지만, 인적이 없는 산기슭에서 온전하게 자라는 수백의 군락을 맞닥뜨리니 어찌 기쁘지 않겠습니까!

남산제비꽃_ 인적이 없는 보적산 기슭에서 만난 남산제비꽃.

남산제비꽃!
국가표준식물목록에 올라 있는 제비꽃만도 60여종을 헤아립니다. 봄에 피는 꽃은 보통 풀꽃처럼 벌이나 나비에 의해 타가수분을 하지만, 여름이나 가을에 꽃봉오리가 올라오면 꽃 속에서 자가수정합니다. 제비꽃의 번식력이 탁월한 이유이지요. 그중에서 남산제비꽃은 가장 많은 자연교잡종을 만들어낸다고 합니다.
어릴 적부터 무덤가에서 보았던 제비꽃은 그만큼 가슴에 와닿습니다. 더구나 익히 보았던 보라꽃뿐 아니라, 이렇게 산기슭이 온통 새하얀 꽃밭을 만나는 기쁨이야 더할 수 없지요.
남산제비꽃을 발견한 기쁨이 채 가라앉기도 전, 몇십 미터 지나지 않아 또 한 무리의 풀꽃이 눈에 들어왔습니다.

개구리발톱_ 바깥 흰 잎이 꽃받침이고, 그 안의 노란 잎이 꽃잎입니다.

개구리발톱!

호남지방 산기슭에서 볼 수 있는 꽃입니다. 이 녀석을 만나러 천리 길을 달려온 느낌입니다. 하얀 꽃잎 5장이 펼쳐져 있어 꽃잎 같지만, 실은 꽃받침입니다. 정작, 그 꽃받침 안에 있는 노란 부분이 꽃잎이고, 이들도 5장이며 꽃술을 싸고 있습니다. 변산바람꽃[☞ 돌산도 변산바람꽃] 또한 하얀 꽃잎 같은 부분이 꽃받침이었던 것을 기억하시죠? 꽃이 벌과 나비에게 쉽게 보이도록 진화하였음을 알 수 있습니다. 짐작하시겠지만, 개구리발톱은 뿌리잎이 개구리 발을 닮아서 얻은 명칭입니다. 꽃이 아래를 향하고 있고 아직 활짝 개화하지 않아서 꽃의 선명한 내부를 담기는 힘들었습니다. 4월이면 만개할 것입니다.

청계 구장마을 분기점을 지나니 쭉쭉 뻗은 편백 숲이 나타납니다. 그들이 내뿜는 피톤치드 덕분인지 상쾌해지고 새로운 기운을 얻는 듯합니다. 경사가 완만한 지점에서 잠시 다리쉼을 합니다. 사위가 고요한 가운데 봄볕이 내려와 속삭입니다.

저 위 편백 사이 숲속 오솔길 따라 밝은 빛의 강이 연신 우리를 향해 흘러옵니다. 우리가 걸어온 길 저 아래까지 고요히 흐릅니다. 순간 깔려있던 은빛 돗자리가 양탄자가 되어 빛의 강을 타고 날아오릅니다. 숲의 향기와 미풍(微風)을 맞으며 굴곡진 해안선을 따라 끝없이 펼쳐진 푸른 바다 위를 미끄러지듯 날아갑니다. 초현실적 상상의 나래는 언제나 즐겁습니다.

산 능선을 따라 오르는 풀숲길에서 각시붓꽃을 만났습니다.

숲속 오솔길_ 숲속 오솔길 따라 빛의 강이 고요히 흐릅니다.

각시붓꽃.

마른 덤불 사이로 보라 바탕에 삼각을 이룬 바깥 세 잎의 하얀 빗살 무늬가 선명합니다. 바깥 잎의 빗살, 혹은 그물 무늬는 붓꽃의 상징입니다. 예기치 않게 만난 각시는 가슴을 설레게 하고도 남습니다. 자주 볼 수 없는 친구라 더욱 그러하나 봅니다. 양지 녘 풀숲에서 매일 해와 비를 받으며 오늘을 기다렸겠죠. 그러니 벌도 오고 나비도 모입니다. 고진감래를 몸으로 느끼는 친구입니다.

숲길 능선에는 담배풀과 양지꽃, 그리고 서울제비꽃도 여기저기서 관찰할 수 있습니다. 그들은 양지바른 길섶에 어김없이 나타나는 친숙한 벗들이죠. 이들이 사스레피나무와 편백 우거진 상록수림을 벗어나 햇볕 풍부한 숲길로의 진출은 치열한 생존 전략의 결과입니다.

정상이 가까워지자 키 큰 상록수는 이미 저 아래로 물러나고 경사는 점점 급해집니다. 이젠 군데군데 분홍 진달래가 만발하여 훈훈한 봄기운을 더해줍니다.

정상에 다다르기 직전, 한숨 돌리던 차에, 길에서 비켜 난 곳, 바위와 덤불 사이에서 부처손이 눈에 띄었습니다. 가까이 다가가니 바위 근처마다 군락을 이루었습니다.

각시붓꽃_ 보적산 남사면 오솔길에 피어난 각시붓꽃.

부처손_ 건조한 시기에 광합성작용을 줄이고 뿌리에 수분을 잘 유지하여 두었다가 비를 만나면 온몸을 활짝 열어서 생존합니다.

부처손.

한동안 비가 오지 않으면 잎이 모두 말라 버린 듯 오므리고 있다가도, 비가 오면 언제 그랬냐는 듯이 잎을 벌리고 초록빛으로 환생하는 부처손! 그들은 건조한 시기에 광합성 작용을 줄이고 뿌리에 수분을 잘 유지하여 두었다가 비를 만나면 온몸을 활짝 열어서 영양을 만들어내며 생존합니다. 건조한 고지대 바위 덤불에서 살아남는 생존의 지혜가 경이롭습니다.

정상 부근 바위투성이 경사로를 지나 마침내 정상에 올랐습니다. 올라오는 방향과 맞은 편에 범바위가 보입니다. 남으로는 범바위와 권덕리 마을이 보이고 동으로는 멀리 매봉산, 서로는 우리가 지나왔던 구장리 마을이 손에 잡힐 듯 합니다.

능선은 물론이고 정상에서도 우리 부부 외에는 사람의 그림자도 보이지 않습니다. 얼굴을 간지럽히는 봄바람, 한들거리는 분홍 진달래만이 우리를 반깁니다.

보적산 정상, 봄볕이 내려와 쉬어갑니다.

청산도에서 만난 주요 풀꽃

각시붓꽃, 갓, 개구리발톱, 개구리자리, 개양귀비, 꽃다지, 광대나물, 구절초, 꿀풀, 남산제비꽃, 담배풀, 뚝새풀, 등대풀, 민들레, 방풍나물, 별꽃, 봄동배추, 부처손, 산괴불주머니, 살갈퀴, 서울제비꽃, 솜나물, 송악, 수선화, 양지꽃, 유럽점나도나물, 유채, 자운영, 장딸기, 제비꽃, 좀쌀냉이, 큰개불알풀, 큰방가지똥 (33종)

[탐방기간 : 2021.03.15~03.17]

〈참고문헌〉

강혜순, 『꽃의 제국』, 다른세상, 2011.

국립농업과학원, 『알아두면 유용한 잡초도감』, 21세기사, 2020.

권혁재·조영학, 『살아 있는 동안 꼭 봐야 할 우리 꽃 100』, 동아시아, 2021.

김민수, 『들꽃, 나도 너처럼 피어나고 싶다』, 너의오월, 2014.

김민철, 『서울 화양연화』, 목수책방, 2019.

김성환, 『화살표 식물도감』, 자연과 생태, 2016.

김영갑, 『그 섬에 내가 있었네』, Human & Books, 2015

김용규, 『숲에서 온 편지』, 그책, 2014.

김태원, 『울릉도 독도 식물도감』, 자연과생태, 2018.

김태정, 『우리가 정말 알아야 할 우리꽃 백가지』, 현암사, 2003.

김창석 외 (글), 안경자 외 (그림), 『세밀화로 그린 보리 어린이 풀도감』, 보리, 2008.

김효철·송시태·김대신, 『제주, 곶자왈』, 숲의틈, 2016.

대니얼 샤모비츠 (저), 권예리 (역), 『은밀하고 위대한 식물의 감각법』, 다른, 2019.

박중환, 『숲이 인간에게 들려주는 이야기, 식물의 인문학』, 한길사, 2014.

백승훈, 『꽃에게 말을 걸다』, 매직하우스, 2011.

송정섭, 『꽃처럼 산다는 것』, 다밋, 2019.

스테파노 만쿠소·알레산드라 비올라 (저), 김현주 (역), 『식물혁명』, 동아엠앤비, 2019.

스테파노 만쿠소·알레산드라 비올라 (저), 양병찬 (역), 『매혹하는 식물의 뇌』, 행성B이오스, 2016.

와일리 블레빈스 (저), 김정은 (역), 『수상한 식물들』, 다른, 2017.

윌리엄 C. 버거 (저), 채수문 (역), 『꽃은 세상을 어떻게 바꾸었을까』, 바이북스, 2010.

유기억, 『꼬리에 꼬리를 무는 풀이야기』, 지성사, 2018.

유홍준, 『나의문화유산답사기7, 돌하르방 어디 감수광』, 창비, 2013.

이나가키 히데히로 (저), 염혜은 (역), 『도시에서, 잡초』, 디자인 하우스, 2014.

이나가키 히데히로 (저), 정소영 (역), 『유쾌한 잡초 캐릭터 도감』, 한스미디어, 2019.

이나가키 히데히로 (저), 최성현 (역), 『풀들의 전략』, 도솔, 2006.

이나가키 히데히로, 『재밌어서 밤새 읽는 식물학 이야기』, 더숲, 2019.
이동혁, 『아침수목원』, 21세기북스, 2011.
EBS 교육방송, 『EBS 식물의 사생활, 잡초』, EBS 교육방송, 2011.
이명호, 『이야기로 듣는 야생화 비교도감』, 푸른행복, 2016.
이유, 『식물의 죽살이』, 지성사, 2019.
이유미, 『광릉 숲에서 보내는 편지』, 지오북, 2004.
이유미, 『내 마음의 야생화 여행』, 진선 books, 2013.
이인용·이청란·김창석, 『생활주변 잡초도감』, 진한엠앤비, 2019.
이재능, 『꽃이 나에게 들려준 이야기, 01 어디서나 피는 꽃』, 신구문화사, 2014.
이재능, 『꽃이 나에게 들려준 이야기, 02 그곳에서 피는 꽃』, 신구문화사, 2014.
이재능, 『제주도 꽃나들이』, 신구문화사, 2018.
임현경 (글), 송기엽 (사진), 『꽃이 있는 풍경』, 신구문화사, 2011.
정연옥·박선주·박노복, 『자연 그대로의 꽃 521종 풀꽃도감 세트』, 가람누리, 2016.
조나단 실버타운 (저), 진선미 (역), 『씨앗의 자연사』, 양문, 2010.
조지프 코캐너 (저), 구자옥 (역), 『잡초의 재발견』, 우물이있는집, 2013.
폴커 아르츠트 (저), 이광일 (역), 『식물은 똑똑하다』, 들녘, 2013.
트리스탄 굴리 (저), 김지원 (역), 『산책자를 위한 자연수업』, 이케이북, 2017.
한진오, 『제주동쪽』, 21세기북스, 2021.
현진오(글), 문순화(사진), 『아름다운 우리 꽃, 가을꽃』, 교학사, 2000.
현진오(글), 문순화(사진), 『아름다운 우리 꽃, 봄꽃』, 교학사, 2003.
현진오(글), 문순화(사진), 『아름다운 우리 꽃, 떨기·덩굴나무꽃』, 교학사, 2000.
황경택, 『우리 마음속에는 저마다 숲이 있다』, 샘터, 2018.
황대권, 『고맙다 잡초야』, 도솔, 2012.
황대권, 『야생초 편지』, 도솔, 2003.

그 꽃, 여기 있어요(풀꽃 관찰 목록)

번호	풀꽃명	파트	관찰 장소	관찰 시기
1	가막사리	4	신대호수에 이르는 시냇가	2020.8.21~11.27
2	가시상추	4	신대호수에 이르는 시냇가	2021.6.8~8.12
3	가시엉겅퀴	1-1	따라비오름	2021.10.13
4	각시붓꽃	5-3	청산도	2021.3.15~3.17
5	각시취	2-2	두문동재	2021.8.17~8.19
6	갈대	4	신대호수에 이르는 시냇가	2020.8.21~11.27
7	갈퀴덩굴	4	신대호수에 이르는 시냇가	2021.3.6.~6.8
8	갈퀴현호색	2-2	두문동재	2021.4.20~4.22
9	감국	1-1	수월봉 지오트레일	2021.10.11/10.26
10	갓	5-3	청산도	2021.3.15~3.17
11	강아지풀	4	신대호수에 이르는 시냇가	2021.6.8~8.12
12	개구리발톱	5-3	청산도	2021.3.15~3.17
13	개구리자리	5-3	청산도	2021.3.15~3.17
14	개망초	4	신대호수에 이르는 시냇가	2021.6.8~8.12
15	개미취	2-2	두문동재	2021.8.17~8.19
16	개별꽃	2-2	두문동재	2021.4.20~4.22
17	개소시랑개비	1-1	따라비오름	2021.9.8
18	개시호	1-1	따라비오름	2021.9.8
19	개쑥부쟁이	4	신대호수에 이르는 시냇가	2020.8.21~11.27
20	개양귀비	5-3	청산도	2021.3.15~3.17
21	개여뀌	4	신대호수에 이르는 시냇가	2020.8.21~11.27
22	개종용	1-2	울릉도 남양마을~태하령옛길	2021.5.29/6.1
23	갯금불초	1-1	수월봉 지오트레일	2021.10.11/10.26
24	갯까치수염	1-2	울릉도 북면 평리	2021.5.25~6.3
25	갯메꽃	1-2	울릉도 북면 평리	2021.5.25~6.3
26	갯쑥부쟁이	1-1	수월봉 지오트레일	2021.10.11/10.26
27	갯완두	1-1	이호태우 해변	2021.10.19
28	거북꼬리풀	2-2	두문동재	2021.8.17~8.19
29	겨울딸기	1-1	동백동산	2021.10.24
30	계요등	1-1	따라비오름	2021.9.8
31	고들빼기	4	신대호수에 이르는 시냇가	2021.6.8~8.12
32	고려엉겅퀴	2-1	곰배령	2020.9.12~10.10
33	고마리	4	신대호수에 이르는 시냇가	2020.8.21~11.27
34	고사리	1-1	동백동산	2021.10.24
35	고사리삼	1-1	다랑쉬오름	2021.10.2
36	골등골나물	1-1	다랑쉬오름	2021.10.2
37	곰취	2-1	곰배령	2020.9.12~10.10
38	공작고사리	1-2	울릉도 나리분지~성인봉	2021.5.26/5.30
39	광대나물	5-2	돌산도	2021.2.23~2.25
40	광릉갈퀴	2-1	곰배령	2021.7.20~7.21
41	괭이밥	4	신대호수에 이르는 시냇가	2021.3.6.~6.8

번호	풀꽃명	파트	관찰 장소	관찰 시기
42	괭이싸리	1-1	따라비오름	2021.9.8
43	구릿대	2-3	방태산	2021.7.5~7.6
44	구절초	2-1	곰배령	2020.9.12~10.10
45	궁궁이	2-2	두문동재	2021.8.17~8.19
46	금강초롱	2-1	곰배령	2020.9.12~10.10
47	금괭이눈	3-2	천마산 팔현계곡	2021.4.1~5.22
48	금방망이	1-1	한라산 어리목코스	2021.9.7
49	금불초	4	신대호수에 이르는 시냇가	2021.6.8~8.12
50	금붓꽃	3-2	천마산 팔현계곡	2021.4.1~5.22
51	기름나물	1-1	따라비오름	2021.10.18
52	긴산꼬리풀	2-1	곰배령	2021.7.20~7.21
53	까마중	1-1	수월봉 지오트레일	2021.10.11/10.26
54	까실쑥부쟁이	2-1	곰배령	2020.9.12~10.10
55	까치수염	2-3	방태산	2021.7.5~7.6
56	꼭두서니	3-1	수리산 병목안 계곡길	2020.7.26~9.25
57	꽃다지	4	신대호수에 이르는 시냇가	2021.3.6.~6.8
58	꽃마리	4	신대호수에 이르는 시냇가	2021.3.6.~6.8
59	꽃며느리밥풀	2-2	두문동재	2021.8.17~8.19
60	꽃층층이꽃	2-2	두문동재	2021.8.17~8.19
61	꿀풀	2-3	방태산	2021.7.5~7.6
62	꿩의바람꽃	2-2	두문동재	2021.4.20~4.22
63	꿩의비름	2-1	곰배령	2020.9.12~10.10
64	나비나물	2-3	방태산	2021.7.5~7.6
65	나팔꽃	4	신대호수에 이르는 시냇가	2020.8.21~11.27
66	남산제비꽃	2-2	두문동재	2021.4.20~4.22
67	냉이	4	신대호수에 이르는 시냇가	2021.3.6~6.8
68	넓은잎외잎쑥	2-2	두문동재	2021.8.17~8.19
69	넓은잎쥐오줌풀	1-2	울릉도 행남옛길	2021.5.27
70	노랑꽃창포	4	신대호수에 이르는 시냇가	2021.3.6~6.8
71	노랑물봉선	2-2	두문동재	2021.8.17~8.19
72	노랑제비꽃	2-2	두문동재	2021.4.20~4.22
73	노루귀	5-2	돌산도	2021.2.23~2.25
74	노루삼	3-2	천마산 팔현계곡	2021.4.1~5.22
75	노루오줌	2-3	방태산	2021.7.5~7.6
76	놋젓가락나물	2-2	두문동재	2021.8.17~8.19
77	누린내풀	3-1	수리산 병목안 계곡길	2020.7.26~9.25
78	눈개승마	1-2	울릉도 북면 평리	2021.5.25~6.3
79	눈개쑥부쟁이	1-1	한라산 어리목코스	2021.10.3
80	눈괴불주머니	4	신대호수에 이르는 시냇가	2020.8.21~11.27
81	눈빛승마	2-2	두문동재	2021.8.17~8.19
82	눈여뀌바늘	1-1	동백동산	2021.10.24
83	는쟁이냉이	3-2	천마산 팔현계곡	2021.4.1~5.22

번호	풀꽃명	파트	관찰 장소	관찰 시기
84	능소화	4	신대호수에 이르는 시냇가	2021.6.8~8.12
85	단풍잎돼지풀	4	신대호수에 이르는 시냇가	2021.6.8~8.12
86	단풍취	2-1	곰배령	2021.9.12~10.10
87	달구지풀	1-1	한라산 영실코스	2021.9.7
88	달맞이꽃	4	신대호수에 이르는 시냇가	2021.6.8~8.12
89	달뿌리풀	4	신대호수에 이르는 시냇가	2020.8.21~11.27
90	닭의장풀	4	신대호수에 이르는 시냇가	2021.6.8~8.12
91	담배풀	5-3	청산도	2021.3.15~3.17
92	담쟁이덩굴	4	신대호수에 이르는 시냇가	2021.6.8~8.12
93	당잔대	1-1	따라비오름	2021.9.8
94	대사초	3-2	천마산 팔현계곡	2021.4.1~5.22
95	대성쓴풀	2-2	두문동재	2021.4.20~4.22
96	댓잎현호색	3-2	천마산 팔현계곡	2021.4.1~5.22
97	댕댕이덩굴	1-1	다랑쉬오름	2021.10.2
98	도깨비부채	2-3	방태산	2021.7.5~7.6
99	도깨비쇠고비	1-2	울릉도 북면 평리	2021.5.25~6.3
100	도둑놈의갈고리	2-2	두문동재	2021.8.17~8.19
101	도라지모싯대	2-2	두문동재	2021.7.22
102	독활	2-2	두문동재	2021.8.17~8.19
103	돌단풍	5-1	동강	2021.3.23~3.24
104	돌비름	4	신대호수에 이르는 시냇가	2021.6.8~8.12
105	돌콩	4	신대호수에 이르는 시냇가	2021.6.8~8.12
106	동강고랭이	5-1	동강	2021.3.23~3.24
107	동강할미꽃	5-1	동강	2021.3.23~3.24
108	동자꽃	2-2	두문동재	2021.8.17~8.19
109	된장풀	1-1	동백동산	2021.10.24
110	둥근이질풀	2-2	두문동재	2021.8.17~8.19
111	둥근잎유홍초	4	신대호수에 이르는 시냇가	2020.8.21~11.27
112	둥근털제비꽃	2-2	두문동재	2021.4.20~4.22
113	등골나물	2-2	두문동재	2021.8.17~8.19
114	등대풀	5-3	청산도	2021.3.15~3.17
115	등수국	1-2	울릉도 남양마을~태하령옛길	2021.5.29/6.1
116	딱지꽃	1-1	송악산	2021.10.11/10.26
117	딱지풀	1-1	다랑쉬오름	2021.10.2
118	땅채송화	1-2	울릉도 북면 평리	2021.5.25~6.3
119	뚝새풀	5-3	청산도	2021.3.15~3.17
120	뚱딴지	4	신대호수에 이르는 시냇가	2020.8.21~11.27
121	마름	4	신대호수에 이르는 시냇가	2020.8.21~11.27
122	마타리	2-2	두문동재	2021.8.17~8.19
123	만주바람꽃	3-2	천마산 팔현계곡	2021.4.1~5.22
124	말나리	2-1	곰배령	2021.7.20~7.21
125	말냉이	5-1	동강	2021.3.23~3.24
126	망초	1-1	바리메오름	2021.9.6

번호	풀꽃명	파트	관찰 장소	관찰 시기
127	머위	4	신대호수에 이르는 시냇가	2021.6.8~8.12
128	메꽃	4	신대호수에 이르는 시냇가	2020.8.21~11.27
129	멸가치	2-2	두문동재	2021.8.17~8.19
130	모시풀	1-1	따라비오름	2021.9.8
131	무릇	1-1	따라비오름	2021.9.8
132	물냉이	1-1	수월봉 지오트레일	2021.10.11/10.26
133	물레나물	2-1	곰배령	2021.7.20~7.21
134	물매화	1-1	한라산 어리목코스	2021.9.7
135	물봉선	3-1	수리산 병목안 계곡길	2020.7.26~9.25
136	물양지꽃	2-2	두문동재	2021.8.17~8.19
137	미국쑥부쟁이	4	신대호수에 이르는 시냇가	2020.8.21~11.27
138	미국자리공	4	신대호수에 이르는 시냇가	2021.6.8~8.12
139	미나리	4	신대호수에 이르는 시냇가	2021.6.8~8.12
140	미나리냉이	3-2	천마산 팔현계곡	2021.4.1~5.22
141	미역취	1-1	한라산 영실코스	2021.9.7
142	미치광이풀	3-2	천마산 팔현계곡	2021.4.1~5.22
143	민들레	5-3	청산도	2021.3.15~3.17
144	바늘꽃	2-2	두문동재	2021.8.17~8.19
145	바늘엉겅퀴	1-1	한라산 영실코스	2021.9.7
146	바랭이	4	신대호수에 이르는 시냇가	2021.6.8~8.12
147	바보여뀌	1-1	동백동산	2021.10.24
148	바위수국	1-2	울릉도 남양마을~태하령옛길	2021.5.29/6.1
149	박새	2-3	방태산	2021.7.5~7.6
150	박주가리	4	신대호수에 이르는 시냇가	2020.8.21~11.27
151	박쥐나물	2-2	두문동재	2021.7.22
152	반하	1-2	울릉도 북면 평리	2021.5.25~6.3
153	방동사니	4	신대호수에 이르는 시냇가	2021.6.8~8.12
154	방풍나물	5-3	청산도	2021.3.15~3.17
155	배초향	3-1	수리산 병목안 계곡길	2020.7.26~9.25
156	백당나무	2-3	방태산	2021.7.5~7.6
157	백량금	1-1	동백동산	2021.10.24
158	뱀딸기	4	신대호수에 이르는 시냇가	2021.6.8~8.12
159	번행초	1-1	이호태우 해변	2021.10.19
160	벌개미취	2-2	두문동재	2021.7.22
161	벌깨덩굴	3-2	천마산 팔현계곡	2021.4.1~5.22
162	벌등골나물	1-1	따라비오름	2021.9.8
163	범부채	4	신대호수에 이르는 시냇가	2021.6.8~8.12
164	범의꼬리	2-1	곰배령	2020.9.12~10.10
165	변산바람꽃	5-2	돌산도	2021.2.23~2.25
166	별꽃	5-3	청산도	2020.3.15~3.17
167	병조회풀	2-2	두문동재	2021.7.22
168	복수초	5-2	돌산도	2021.2.23~2.25
169	봄동	5-3	청산도	2020.3.15~3.17

번호	풀꽃명	파트	관찰 장소	관찰 시기
170	봄맞이꽃	4	신대호수에 이르는 시냇가	2021.3.6~6.8
171	부처꽃	4	신대호수에 이르는 시냇가	2021.6.8~8.12
172	부처손	5-3	청산도	2021.3.15~3.17
173	분꽃	1-1	수월봉 지오트레일	2021.10.11/10.26
174	분취	1-1	따라비오름	2021.9.8
175	붉은토끼풀	4	신대호수에 이르는 시냇가	2021.6.8~8.12
176	붓꽃	4	신대호수에 이르는 시냇가	2021.6.8~8.12
177	빗살현호색	3-1	수리산 수암봉 계곡길	2021.4.8
178	사광이아재비	4	신대호수에 이르는 시냇가	2021.6.8~8.12
179	사데풀	3-1	수리산 병목안 계곡길	2020.7.26~9.25
180	사위질빵	3-1	수리산 병목안 계곡길	2020.7.26~9.25
181	산괴불주머니	3-2	천마산 팔현계곡	2021.4.1~5.22
182	산국	4	신대호수에 이르는 시냇가	2020.8.21~11.27
183	산꿩의다리	2-3	방태산	2021.7.5~7.6
184	산딸기	4	신대호수에 이르는 시냇가	2021.6.8~8.12
185	산마늘	1-2	울릉도 나리분지~성인봉	2021.5.26/5.30
186	산박하	1-1	따라비오름	2021.10.18
187	산부추	1-1	따라비오름	2021.10.18
188	산솜방망이	2-2	두문동재	2021.8.17~8.19
189	산수국	1-1	한라산 영실코스	2021.9.7
190	산쑥바귀	2-2	두문동재	2021.8.17~8.19
191	산외	2-2	두문동재	2021.8.17~8.19
192	산철쭉	1-1	따라비오름	2021.10.18
193	살갈퀴	5-3	청산도	2021.3.15~3.17
194	삿갓나물	3-2	천마산 팔현계곡	2021.4.1~5.22
195	새팥	4	신대호수에 이르는 시냇가	2020.8.21~11.27
196	서덜취	2-2	두문동재	2021.8.17~8.19
197	서양금혼초	1-1	따라비오름	2021.9.8
198	서양등골나물	3-1	수리산 병목안 계곡길	2020.7.26~9.25
199	서양민들레	4	신대호수에 이르는 시냇가	2021.6.8~8.12
200	서양벌노랑이	4	신대호수에 이르는 시냇가	2021.3.6~6.8
201	서울제비꽃	5-3	청산도	2021.3.15~3.17
202	석송	1-1	한라산 어리목코스	2021.9.7
203	석위	1-1	동백동산	2021.10.24
204	석잠풀	4	신대호수에 이르는 시냇가	2021.6.8~8.12
205	선갈퀴	1-2	울릉도 남양마을~태하령옛길	2021.5.29/6.1
206	선괭이눈	3-1	수리산 수암봉 계곡길	2021.4.8
207	선괴불주머니	2-2	두문동재	2021.7.22
208	섬광대수염	1-2	울릉도 남양마을~태하령옛길	2021.5.29/6.1
209	섬기린초	1-2	울릉도 남양마을~태하령옛길	2021.5.29/6.1
210	섬꼬리풀	1-2	울릉도 남양마을~태하령옛길	2021.5.29/6.1
211	섬나무딸기	1-2	울릉도 남양마을~태하령옛길	2021.5.29/6.1
212	섬남성	1-2	울릉도 남양마을~태하령옛길	2021.5.29/6.1

번호	풀꽃명	파트	관찰 장소	관찰 시기
213	섬노루귀	1-2	울릉도 남양마을~태하령옛길	2021.5.29/6.1
214	섬말나리	1-2	울릉도 내수전~석포옛길	2021.5.28
215	섬바디	1-2	울릉도 내수전~석포옛길	2021.5.28
216	섬백리향	1-2	울릉도 북면 평리	2021.5.25~6.3
217	섬쑥부쟁이	1-2	울릉도 남양마을~태하령옛길	2021.5.29/6.1
218	섬엉겅퀴	1-2	울릉도 남양마을~태하령옛길	2021.5.29/6.1
219	섬조릿대	1-2	울릉도 나리분지~성인봉	2021.5.26/5.30
220	섬초롱꽃	1-2	울릉도 내수전~석포옛길	2021.5.28
221	세잎종덩굴	2-3	방태산	2021.7.5~7.6
222	소리쟁이	4	신대호수에 이르는 시냇가	2021.6.8~8.12
223	솔나물	2-1	곰배령	2021.7.20~7.21
224	솜나물	5-3	청산도	2021.3.15~3.17
225	송악	1-2	울릉도 내수전~석포옛길	2021.5.28
226	송엽국	1-2	울릉도 북면 평리	2021.5.25~6.3
227	송이고랭이	1-1	동백동산	2021.10.24
228	송이풀	2-2	두문동재	2021.8.17~8.19
229	송장풀	1-1	다랑쉬오름	2021.10.2
230	쇠뜨기	4	신대호수에 이르는 시냇가	2021.3.6~6.8
231	수련	4	신대호수에 이르는 시냇가	2020.8.21~11.27
232	수비기나무	1-1	법환포구	2021.10.9/10.16
233	수선화	5-3	청산도	2021.3.15~3.17
234	수크령	4	신대호수에 이르는 시냇가	2020.8.21~11.27
235	시로미	1-1	한라산 영실코스	2021.10.23
236	실새삼	4	신대호수에 이르는 시냇가	2021.6.8~8.12
237	싸리	4	신대호수에 이르는 시냇가	2021.6.8~8.12
238	씀바귀	4	신대호수에 이르는 시냇가	2021.3.6~6.8
239	알록제비꽃	2-3	방태산	2021.7.5~7.6
240	애기괭이눈	3-2	천마산 팔현계곡	2021.4.1~5.22
241	애기나비나물	1-1	수월봉 지오트레일	2021.10.11/10.26
242	애기나팔꽃	4	신대호수에 이르는 시냇가	2020.8.21~11.27
243	애기난초	3-2	천마산 팔현계곡	2021.4.1~5.22
244	애기달맞이꽃	1-1	송악산	2021.10.11/10.26
245	애기똥풀	4	신대호수에 이르는 시냇가	2021.3.6~5.24
246	야고	1-1	따라비오름	2021.9.8
247	약모밀	1-2	울릉도 행남옛길	2021.5.27
248	양지꽃	3-1	신대호수에 이르는 시냇가	2021.4.8
249	어리연	4	신대호수에 이르는 시냇가	2020.8.21~11.27
250	어수리	2-2	두문동재	2021.8.17~8.19
251	억새	1-1	따라비오름	2021.10.18
252	얼레지	3-2	천마산 팔현계곡	2021.4.1~5.22
253	엉겅퀴	4	신대호수에 이르는 시냇가	2021.6.8~8.12
254	여뀌	1-1	수월봉 지오트레일	2021.10.11/10.26
255	여로	2-2	두문동재	2021.7.22

번호	풀꽃명	파트	관찰 장소	관찰 시기
256	여우꼬리사초	1-2	울릉도 내수전~석포옛길	2021.5.28
257	염주괴불주머니	1-2	울릉도 내수전~석포옛길	2021.5.28
258	영아자	2-1	곰배령	2021.7.20~7.21
259	오리방풀	2-2	두문동재	2021.8.17~8.19
260	오이풀	1-1	따라비오름	2021.9.8
261	왕고들빼기	1-1	따라비오름	2021.9.8
262	왕고사리	1-2	울릉도 내수전~석포옛길	2021.5.28
263	왕바랭이	4	신대호수에 이르는 시냇가	2021.6.8~8.12
264	왕해국	1-2	울릉도 북면 평리	2021.5.25~6.3
265	왕호장근	1-2	울릉도 내수전~석포옛길	2021.5.28
266	왜모시풀	1-1	병곶오름	2021.9.8
267	왜미나리아재비	2-2	두문동재	2021.4.20~4.22
268	용담	1-1	한라산 어리목코스	2021.10.3
269	용둥굴레	2-3	방태산	2021.7.5~7.6
270	울릉국화	1-2	울릉도 북면 평리	2021.5.25~6.3
271	원추리	4	신대호수에 이르는 시냇가	2021.3.6~6.8
272	유럽점나도나물	5-3	청산도	2021.3.15~3.17
273	유채	5-2	돌산도	2021.2.23~2.25
274	윤판나물아재비	1-2	울릉도 나리분지~성인봉	2021.5.26/5.30
275	이고들빼기	1-1	송악산	2021.10.11/10.26
276	이대	1-2	울릉도 행남옛길	2021.5.27
277	이삭여뀌	3-1	수리산 병목안 계곡길	2020.7.26~9.25
278	이질풀	3-1	수리산 병목안 계곡길	2020.7.26~9.25
279	익모초	4	신대호수에 이르는 시냇가	2020.8.21~11.27
280	일색고사리	1-2	울릉도 나리분지~성인봉	2021.5.26/5.30
281	일월비비추	2-2	두문동재	2021.8.17~8.19
282	자운영	5-3	청산도	2021.3.15~3.17
283	자주개자리	4	신대호수에 이르는 시냇가	2021.6.8~8.12
284	자주괴불주머니	4	신대호수에 이르는 시냇가	2021.3.6~6.8
285	자주쓴풀	1-1	고근산	2021.10.22
286	잔개자리	1-2	울릉도 남양마을~태하령옛길	2021.5.29/6.1
287	잔대	1-1	병곶오름	2021.9.8
288	장구채	2-2	두문동재	2021.8.17~8.19
289	장딸기	5-3	청산도	2021.3.15~3.17
290	장미	1-2	울릉도 내수전~석포옛길	2021.5.28
291	전동싸리	4	신대호수에 이르는 시냇가	2021.6.8~8.12
292	절굿대	1-1	섭지코지	2021.10.6
293	점현호색	3-2	천마산 팔현계곡	2021.4.1~5.22
294	제비꽃	4	신대호수에 이르는 시냇가	2021.6.8~8.12
295	제주조릿대	1-1	한라산 영실코스	2021.9.7
296	족도리풀	3-2	천마산 팔현계곡	2021.4.1~5.22
297	졸방제비꽃	2-1	곰배령	2021.7.20~7.21
298	좀깨잎나무	3-1	수리산 병목안 계곡길	2020.7.26~9.25

번호	풀꽃명	파트	관찰 장소	관찰 시기
299	좀비비추	4	신대호수에 이르는 시냇가	2021.6.8~8.12
300	좀쥐손이	1-1	사려니숲길	2021.9.9
301	좀향유	1-1	한라산 영실코스	2021.9.7
302	좀현호색	3-1	수리산 수암봉 계곡길	2021.4.8
303	좁쌀냉이	5-3	청산도	2021.3.15~3.17
304	좁쌀풀	2-1	곰배령	2021.7.20~7.21
305	종지나물	4	신대호수에 이르는 시냇가	2021.3.6~6.8
306	주름잎	3-1	수리산 병목안 계곡길	2020.7.26~9.25
307	주름조개풀	1-1	바리메오름	2021.9.6
308	줄	4	신대호수에 이르는 시냇가	2021.6.8~8.12
309	줄딸기	3-1	수리산 수암봉 계곡길	2021.4.8
310	중의무릇	2-2	두문동재	2021.4.20~4.22
311	쥐꼬리망초	4	신대호수에 이르는 시냇가	2020.8.21~11.27
312	쥐손이풀	4	신대호수에 이르는 시냇가	2021.6.8~8.12
313	지리강활	2-2	두문동재	2021.8.17~8.19
314	지칭개	4	신대호수에 이르는 시냇가	2021.6.8~8.12
315	진득찰	3-1	수리산 병목안 계곡길	2020.7.26~9.25
316	진범	2-1	곰배령	2021.7.20~7.21
317	짚신나물	1-1	따라비오름	2021.9.8
318	질경이	1-2	울릉도 남양마을~태하령옛길	2021.5.29/6.1
319	찔레꽃	1-2	울릉도 내수전~석포옛길	2021.5.28
320	차풀	1-1	따라비오름	2021.9.8
321	참꽃마리	3-2	천마산 팔현계곡	2021.4.1~5.22
322	참나리	1-2	울릉도 행남옛길	2021.5.27
323	참나물	2-2	두문동재	2021.8.17~8.19
324	참당귀	2-1	곰배령	2020.9.12~10.10
325	참외	4	신대호수에 이르는 시냇가	2021.6.8~8.12
326	참으아리	1-1	따라비오름	2021.9.8
327	참조팝나무	2-3	방태산	2021.7.5~7.6
328	참취	2-2	두문동재	2021.8.17~8.19
329	천남성	3-1	수리산 수암봉 계곡길	2021.4.8
330	천량금	1-1	동백동산	2021.10.24
331	청미래덩굴	1-1	고근산	2021.10.22
332	청색 노루귀	5-1	동강	2021.3.23~3.24
333	초롱꽃	2-1	곰배령	2021.7.20~7.21
334	촛대승마	2-1	곰배령	2020.9.12~10.10
335	추분취	1-1	동백동산	2021.10.24
336	칡	3-1	수리산 병목안 계곡길	2020.7.26~9.25
337	콩제비꽃	1-2	울릉도 나리분지~성인봉	2021.5.26/5.30
338	콩짜개덩굴	1-1	거문오름	2021.10.20
339	큰개불알풀	4	신대호수에 이르는 시냇가	2021.6.8~6.8
340	큰괭이밥	3-2	천마산 팔현계곡	2021.4.1~5.22
341	큰까치수염	2-2	두문동재	2021.7.22

번호	풀꽃명	파트	관찰 장소	관찰 시기
342	큰두루미꽃	1-2	울릉도 나리분지~성인봉	2021.5.26/5.30
343	큰방가지똥	5-3	청산도	2021.3.15~3.17
344	큰뱀무	2-2	두문동재	2021.8.17~8.19
345	큰연영초	1-2	울릉도 내수전~석포옛길	2021.5.28
346	큰제비고깔	2-2	두문동재	2021.8.17~8.19
347	큰천남성	1-1	거문오름	2021.10.20
348	탑풀	1-1	따라비오름	2021.9.8
349	태백기린초	2-2	두문동재	2021.7.22
350	태백제비꽃	2-2	두문동재	2021.4.20~4.22
351	터리풀	2-3	방태산	2021.7.5~7.6
352	털기름나물	1-1	한라산 영실코스	2021.9.7
353	털머위	1-1	한라산 영실코스	2021.9.7
354	털별꽃아재비	3-1	수리산 병목안 계곡길	2020.7.26~9.25
355	토현삼	2-2	두문동재	2021.7.22
356	투구꽃	2-1	곰배령	2020.9.12~10.10
357	파리풀	3-1	수리산 병목안 계곡길	2020.7.26~9.25
358	패랭이	4	신대호수에 이르는 시냇가	2021.6.8~8.12
359	피나물	3-1	수리산 수암봉 계곡길	2021.4.8
360	하늘말나리	2-2	두문동재	2021.7.22
361	한계령풀	2-2	두문동재	2021.4.20~4.22
362	한라고들빼기	1-1	한라산 성판악코스	2021.10.8
363	한라돌쩌귀	1-1	한라산 영실코스	2021.9.7
364	한라부추	1-1	한라산 영실코스	2021.9.7
365	할미꽃	2-2	두문동재	2021.4.20~4.22
366	해국	1-1	큰엉해변	2021.10.4/10.7
367	헐떡이풀	1-2	울릉도 나리분지~성인봉	2021.5.26/5.30
368	호장근	1-1	한라산 어리목코스	2021.9.7
369	환삼덩굴	3-1	수리산 병목안 계곡길	2020.7.26~9.25
370	황근	1-1	법환포구	2021.10.9/10.16
371	황금달맞이꽃	4	신대호수에 이르는 시냇가	2021.6.8~8.12
372	회양목	5-1	동강	2021.3.23~3.24
373	흰물봉선	2-1	곰배령	2021.7.20~7.21
374	흰바디나물	1-1	다랑쉬오름	2021.10.2
375	흰진범	2-1	곰배령	2020.9.12~10.10

* 일러두기 1. '2-1' → 이 책의 '제 2부 제 1장'을 말합니다.
2. 지면 관계상 해당 풀꽃 사진이 실리지 않은 경우도 있습니다.

풀꽃샘

자연은 위대한 스승이며 벗이다

초판 1쇄 발행 | 2022년 9월 28일

지은이 황운연
펴낸이 안호헌
디자인 윌리스

펴낸곳 도서출판 흔들의자
출판등록 2011. 10. 14(제311-2011-52호)
주소 서울 강서구 가로공원로84길 77
전화 (02)387-2175
팩스 (02)387-2176
이메일 rcpbooks@daum.net(원고 투고)
블로그 http://blog.naver.com/rcpbooks

ISBN 979-11-86787-49-6 03480